21世纪高等学校规划教材 | 电子信息

MSP430单片机应用技术案例教程

尹丽菊 万 隆 主编

巴奉丽 巩秀钢 宿宝臣 副主编

U0303113

清华大学出版社

北京

内 容 简 介

本书采用案例化教学的方式,以 TI 公司的 MSP430 单片机为例,结合独立开发的 MSP430 实验台的硬件模块设计教学项目。书中每一知识点的介绍都列举了清晰易懂的相关例程,真正从应用的角度讲解知识,既可使读者提高动手能力又可培养其兴趣,是一本可以帮助读者快速入门并提高的实用性教材。

全书分为 8 章。其中,第 1 章简单介绍单片机相关的几个基本概念以及 MSP430 系列单片机的基本资源;第 2 章简介 MSP430F149 单片机,包括 CPU 的基本结构、存储器、时钟系统、工作模式及中断的基本概念;第 3 章介绍 IAR 编译软件的基本应用;第 4 章介绍 MSP430 单片机的 I/O 端口的应用,列举了 LED、按键、数码管以及点阵的具体应用,通过不同的外围电路使读者逐步理解 MSP430 单片机 I/O 端口的应用;第 5 章介绍 MSP430 单片机的定时器,包括看门狗定时器、定时器 A 的基本工作模式、定时器的捕获以及输出单元;第 6 章介绍 MSP430 单片机的串行通信,主要包括 USART、SPI 总线和 I²C 总线的应用;第 7 章主要介绍 MSP430 单片机 ADC12 的 4 种转换模式和 DAC12 的芯片 TLC5615 的基本应用;第 8 章为具体实例应用,主要介绍液晶模块、时钟芯片 DS1302、温度传感器 DS18B20、HS0038 红外接收、NRF24L01 无线模块、步进电动机控制、超声模块的应用。

本书可作为高等学校本专科相关专业教材或教师参考用书,也可作为单片机零基础并希望快速入门的初学者的自学参考书。

图书在版编目(CIP)数据

MSP430 单片机应用技术案例教程/尹丽菊,万隆主编.—北京:清华大学出版社,2017(2025.1重印)
(21 世纪高等学校规划教材·电子信息)
ISBN 978-7-302-46828-8

Ⅰ.①M… Ⅱ.①尹… ②万… Ⅲ.①单片微型计算机-高等学校-教材 Ⅳ.①TP368.1

中国版本图书馆 CIP 数据核字(2017)第 063985 号

责任编辑:闫红梅 薛 阳
封面设计:傅瑞学
责任校对:时翠兰
责任印制:宋 林

出版发行:清华大学出版社
   网 址:https://www.tup.com.cn,https://www.wqxuetang.com
   地 址:北京清华大学学研大厦 A 座   邮 编:100084
   社 总 机:010-83470000   邮 购:010-62786544
   投稿与读者服务:010-62776969,c-service@tup.tsinghua.edu.cn
   质量反馈:010-62772015,zhiliang@tup.tsinghua.edu.cn
   课件下载:https://www.tup.com.cn,010-83470236
印 装 者:三河市人民印务有限公司
经 销:全国新华书店
开 本:185mm×260mm 印 张:17.75   字 数:431 千字
版 次:2017 年 9 月第 1 版   印 次:2025 年 1 月第 5 次印刷
印 数:2576~2675
定 价:49.00 元

产品编号:073783-02

出 版 说 明

随着我国改革开放的进一步深化,高等教育也得到了快速发展,各地高校紧密结合地方经济建设发展需要,科学运用市场调节机制,加大了使用信息科学等现代科学技术提升、改造传统学科专业的投入力度,通过教育改革合理调整和配置了教育资源,优化了传统学科专业,积极为地方经济建设输送人才,为我国经济社会的快速、健康和可持续发展以及高等教育自身的改革发展做出了巨大贡献。但是,高等教育质量还需要进一步提高以适应经济社会发展的需要,不少高校的专业设置和结构不尽合理,教师队伍整体素质亟待提高,人才培养模式、教学内容和方法需要进一步转变,学生的实践能力和创新精神亟待加强。

教育部一直十分重视高等教育质量工作。2007 年 1 月,教育部下发了《关于实施高等学校本科教学质量与教学改革工程的意见》,计划实施"高等学校本科教学质量与教学改革工程"(简称"质量工程"),通过专业结构调整、课程教材建设、实践教学改革、教学团队建设等多项内容,进一步深化高等学校教学改革,提高人才培养的能力和水平,更好地满足经济社会发展对高素质人才的需要。在贯彻和落实教育部"质量工程"的过程中,各地高校发挥师资力量强、办学经验丰富、教学资源充裕等优势,对其特色专业及特色课程(群)加以规划、整理和总结,更新教学内容、改革课程体系,建设了一大批内容新、体系新、方法新、手段新的特色课程。在此基础上,经教育部相关教学指导委员会专家的指导和建议,清华大学出版社在多个领域精选各高校的特色课程,分别规划出版系列教材,以配合"质量工程"的实施,满足各高校教学质量和教学改革的需要。

为了深入贯彻落实教育部《关于加强高等学校本科教学工作,提高教学质量的若干意见》精神,紧密配合教育部已经启动的"高等学校教学质量与教学改革工程精品课程建设工作",在有关专家、教授的倡议和有关部门的大力支持下,我们组织并成立了"清华大学出版社教材编审委员会"(以下简称"编委会"),旨在配合教育部制定精品课程教材的出版规划,讨论并实施精品课程教材的编写与出版工作。"编委会"成员皆来自全国各类高等学校教学与科研第一线的骨干教师,其中许多教师为各校相关院、系主管教学的院长或系主任。

按照教育部的要求,"编委会"一致认为,精品课程的建设工作从开始就要坚持高标准、严要求,处于一个比较高的起点上。精品课程教材应该能够反映各高校教学改革与课程建设的需要,要有特色风格、有创新性(新体系、新内容、新手段、新思路,教材的内容体系有较高的科学创新、技术创新和理念创新的含量)、先进性(对原有的学科体系有实质性的改革和发展,顺应并符合 21 世纪教学发展的规律,代表并引领课程发展的趋势和方向)、示范性(教材所体现的课程体系具有较广泛的辐射性和示范性)和一定的前瞻性。教材由个人申报或各校推荐(通过所在高校的"编委会"成员推荐),经"编委会"认真评审,最后由清华大学出版社审定出版。

目前,针对计算机类和电子信息类相关专业成立了两个"编委会",即"清华大学出版社计算机教材编审委员会"和"清华大学出版社电子信息教材编审委员会"。推出的特色精品教材包括:

(1) 21世纪高等学校规划教材·计算机应用——高等学校各类专业,特别是非计算机专业的计算机应用类教材。

(2) 21世纪高等学校规划教材·计算机科学与技术——高等学校计算机相关专业的教材。

(3) 21世纪高等学校规划教材·电子信息——高等学校电子信息相关专业的教材。

(4) 21世纪高等学校规划教材·软件工程——高等学校软件工程相关专业的教材。

(5) 21世纪高等学校规划教材·信息管理与信息系统。

(6) 21世纪高等学校规划教材·财经管理与应用。

(7) 21世纪高等学校规划教材·电子商务。

(8) 21世纪高等学校规划教材·物联网。

清华大学出版社经过三十多年的努力,在教材尤其是计算机和电子信息类专业教材出版方面树立了权威品牌,为我国的高等教育事业做出了重要贡献。清华版教材形成了技术准确、内容严谨的独特风格,这种风格将延续并反映在特色精品教材的建设中。

清华大学出版社教材编审委员会
联系人：魏江江
E-mail：weijj@tup.tsinghua.edu.cn

　　单片机应用技术是电子信息工程、电子科学与技术、计算机、机电一体化等专业的重要专业课程之一,是一门比较基础的应用性课程,是软硬件结合的一个初级平台,也是嵌入式、DSP 等高起点课程的重要基础,同时也是工科学生必备的基础能力。

　　本书选用的 MSP430 单片机是 TI 公司于 1996 年开始推向市场的一种 16 位超低功耗、具有精简指令集的混合信号处理器。它集多种领先技术于一体,以 16 位 RISC 处理器、超低功耗、高性能模拟技术及丰富的片内外设、JTAG 仿真调试定义了新一代单片机的概念,给人以耳目一新的感觉。

　　本书从解决基本问题着手,重基础、重实践。从最基本的应用开始,通过实例结合仿真调试软件的使用逐步引导,使读者通过学习,能够真正掌握 MSP430 单片机基本硬件电路的设计、C 程序设计以及编译与仿真软件的使用等知识和技能,从而为以后的提高打下良好的基础。

　　全书共由以下 8 章组成。

　　第 1 章　MSP430 系列单片机概述,内容包括单片机的基本概念、单片机的应用领域、单片机的种类以及 MSP430 单片机的基本结构。

　　第 2 章　MSP430F149 简介,内容包括 MSP430 单片机的总体架构、结构特点、存储器结构、时钟系统、工作模式以及中断系统,学习本章有利于掌握 MSP430 单片机的结构和工作原理。

　　第 3 章　IAR 集成开发环境的使用,介绍 MSP430 单片机的开发环境 IAR 软件的应用。

　　第 4 章　I/O 端口应用,通过 11 个具体的设计任务,从易到难逐步让读者掌握 I/O 端口的控制方式,同时也掌握单片机驱动键盘、数码管、点阵等常见外围模块。

　　第 5 章　定时器,主要介绍看门狗定时器和定时器 A、B 的基本应用,并通过 9 个案例依次介绍 WDT、定时器的 4 种工作模式、捕获模式以及定时器输出单元的基本应用。

　　第 6 章　单片机的串行通信,依次介绍通用串行异步通信 UART 的应用、通用串行通信同步模式——SPI 以及 I^2C 总线的应用,使读者掌握单片机系统中最常用的串行总线通信方式。

　　第 7 章　ADC12/DAC12 转换模块,介绍 MSP430F149 单片机内部 A/D 转换模块的基本应用;介绍 TLC5616DA 芯片,让读者了解 D/A 转换的基本原理和应用。

　　第 8 章　单片机应用实例,主要介绍单片机常用的外围模块,包括 LCD1602、LCD12864、时钟芯片、温度传感器、红外模块、NRF24L01 无线模块、PS2 键盘、步进电动机、超声模块等。本章是对单片机应用的综合性训练。通过本章的学习,读者对单片机的应用能力将得到进一步的提升。

　　本书的最大特点是配套了实验台和口袋实验板,书中所有例子均有实际硬件支持。本书结合案例化、项目化教学思路,通篇采用由具体案例引入知识点的形式,在具体案例的设计上,从初学者的角度出发,从单一到综合、由易到难、逐步提升、层层关联,注重知识点的引入顺序和积累,强调实践动手能力的训练。读者掌握了本书的知识,就基本上达到了单片机应用的入门级别,剩下的就是一步步的经验积累,为进一步从事单片机开发打下坚实基础。总之,本书对那些想从事单片机开发的初学者无疑是一本不错的参考书。

本书由尹丽菊、万隆主编,参与本书编写的人员还有巴奉丽、巩秀钢、宿宝臣、李义明、王勃、朱钰莹。

李义明、王勃两位工程师设计开发了与本书配套的实验平台和口袋实验板,朱钰莹、李晓雄两位同学参与编写了配套实验指导书,为本书增色不少,在此一并致谢!

本书免费提供电子课件和配套源代码以及相关教学资料,如有兄弟院校对配套的实验台和口袋实验板感兴趣可以直接跟作者联系。

书中难免存在疏漏和不妥之处,恳请广大读者批评与指正。作者电子邮箱:sdlgwanlong@163.com。

编　者

2017 年 5 月

目　录

第1章

MSP430 系列单片机概述

MSP430 单片机是 TI 公司于 1996 年开始推向市场的一种 16 位超低功耗、具有精简指令集的混合信号处理器。该系列单片机具有处理能力强、运算速度快、超低功耗、片内资源丰富、开发环境方便高效等特点。本书将结合 MSP430 单片机 1×× 系列的基本应用对读者做详细介绍。

1.1 单片机的基本概念

很多初学者在刚开始接触单片机的时候不清楚究竟什么是单片机。接下来就用最通俗的语言给出单片机的定义。单片机就是一块集成芯片,但这块集成芯片具有一些特殊的功能,而它的功能的实现要靠使用者自己来编程完成。编程的目的就是控制这块芯片的各个引脚在不同时间输出不同的电平,进而控制与单片机各个引脚相连接的外围电路的电气状态。

单片机具有体积小、价格低、使用方便、可靠性高等一系列优点,因此一问世就显示出强大的生命力,被广泛用于国防、工业生产和商业管理等领域。特别是近年来微处理器的高速发展,已经渗透到人类生活的各个领域,给人类世界带来了难以估计的深刻变革。纵观微处理器的发展,可以明显地看出其正朝着两个方向进行。一方面,朝着具有复杂数据运算、高速通信、信息处理等功能的高性能计算机系统方向发展。这类系统以速度快、功能强、存储量大、软件丰富、输入/输出设备齐全为主要特点,采用高级语言、应用语言编程,适用于数据运算、文字信息处理、人工智能、网络通信等应用。另一方面,在某些应用领域,如智能化仪器仪表、电信设备、自动控制设备、汽车乃至家用电器等,对数据运算、信息处理等高性能要求不高,但对体积、成本、功耗等的要求却比较苛刻。为适应这种需求,产生了一种将中央处理器、存储器、I/O 接口电路以及连接它们的总线都集成在一块芯片上的计算机,即所谓的单片微型计算机(Single Chip Microcomputer),简称单片机。单片机在设计上主要突出了控制功能,在单一芯片上集成了结构完整的计算机。

1.2 单片机的发展及应用领域

20 世纪 80 年代以来,单片机的应用已经深入到工业、交通、农业、国防、科研、教育以及日常生活用品等各种领域。单片机的主要应用范围如下。

（1）工业控制。单片机的结构特点决定了它特别适用于控制系统。它既可作为单机控制器，也可作为多机控制系统的预处理设备，应用非常广泛。单片机在工业方面的应用包括电机控制、数控机床、物理量的检测与处理、工业机器人、过程控制、智能传感器等。

（2）军事控制。可用于导弹控制、鱼雷制导控制、智能武器装置、航天导航系统等。

（3）农业方面。包括植物生长过程要素的测量与控制，智能灌溉以及远程大棚控制等。

（4）仪器仪表。如智能仪器仪表、医疗器械、色谱仪、示波器、万用表等。

（5）通信方面。如解调器、网络终端、智能线路运行控制以及程控电话交换机等。

（6）日常生活用品方面。包括移动电话、MP3 播放器、照相机、电子玩具、电子词典、空调机等各种电气电子设备。

（7）导航控制与数据处理方面。如鱼雷制导控制、智能武器装置、导弹控制、航天器导航系统、电子干扰系统、图形终端、硬盘驱动器、打印机等。

（8）汽车控制方面。如门窗控制、音响控制、点火控制、变速控制、防滑刹车控制、排气控制、节能控制、安全控制、冷气控制、汽车报警控制以及测试设备等。

1.3　常见单片机种类

目前市场上单片机种类繁多，但在国内常见的单片机类型主要有以下几种。

1. 51 系列单片机

51 系列单片机始于 Intel 公司的 MCS-51 单片机。因其自身诸多优点，已成为目前使用最广泛的 8 位单片机之一。在 Intel 之后，其他著名 IC 制造商也随之推出了与 MCS-51 指令系统兼容的单片机，后来人们将其统称为 51 系列单片机，即所有 51 系列单片机所使用的内核均是 8051 内核。目前，51 系列单片机具有高性能价格比、扩展灵活、资料丰富等优点，结构简单，易学易用，适于广大单片机爱好者入门学习使用。尽管内核是一样的，但各个厂商生产的 51 系列单片机还是各有特色，下面分别介绍几种国内常见的 51 系列单片机。

（1）C8051F 系列单片机。C8051F 系列单片机是 Cygnal 公司（已被 Silicon Lab 收购）推出的一款 51 系列单片机。该系列单片机在技术上进行了较大突破，一方面极大地提升了 51 内核的执行速度，另一方面实现了资源的充分利用，并率先使用了基于 JTAG 接口的仿真调试方法。该系列单片机具有高速指令处理能力，增加了中断源和复位源、全速在线调试以及丰富片内资源，如高精度的多通道 ADC、DAC、电压比较器、内部或外部电压基准、内置温度传感器、6 位可编程定时/计数器阵列等。C8051F 单片机的典型应用包括智能电力变送器、无刷直流电动机控制等。

（2）AT89 系列单片机。AT89 系列单片机是 Atmel 公司基于 Intel 公司的 MCS51 系列单片机研发出来的与 MCS-51 兼容但性能高于 MCS-51 的单片机。该单片机以其性能稳定、抗干扰能力强著称。这个系列单片机的最大特点是在片内含有 Flash 存储器。它问世以来，以其优良的性能和实惠的价格赢得了国内研究人员的广泛使用。主要应用领域有航空电子设备、海洋环境、电池管理、IT 业电机控制、通用遥控、大型家用电器、照明、汽车引擎控制通信、医疗设备等，特别是在便携式、省电及特殊信息保存的仪器和系统中应用广泛。

(3) NXP 系列单片机。NXP 系列单片机是 NXP 公司(前 Philips 公司半导体部)推出的系列单片机。NXP 公司生产的单片机主要是 8 位和 16 位单片机。常见的 8 位系列单片机有 P89LPC9×××、P87LPC7×××、P89C5××、P80C5××及 80C51 系列。而其 16 位系列单片机相对较少,只有 PXA 系列和 XA 系列。

(4) STC 系列单片机。STC 系列单片机是宏晶科技公司推出的 51 系列单片机,该公司主要生产 89C51、90、11、12 等系列增强型 51 单片机。与其他单片机相比,STC 单片机以其低功耗、廉价、稳定性能,占据着国内较大的 8 位单片机市场。

2. AVR 系列单片机

AVR 系列单片机是 Atmel 公司于 1997 年推出的 RISC 系列单片机。该系列单片机吸收了 DSP 双总线的结构,采用哈佛总线结构。AVR 系列单片机采用低功率、非挥发的 CMOS 工艺制造,除具有低功耗、高密度的特点外,还支持低电压的联机 Flash、E^2PROM 写入功能。

AVR 系列单片机具有良好的集成性能,具备在线编程接口,其中的 Mega 系列还具备 JTAG 仿真和下载功能;集成片内看门狗电路、片内程序 Hash、同步串行接口 SP1;多数 AVR 单片机还内嵌了 AD 转换器、模拟比较器、PWM 定时/计数器等多种功能;AVR 系列单片机的 I/O 接口具有很强的驱动能力,灌电流可直接驱动继电器、LED 等器件,从而省去驱动电路,节约系统成本。

该系列单片机具有简便易学、费用低廉、高速、低耗、保密等特点,广泛应用于计算机外部设备、工业实时控制、仪器仪表、通信设备、家用电器、宇航设备等各个领域,如空调控制板。

3. PIC 单片机

PIC 系列单片机是 Microchip 公司推出的一款知名度较高、使用广泛的单片机。PIC 系列单片机既有 8 位的也有 16 位的。8 位单片机又可分成低档、中档和高档单片机,其中,中档的 PIC16F873(A)、PIC16F877(A)单片机用得最多。PIC 系列单片机采用哈佛双总线结构,RISC 指令系统;具备速度快、功耗小、I/O 驱动能力强、价格低、体积小等特点。在办公自动化设备、消费电子产品、电信通信、智能仪器仪表、汽车电子、金融电子、工业控制等不同领域都有广泛的应用。PIC 系列单片机在世界单片机市场份额排名中逐年提高,发展非常迅速。

4. Freescale 单片机

Freescale(飞思卡尔)半导体公司是原 Motorola 公司半导体产品部于 2004 年独立出来的。Freescale 系列单片机采用哈佛结构和流水线指令结构,在许多领域内都表现出低成本、高性能的特点,它的体系结构为产品的开发节省了大量时间。Freescale 单片机提供了多种集成模块和总线接口,可以在不同的系统中更灵活地发挥作用。主要应用在汽车电子、数据连接、家电控制、节能、医疗电子、电机控制、工业控制等领域。

1.4　MSP430 系列单片机简介

1.4.1　MSP430 系列单片机的特点

MSP430 系列单片机具有以下特点。

1. 超低功耗

MSP430 单片机为典型的超低功耗单片机,在电源管理、时钟系统、工作模式上都具有独特的设计。

在电源设计方面,MSP430 系列单片机采用 1.8~3.6V 电源电压。当单片机在 1MHz 时钟条件下运行时,芯片的工作电流为 200~400μA。如单片机处于停止模式,即时钟关断时其最低功耗只有 0.1μA。

MSP430 引入了"时钟系统"的概念,即由系统时钟产生 CPU 和各功能模块所需的时钟,可灵活切换时钟源,更改 CPU 运行速度。这些时钟程序可控,因此可以协调功耗与性能的关系。

MSP430 单片机根据功耗不同,设置了 5~7 种工作模式,不同的模式使用的模块不同,其对应功耗不同。在等待方式下,耗电为 0.7μA,在掉电方式下,最低可达 0.1μA。

2. 强大的处理能力

MSP430 系列单片机是 16 位精简指令集(RISC)单片机,具有丰富的寻址方式,简洁的 27 条内核指令以及大量的模拟指令,高效的查表处理指令,并且大量的寄存器和片内数据存储器都可参加多种运算。

MSP430 运算速度快。MSP430 系列单片机能在 25MHz 晶体的驱动下,实现 40ns 的指令周期。MSP430 系列单片机中的某些系列集成了硬件乘法器(16 位或 32 位,该结构一般存在于 DSP 设计中)、DAM 等模块,大大增强了数据处理和运算能力,可在控制基础上实现某些数字信号处理算法(如 FFT、DTMF 等)。

3. 模拟技术及丰富的片内资源

MSP430 作为"混合信号处理器"的典型代表,由于针对实际应用需求,集成了丰富的模拟、数字模块,大大简化了设计人员的工作。MSP430 系列单片机所集成的片内外设:AD/DA、看门狗、模拟比较器、温度传感器、定时器、串行通信模块、硬件乘法器、液晶驱动器、直接寻址模块、USB 模块等,向用户提供丰富的 I/O 端口资源,配置灵活。

MSP430 系列单片机丰富的片内外设极大地节约了用户的开发成本,缩短了开发流程,真正为用户提供了"单片机"应用解决方案。

4. 系统工作稳定

MSP430 系列单片机均符合工业级产品标准,其工作温度为 -40~+85℃,运行稳定,可靠性高。单片机在时钟设计、电源管理、看门狗设计方面都做了改进,以保证其稳定工作。

时钟设计方面,上电复位后,由 DCO(数控振荡器)启动 CPU,保证晶体振荡器的起振和稳定时间,随后软件可设置相关寄存器,以确定最后的系统时钟频率。若晶体振荡器在用作 CPU 时钟 MCLK 时发生故障,DCO 会自动启动,以保证系统正常工作。若程序"跑飞",看门狗可将其复位。

在电源管理方面,不同系列的单片机具有掉电保护模块(避免单片机在电源电压不稳定时程序混乱甚至死机)、电压检测模块(监控单片机电源电压和外部电压,当这些电压降低至用户设置的值时产生相应的信号)。

5. 开发环境良好

MSP430 系列单片机基于不同工艺,有 OPT 型、Flash 型、ROM 型和 EPROM 型 4 种类型。

类型不同对其开发手段也不同。OPT 型和 ROM 型单片机在程序定型后直接烧写或掩膜芯片;Flash 型为主流开发器件,由于引进了 Flash 型程序存储器和 JTAG 仿真,开发工具变得简单方便。

1.4.2 MSP430 的基本结构

MSP430 单片机结构简图如图 1-1 所示。

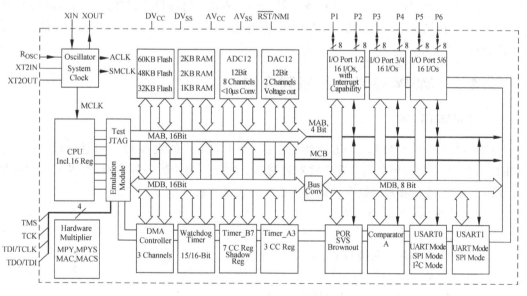

图 1-1 MSP430 单片机结构简图

MSP430 包括一个 16 位 RISC CPU,其具有丰富的片上设备(模拟和数字混合)和 JTAG 调试接口,时钟系统灵活,采用"冯·诺依曼"结构,ROM 和 RAM 共用同一总线(数据总线 MDB 和地址总线 MAB)。

1. CPU

MSP430 系列单片机 CPU 具有 16 位精简指令计算机结构:27 条指令集,7 种目的操作数寻址方式,4种源操作数寻址模式。精简指令集高度正交化,每条指令都支持所有寻址模式,除流程控制指令外,所有指令都是通过寄存器操作来完成。CPU具有16个寄存器,CPU对寄存器操作的执行时间仅需一个CPU周期,从而极大地减少了指令执行时间。寄存器中除程序计数器、堆栈指针、状态寄存器和常数发生器4个特殊功能寄存器外,其余寄存器都可作为通用寄存器。外围设备通过地址、数据和控制三条总线与CPU连接。

2. 存储器

MSP430采用"冯·诺依曼"结构,存储器采用统一的结构,统一编址:存储器包括特殊功能寄存器(SFRs)、片上外设、RAM和Flash/ROM存储空间,使用同一组地址总线和数据总线,使用相同指令对存储器进行字节/字访问。字节存储时被存储于奇数或偶数地址;字存储时从偶地址开始存储,低字节存偶地址,高字节存相邻的奇地址。MSP430系列单片机存储器组织方式与其精简指令相协调,为软件开发调试提供便利。

3. 片上外设模块

片上外设模块映射到地址空间,不同地址空间预留给16位或者8位外设模块。可使用字节/字指令对外设模块进行访问,对外围模块的访问不需要单独的指令。MSP430系列单片机所含外围模块不尽相同,但各模块都是通过存储器地址总线(MAB)、存储器数据总线(MDB)、控制总线(MCB)与CPU相连。主要外围模块有时钟模块、定时器A、定时器B、比较器A、看门狗模块、A/D模块、D/A模块、通用同步/异步串口、硬件乘法器、LCD驱动器及DAM控制器等。

1.4.3　MSP430单片机系列介绍

1. MSP430F1××

MSP430×1××为基于Flash/ROM的MCU,CPU的主频最高可达8MIPS,高达60KB的Flash;此系列提供具有比较器的简单低功耗控制器的各种功能,完善了包含高性能数据转换器、接口和乘法器在内的片上系统。其基本特征如下。

(1) 工作电压:1.8~3.6V。

(2) 超低功耗。

① 掉电模式(RAM保持):$0.1\mu A$。

② 待机模式:$0.7~1.6\mu A$。

③ 活动模式:$160 ~280\mu A(1MHz,2.2V)$。

(3) 用于精确测量的高性能片上模拟外设。

① 12位或10位ADC:大于200kB/s的转换速率。

② 双12位DAC同步转换。

③ 片内比较器。

④ 具有可编程电平检测的供电电压管理/监视器。

(4) 丰富的片上数字外设。

① 内置3通道DMA。

② 串行通信 USART0(UART 和 SPI、I^2C)接口、USART1 (UART 和 SPI)接口。

③ 16 位定时器 A、定时器 B。

(5) 5 种省电模式。

(6) 16 位 RISC 结构,125ns 指令周期。

(7) 从待机模式唤醒时间小于 6μs。

(8) Bootstrap Loader。

(9) 串行在线编程,无需外部编程电压,可编程的保密熔丝代码保护。

(10) 封装类型:20 引脚 Plastic Small-Outline Wide Body 封装,20 引脚 Plastic Small-Outline Thin 封装,20 引脚 TVSOP 封装,24 引脚 QFN 封装,64 引脚 QFP 封装。

以上列举了 MSP430×1×× 系列单片机的主要参数,具体型号可能会有差别,具体可参考 TI 公司的用户手册。

2. MSP430F2××

超低功耗 MSP430F2×× 系列的性能得到提升,比 MSP430F1×× 功耗更低,增强性能包括集成的 ±1% 片上极低功耗振荡器、软件可选的内部上拉/下拉电阻,模拟输入数目增加,主频最高可达 16MIPS,Flash 最高可达 120KB,RAM 最高可达 8KB,其基本特征如下。

(1) 工作电压:1.8~3.6V。

(2) Flash 编程电压最低 2.2V,时间每字节 17ms,块删除 20ms。

(3) 具有零功耗的掉电复位(BOR)。

(4) 5 种省电模式。

(5) 从待机模式唤醒时间小于 6μs。

(6) 16 位 RISC 结构,晶振的最大频率 16MHz,指令周期可达 62.5ns。

(7) 基本时钟模块配置如下。

① 内部频率最高达 16MHz。

② 内部低功耗 LF 振荡器。

③ 32kHz 晶振。

④ 外部时钟源。

(8) 丰富的数字片上外设。

① 具有模拟信号比较功能或单斜边 A/D 的片上比较器(仅 MSP430×20×× 有)。

② 具有两个捕获/比较寄存器的 16 位定时器 Timer_A。

③ 支持 SPI 和 I^2C 的通用串行接口(仅 MSP430×20×2 有)。

④ WDT+(FE42× 的看门狗技术)。

(9) 丰富的模拟片上外设。

① 精密比较器的输入最多 8 个。

② 具有内部参考电压,采样保持和自动扫描的 10 位、200kbps A/D 转换器(仅 MSP430×20×× 有)。

③ 具有差分 PGA 输入,内部参考电压的 16 位 X-A 数模转换器(仅 MSP430×20×× 有)。

(10) 欠电压检测器。

(11) 串行在线编程,无需外部编程电压,具有可编程的保密熔丝代码保护。

（12）封装类型：TSSOP14、QFN16、TSSOP20、SOIC20、QFN24、QFN32、TSSOP28、TSSOP38、QFN40、LQFP64、LQFP80、BGA113、TSSOP48、QFN48。

以上列举了MSP430×2××系列单片机的主要参数，具体型号可能会有差别，具体可参考TI公司的用户手册3。

3. MSP430F4××

超低功耗的MSP430F4××器件的CPU主频最高可达16MIPS，Flash最高可达120KB，RAM最高可达8KB，使用FLL（锁频环）＋SVS（电源电压检测）电路，集成LCD控制器，可用于低功耗计量和医疗应用。外设丰富，为流量和电量计量提供单芯片解决方案，其基本特征如下。

（1）工作电压：$1.8\sim3.6$V。

（2）超低功耗。

① 掉电模式（RAM保持）：0.1μA。

② 待机模式：$0.7\sim1.1\mu$A。

③ 活动模式：$200\sim280\mu$A（1MHz，2.2V）。

（3）5种省电模式。

（4）从待机模式唤醒时间小于6μA。

（5）12位A/D转换器带有内部参考源、采样保持、自动扫描特征。

（6）16位RISC结构，指令周期可达25ns。

（7）带有三个捕获/比较寄存器的16位定时器、定时器A、定时器B。

（8）串行通信软件可选择UART/SPI模式。

（9）片内比较器配合其他器件可构成单斜边A/D转换器。

（10）可编程电压检测。

（11）串行在线编程，无需外部编程电压，具有可编程的保密熔丝代码保护。

（12）驱动液晶能力达160段。

（13）封装类型：100引脚的PLASTIC 100-PIN QFP封装。

以上列举了MSP430×4××系列单片机的主要参数，具体型号可能会有差别，具体可参考TI公司的用户手册。

4. MSP430F5××/6××

新款基于闪存的产品系列，具有最低功耗，在操作电压$1.8\sim3.6$V范围内最高主频可达25MIPS，Flash最高可达256KB，RAM最高可达18KB，其基本特征如下。

（1）电源管理。

① $1.8\sim3.6$V。

② PMM电源管理模块，可配置内核电压。

③ RTC备用电源输入，自动切换。

（2）0.1μA RAM保持模式；2.5μA待机模式；165μA/MIPS工作模式。

（3）从待机模式唤醒小于5μA。

（4）丰富的数字、模拟外设。

① 丰富的 16 位定时器 A、定时器 B、看门狗定时器 WatchDog、RTC。

② UART/SPI/I²C/IRDA。

③ DMA、电源电压检测电路 SVS、零功耗掉电复位电路 BOR。

④ ADC10、ADC12、DAC12。

⑤ 其他集成外设：USB、模拟比较器、DMA、硬件乘法器、RTC、USCI。

(5) 封装类型：TSSOP48、QFN48、QFN64、LQFP80、LQFP100、BGA80、BGA113。

5. MSP430 Value Line 微控制器产品

此系列微控制器产品包括 MSP430 的 G××器件，性价比高，具有如下特征。

(1) Flash 容量扩展到 56KB，静态随机存储器(SRAM)扩展到 4KB。

(2) 支持无线 MBUS 及近场通信(NFC)等连接协议。

(3) 整合更高的存储器资源和集成型电容式触摸 I/O，支持高级电容式触控功能。

(4) 具有高频率晶体输入功能，这是 MSP430 Value Line 的首创，支持设计添加高可靠高比特率串行通信功能。

(5) 更多 GPIO、定时器以及串行端口。

第 2 章 MSP430F149 简介

MSP43014×× 系列单片机,在 430 系列单片机中通用性强,资源较丰富,更重要的是其本身结构不复杂,有利于学生从结构上了解单片机的工作原理,能同时兼顾教学和应用。本章将对单片机的结构、CPU、复位和工作模式、基础时钟、电源等模块作简单介绍。

2.1 MSP430 的总体架构

MSP430F149 芯片是美国 TI 公司推出的超低功耗微处理器,其结构框图如图 2-1 所示,具有 16 位精简指令计算机结构,CPU 具有 16 个寄存器,片内有 60KB+256B 的 Flash,2KB RAM,包括基本时钟模块、看门狗定时器、带三个捕获/比较寄存器和 PWM 输出的 16 位定时器、带 7 个捕获/比较寄存器和 PWM 输出的 16 位定时器、两个具有中断功能的 8 位并行端口、4 个 8 位并行端口、模拟比较器、12 位 A/D 转换器、两个串行通信接口等模块。

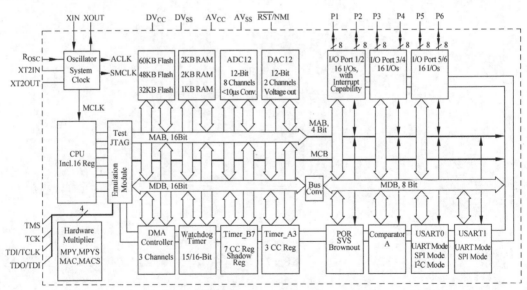

图 2-1 MSP430F149 结构框图

2.2 CPU 的结构和特点

2.2.1 MSP430 系列单片机芯片特征

1. 芯片特点

MSP430F14×引脚说明如图 2-2 所示,其主要特点如下。

(1) 功耗低:电压 2.2V、时钟频率 1MHz 时,活动模式为 $200\mu A$;关闭模式时仅为 $0.1\mu A$,且具有 5 种节能工作方式。

(2) 高效 16 位 RISC-CPU,27 条指令,8MHz 时钟频率时,指令周期时间为 125ns,绝大多数指令在一个时钟周期完成;32kHz 时钟频率时,16 位 MSP430 单片机的执行速度高于典型的 8 位单片机 20MHz 时钟频率时的执行速度。

(3) 低电压供电、宽工作电压范围:1.8~3.6V。

(4) 灵活的时钟系统:两个外部时钟和一个内部时钟。

(5) 低时钟频率可实现高速通信。

(6) 具有串行在线编程能力。

(7) 强大的中断功能。

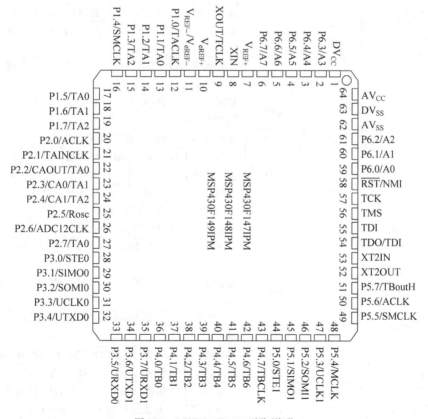

图 2-2 MSP430F14×引脚说明

（8）唤醒时间短，从低功耗模式下唤醒仅需 $6\mu s$。

（9）ESD 保护，抗干扰力强。

（10）运行环境温度范围为 $-40℃\sim +85℃$，适合于工业环境。

MSP430 系列单片机的所有外围模块的控制都是通过特殊寄存器来实现的，故其程序的编写相对简单。MSP430 系列单片机的 CPU 和通用微处理器基本相同，只是在设计上采用了面向控制的结构和指令系统。CPU 结构是按照精简指令集和高透明的宗旨而设计的，使用的指令有硬件执行的内核指令和基于现有硬件结构的仿真指令，可以提高指令执行速度和效率，增强 MSP430 的实时处理能力。

2. 引脚说明

MSP430F149 引脚功能说明如表 2-1 所示。

表 2-1　MSP430F149 引脚功能

引 脚		I/O	说 明
名　　称	编号		
AV_{CC}	64		模拟电源，正端，仅供给模数转换器的模拟部分
AV_{SS}	62		模拟电源，负端，仅供给模数转换器的模拟部分
DV_{CC}	1		数字电源，正端，供给所有数字部分
DV_{SS}	63		数字电源，负端，供给所有数字部分
P1.0/TACLK	12	I/O	普通 I/O 引脚/Timer_A，时钟信号 TACLK 输入
P1.1/TA0	13	I/O	普通数字 I/O 引脚/Timer_A，捕获：CCI0A 输入，比较：OUT0 输出
P1.2/TA1	14	I/O	普通数字 I/O 引脚/Timer_A，捕获：CCI1A 输入，比较：OUT1 输出
P1.3/TA2	15	I/O	普通数字 I/O 引脚/Timer_A，捕获：CCI2A 输入，比较：OUT2 输出
P1.4/SMCLK	16	I/O	普通数字 I/O 引脚/SMCLK 信号输出
P1.5/TA0	17	I/O	普通数字 I/O 引脚/Timer_A，比较：OUT0 输出
P1.6/TA1	18	I/O	普通数字 I/O 引脚/Timer_A，比较：OUT1 输出
P1.7/TA2	19	I/O	普通数字 I/O 引脚/Timer_A，比较：OUT2 输出
P2.0/ACLK	20	I/O	普通数字 I/O 引脚/ACLK 输出
P2.1/TAINCLK	21	I/O	普通数字 I/O 引脚/Timer_A，时钟信号 INCLK
P2.2/CAOUT/TA0	22	I/O	普通数字 I/O 引脚/Timer_A：捕获：CCI0B 输入/比较器_A 输出
P2.3/CA0/TA1	23	I/O	普通数字 I/O 引脚/Timer_A：比较：OUT1 输出/比较器_A 输入
P2.4/CA1/TA2	24	I/O	普通数字 I/O 引脚/Timer_A：比较：OUT2 输出/比较器_A 输入
P2.5/Rosc	25	I/O	普通数字 I/O 引脚，定义 DOC 标准频率的外部电阻输入
P2.6/ADC12CLK	26	I/O	普通数字 I/O 引脚，转换时钟 12 位 ADC
P2.7/TA0	27	I/O	普通数字 I/O 引脚/Timer_A：比较：OUT0 输出
P3.0/STE0	28	I/O	普通数字 I/O，从发送使能 USAT0/SPI 方式
P3.1/SIMO0	29	I/O	普通数字 I/O，USAT0/SPI 方式的从输入/主输出

续表

引 脚		I/O	说 明
名 称	编 号		
P3.2/SOMI0	30	I/O	普通数字 I/O,USAT0/SPI 方式的从输出/主输入
P3.3/UCLK0	31	I/O	普通数字 I/O,外部时钟输入——USART0/UART 或 SPI 方式,时钟输出——USART0/SPI 方式
P3.4/UTXD0	32	I/O	普通数字 I/O,发送数据输出——USART0/UART 方式
P3.5/URXD0	33	I/O	普通数字 I/O,接收数据输入——USART0/UART 方式
P3.6/UTXD1	34	I/O	普通数字 I/O,发送数据输出——USART1/UART 方式
P3.7/URXD1	35	I/O	普通数字 I/O,接收数据输入——USART1/UART 方式
P4.0/TB0	36	I/O	通用数字 I/O,捕获 I/P 或 PWM 输出端口 Timer_B7 CCR0
P4.1/TB1	37	I/O	通用数字 I/O,捕获 I/P 或 PWM 输出端口 Timer_B7 CCR1
P4.2/TB2	38	I/O	通用数字 I/O,捕获 I/P 或 PWM 输出端口 Timer_B7 CCR2
P4.3/TB3	39	I/O	通用数字 I/O,捕获 I/P 或 PWM 输出端口 Timer_B7 CCR3
P4.4/TB4	40	I/O	通用数字 I/O,捕获 I/P 或 PWM 输出端口 Timer_B7 CCR4
P4.5/TB5	41	I/O	通用数字 I/O,捕获 I/P 或 PWM 输出端口 Timer_B7 CCR5
P4.6/TB6	42	I/O	通用数字 I/O,捕获 I/P 或 PWM 输出端口 Timer_B7 CCR6
P4.7/TBCLK	43	I/O	通用数字 I/O,输入时钟 TBCLK——Timer_B7
P5.0/STE1	44	I/O	通用数字 I/O,从发送使能——USART1/SPI 方式
P5.1/SIMO1	45	I/O	通用数字 I/O,从入主出——USART1/SPI 模式
P5.2/SOMI1	46	I/O	通用数字 I/O,USART1/SPI 方式的从输出/主输入
P5.3/UCLK1	47	I/O	通用数字 I/O,外部时钟输入 USART1/USRT 或 SPI 方式,时钟输出 USART1/SPI 方式
P5.4/MCLK	48	I/O	通用数字 I/O,主系统时钟 MCLK 输出
P5.5/SMCLK	49	I/O	通用数字 I/O,次主系统时钟 SMCLK 输出
P5.6/ACLK	50	I/O	通用数字,辅助时钟 ACLK 输出
P5.7/TBoutH	51	I/O	通用数字,切换所有输出端口到高阻 Timer_B7 TB0 到 TB6
P6.0/A0	59	I/O	普通数字(4),模拟输入 A0——12 位 ADC
P6.1/A1	60	I/O	普通数字(4),模拟输入 A1——12 位 ADC
P6.2/A2	61	I/O	普通数字(4),模拟输入 A2——12 位 ADC
P6.3/A3	2	I/O	普通数字(4),模拟输入 A3——12 位 ADC
P6.4/A4	3	I/O	普通数字(4),模拟输入 A4——12 位 ADC
P6.5/A5	4	I/O	普通数字(4),模拟输入 A5——12 位 ADC
P6.6/A6	5	I/O	普通数字(4),模拟输入 A6——12 位 ADC
P6.7/A7	6	I/O	普通数字(4),模拟输入 A7——12 位 ADC

续表

引　　脚		I/O	说　　明
名　称	编号		
$\overline{\text{RST}}$/NMI	58	I	复位输入,非屏蔽中断输入端口,或引导装载程序启动(Flash 器件)
TCK	57	I	测试时钟 TCK 是用于器件编程测试和引导装载程序启动(Flash 器件)时钟输入端口
TDI	55	I	测试数据输入。TDI 用作一个数据输入端口。器件保护熔丝连接 TDI
TDO/TDI	54	I/O	测试数据输出端口。TDO/TDI 数据输出或编程数据输入端子
TMS	56	I	选择测试模式 TMS 用作一个器件编程和测试的输入端口
V_{eREF+}	10	I/O	ADC 外部参考电压输入
V_{REF+}	7	O	ADC 内参考电压正端输出
V_{REF-}/V_{eREF-}	11	O	内部 ADC 参考电压和外部施加的 ADC 参考电压的负端
XIN	8	I	晶体振荡器 XT1 的输入端口。可以连接标准晶体或手表晶体
XOUT/TCLK	9	I/O	晶体振荡器 XT1 的输出端或测试时钟输入
XT2IN	53	I	晶体振荡器 XT2 的输入端口。只能连接标准晶体
XT2OUT	52	O	晶体振荡器 XT2 输出端

2.2.2　MSP430 特殊寄存器介绍

CPU 寄存器资源丰富,16 个 16 位寄存器 R0～R15。其中,R0～R3 具有特殊功能:程序计数器 R0/PC、堆栈指针 R1/SP、状态寄存器 R2/SR/CG1 和常数发生器 R3/CG2。R4～R15 为通用寄存器。表 2-2 对 MSP430F149 CPU 寄存器做了简要说明。

表 2-2　MSP430F149 CPU 寄存器说明

寄存器名称	功　　能
R0	程序计数器 PC
R1	堆栈指针 SP
R2	状态寄存器 SR/常数发生器 CG1
R3	常数发生器 CG2
R4～R15	通用寄存器 R4～R15

1. 程序计数器 PC

程序计数器 PC 总是指向程序存储器中下一条将要执行的指令的地址。MSP430 指令长度分别为 2Byte、4Byte 或 6Byte,PC 相应递增。PC 内容总是偶数,指向偶字节地址。PC 是 16 位寄存器,可以寻址 64KB 存储空间,对程序存储器的访问以字为单位。在执行条件或无条件转移指令、调用指令或响应中断时,程序计数器 PC 都会被赋新值,其他情况下,程序计数器 PC 的值自动增加。

2. 堆栈指针 SP

堆栈是遵循"先入后出"原则的特殊数据存储区,用来保护现场数据。

(1) 系统调用子程序或进入中断服务程序时,将 PC 值(程序未跳转之前的值)压入堆栈进行保护,然后程序计数器 PC 被赋予子程序入口地址或中断向量地址,执行子程序或中断服务程序。子程序或中断服务程序执行完毕后,遇到返回指令,则将堆栈的内容送到程序计数器 PC 中,程序又返回主程序继续执行。

(2) 堆栈可在函数调用期间保存寄存器变量、局部变量和参数等。堆栈指针 SP 则总是指向堆栈的顶部,即栈顶。根据堆栈地址的生成方向,堆栈可分为"向下增长型(高地址向低地址增长)"或"向上增长型(低地址向高地址增长)"。MSP430 堆栈属于"向下增长型",即系统在将数据压入堆栈(即压栈)时,总是先将堆栈指针 SP 值减 2,然后再将数据送到 SP 所指向的 RAM 单元中。将数据从堆栈中弹出,即弹栈,与压栈过程相反:先将数据从 SP 所指向的内存单元中读取出来,再将 SP 值加 2。

3. 状态寄存器 SR

状态寄存器 SR/R2 反映了程序执行过程中控制器的现场状态,用于指示 ALU 的运算结果状态以及 CPU、时钟状态等。用户可通过对其相关标志位的判断,控制程序流程走向,因此状态寄存器在程序设计中有相当重要的地位。MSP430 的状态寄存器为 16 位,目前只用到前 9 位,其结构如下。

15~9	8	7	6	5	4	3	2	1	0
保留	V	SCG1	SCG0	OSCOFF	CPUOFF	GIE	N	Z	C

bit 8   V   溢出标志位,当算术运算结果超出有符号数范围时置位,否则为 0。以下情况发生置位。

正+正=负;负+负=正;正-负=负;负-正=正。

bit 7   SCG1   系统时钟控制位。

1:置位时使能 SMCLK;

0:清零时禁止 SMCLK。

bit 6   SCG0   系统时钟控制位。

复位时为使能直流发生器;SCG0 置位且 DCOCLK 没有被用作 MCLK 或 SMCLK 时,直流发生器才能被禁止。

bit 5   OSCOFF   晶体控制位。

复位时激活 LFXT1;

OSCOFF 置位且 LFXT1CLK 不用于 MCLK 或 SMCLK 时,LFXT1 禁止;置位使晶体振荡器处于停止状态,设置 OSCOFF=1,必须同时设置 CPUOFF=1,此时,只有系统允许的外部中断或 NMI 可唤醒 CPU。

bit 4　　CPUOFF　　　　　CPU 控制位。

置位使 CPU 进入关闭模式,此时除了 RAM 内容、端口、寄存器保持外,CPU 处于停止状态,可用所有允许的中断将 CPU 从此状态唤醒。

0:CPU 进入关闭模式;

1:CPU 处于工作状态。

bit 3　　GIE　　　　　　　可屏蔽中断控制位。

置位允许可屏蔽中断,复位禁止所有可屏蔽中断。该位由中断复位,RET1 指令置位,也可以用指令改变。

0:允许可屏蔽中断;

1:禁止所有可屏蔽中断。

bit 2　　N　　　　　　　　负标志,当运算结果为负时置位,否则为 0。

bit 1　　Z　　　　　　　　零标志,当运算结果为 0 时置位,否则为 0。

bit 0　　C　　　　　　　　进位标志,当运算结果产生进位时置位,否则为 0。

注意:状态寄存器 SR 只能用于寄存器寻址方式的字指令(.W)中。若使用其他寻址方式,则代表常数发生器 CG1,而不是 SR。

4. 常数发生器 CG1 和 CG2

R2 和 R3 为常数发生器,利用 CPU 的 27 条内核指令配合常数发生器可以生成一些简洁高效的模拟指令。所用常数的数值由寻址位 As(源操作数的寻址模式)来定义,硬件完全自动产生数字 1、0、1、2、4、8。CG1、CG2 产生的常数值如表 2-3 所示。

表 2-3　CG1、CG2 产生常数值

寄存器	As	常数	说明
R2	00	—	寄存器模式
R2	10	00004H	+4 位处理
R2	11	00008H	+8 位处理
R3	00	00000H	0 字处理
R3	01	00001H	+1
R3	10	00002H	+2 位处理
R3	11	0FFFFH	−1 字处理

常数发生器的特点如下。

(1) 不需要特殊的指令。

(2) 产生 6 个常数,不需要额外的字操作数。

(3) 检索常数不需要访问内存,缩短指令周期。

(4) 常数发生器能够模拟部分指令,使 CPU 简单高效。

5. 通用寄存器

R4~R15 为通用工作寄存器,具有暂存运算结果,执行算术逻辑运算等功能,是控制器访问最频繁的场所,可以进行字节、字操作,可作为地址指针或数据寄存器,使用寄存器可以大大提高程序的执行效率,当中断发生时,需对其内容进行保护。

2.3　MSP430 存储器

2.3.1　程序存储器

MSP430×14×系列的存储空间为 64KB,MSP430 不同系列器件的存储空间其分布有很多相同之处。

(1) 所有的代码、表以及编码常量都存储在 Flash/ROM 中,不同型号器件的代码存储器容量不一样,其起始地址取决于 Flash/ROM 的容量。

(2) 中断向量被安排在相同的空间:0FFE0~0FFFFH。

(3) 8 位、16 位外围模块占用相同范围的存储器地址。

(4) 所有器件的特殊功能寄存器占用相同范围的存储器地址:00H~0FH。

(5) 数据存储器开始于相同的地址,即从 0200H 处开始。

(6) 代码存储器的最高地址都是 0FFFFH。但是由于器件所属型号的不同,存储空间的分布也存在一些差异。

(7) MSP430 的 Flash 中含有信息内存地址空间,与板级 EEPROM 一样,掉电后需要在下一次上电时才能存储变量。Flash 可以通过字节或字的方式写入,但只能以段的方式擦除。

(8) MSP430 的 Flash 中含有引导内存地址空间,地址范围从 0C00h 到 0FFFh。引导程序位于该地址空间,它是除 JTAG 外另一个能对 Flash 编程的外部接口。这一存储区域不能被其他应用程序访问,也就不会被意外覆盖。

(9) 仅 Flash 型有信息存储器,而且不同的器件地址也不一样,但容量都是 256B。

(10) 仅 Flash 型有引导存储器,而且不同器件的地址也不一样,但容量都是 1KB。

(11) 各器件数据存储器的末地址也不一样,其末地址为末地址－该器件数据 RAM 容量＋0200H。

(12) 中断向量的具体内容因器件不同而不同。

程序 ROM 区为 0FFFFH 以下一定数量的存储空间,可存放指令代码和数据表格。程序代码必须偶地址寻址。程序代码可分为三种情况:中断向量区、用户程序区及系统引导程序区(个别器件有,如 Flash 型)。

1. 中断向量区

中断向量区含有相应中断处理程序的 16 位入口地址,中断事件在提出中断请求的同时,通过硬件向主机提供向量。目前,大多数单片机的向量地址是中断向量表的指针。即向量地址指向一个中断向量表,从中断向量表的相应单元中再取出中断服务程序的入口地址,所以,中断向量地址是中断服务程序入口地址的地址。中断向量用于程序计数器 PC 增加偏移量,以使中断处理软件在相应的程序位置继续运行,这样能够简化中断处理程序。地址 0FFFEH、0FFFCH、0FFF8H、0FFFAH、0FFF4H、0FFF2H 所对应的中断为多源中断,多个中断事件对应同一个中断向量,其中任何一个中断事件出现,对应的中断标志都被置位,中断响应时要用软件判断是哪一个中断源。中断标志不能自动清零,需要用软件清除。

2. 用户程序区

用户程序区一般用来存放程序与常数或表格。MSP430的存储结构允许存放大的数表,并且可以用所有的字和字节指令访问这些表。这一点为提高编程的灵活性和节省程序存储空间带来好处。表处理可带来快速清晰的编程风格。特别是对于传感器应用,为了数据线性化和补偿,将传感器存入表中做表处理,是一种很好的方法。程序 ROM 除了中断向量表外的其他空间都可随意用作用户程序区。对于 Flash 型的器件还有 1KB 的引导ROM,这是一段出厂时已经固化的程序,为闪存的读、写、擦除等操作提供环境。

2.3.2　数据存储器

MSP430 的数据存储器位于存储器地址空间的 0200H 以上,这些存储器一般用作数据的保存与堆栈,同时也可作数据运算,特殊场合还可以作为程序存储器。可以字操作也可以字节操作,通过指令后缀加以区别。字节操作可以是奇地址或者是偶地址,在字操作时,每两个字节为一个操作单位,必须对准偶地址。

Flash 型 MSP430 系列单片机的存储器还有信息存储器,也可以当作数据 RAM 使用,同时,由于它是 Flash 型,掉电后数据不丢失,可以保存重要数据。

2.3.3　Flash 存储器

MSP43014×单片机有嵌入式 Flash 存储器,是电可擦除的可编程存储器,可以按位、字节和字访问,并且可进行编程和擦除,其主要特点如下。

(1) 可进行位、字节和字编程擦除。

(2) 产生内部编程电压。

(3) 超低功耗操作。

(4) 可通过 JTAG、BSL、ISP 编程。

(5) 保密熔丝烧断后不能再用 JTAG 进行任何访问。

(6) 1.8～3.6V 工作电压,2.7～3.6V 编程电压。

(7) 擦除/编程次数可达 10 万次,数据保持时间从 10～100 年不等。

(8) 60KB 空间编程时间小于 5s。

(9) 支持段擦除和多段模块擦除。

2.4　MSP430 的时钟系统

在 MSP430 单片机中,时钟系统不仅可以为 CPU 提供时序,还可以为不同的片内外设提供不同频率的时钟。MSP430 单片机通过软件控制时钟系统可以使其工作在多种模式下。通过这些工作模式,可合理地利用系统资源,实现整个应用系统的低功耗。时钟系统是

MSP430单片机中非常关键的部件,通过时钟系统的配置可以在功耗和性能之间寻求最佳的平衡点,为单芯片系统与超低功耗系统设计提供了灵活的实现手段。

2.4.1 案例介绍与分析

任务要求:

设置 MCLK 取自 XT2,SMCLK 取自 MCLK 且 8 分频。

程序示例:

```
# include "msp430x14x.h"
void int_clk()
{
 uchar I;
 BCSCTL1& = ~XT2OFF;              //打开 XT 振荡器
BCSCTL2| = SELM1 + SELS + DIVS_3; //MCLK 8M 并且 SMCLK 1M
 do
    {
        IFG1 & = ~OFIFG;          //清除振荡错误标志
        for(i = 0;i < 100;i++)
        _NOP();                   //延时等待
    }
 while((IFG1&OFIFG)!= 0)           //如果标志为 1 继续循环等待
IFG1 & = ~OFIFG;
    }
```

2.4.2 MSP430 的时钟源

图 2-3 为 MPS430 的基本时钟系统结构图。

从图 2-3 可以看出,时钟系统模块具有以下三个时钟来源。

(1) XT1CLK:低频/高频振荡器可以使用 32 768Hz 的手表晶振、标准晶体、谐振器或 4~32MHz 的外部时钟源。

(2) DCOCLK:内部数字时钟振荡器,可由 FLL 稳定后得到。

(3) XT2CLK:高频振荡器,可以是标准晶振、谐振器或 4~32MHz 的外部时钟源。

1. 低速晶体振荡器

LFXT1 可以选择工作在低频模式和高频模式。当 LFXT1 振荡器工作于低频模式(XTS=0)时,低频晶振经过 XIN 和 XOUT 引脚直接连接到单片机,不需要其他外部器件(内部有 12pF 的负载电容)。当单片机外接高速晶体振荡器或谐振器时,OSCOFF=0 可使 LFXT1 振荡器工作于高频模式(XTS=1)。此时高速晶体振荡器或谐振器经过 XIN 和 XOUT 引脚连接,此时需要外接电容,电容的大小根据晶体振荡器或谐振器的特性来选择。如果 LFXT1CLK 信号没有用作 SMCLK 或 MCLK 信号,可用软件将 OSCOFF=1 以禁止 LFXT1 工作以减少单片机功耗。

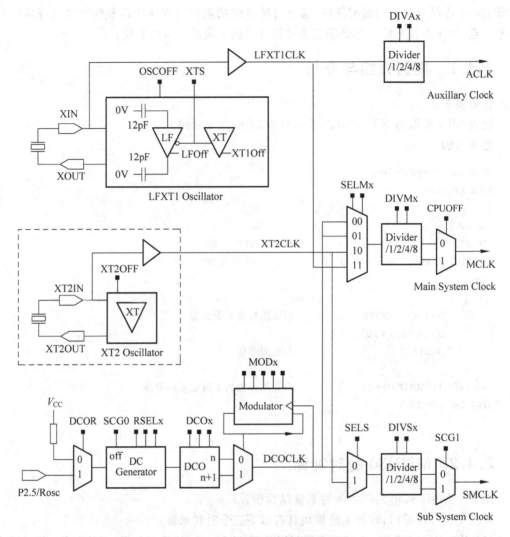

图 2-3　基本时钟系统结构原理图

2. 高速晶体振荡器

XT2 振荡结构如图 2-4 所示。XT2 振荡器产生 XT2CLK 时钟信号,它的工作特性与 LFXT1 振荡器工作在高频模式时类似。如果 XT2CLK 没有用作 MCLK 和 SMCLK 时钟 信号,可用控制位 XT2OFF 禁止 XT2 振荡器。

3. 数控振荡器 DCO

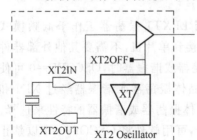

图 2-4　振荡器结构示意图

单片机的 XT2 振荡器产生的时钟信号可以经过 1、2、4、8 分频后当作系统主时钟 MCLK。当振荡器失 效时,DCO 振荡器会被自动选为 MCLK 的时钟源。 DCO 振荡器的频率可由软件对 DCOx、MODx 和 RSELx 位的设置来调整。当 DCOCLK 信号没有用作

SMCLK 和 MCLK 时钟信号时,可以用控制位 SCG0 禁止直流发生器。

在 PUC 信号之后,DCOCLK 被自动选作 MCLK 时钟信号,根据需要,MCLK 的时钟源可以另外设置为 LFXT1 或者 XT2。

设置顺序如下:

(1) 让 OSCOFF=1;

(2) 让 OFIFG=0;

(3) 延时等待至少 50μs。

2.4.3 MSP430 的时钟信号

通过基本的时钟模块,可以得到以下三个有用的时钟信号。

1. ACLK 辅助时钟

ACLK 是 LFXT1CLK 时钟源经 1、2、4、8 分频后得到的。ACLK 可由软件选择作为各个外围模块的时钟信号,一般用于低速外设。

2. MCLK 主系统时钟

MCLK 可由软件选择来自 LFXT1CLK、XT2CLK、DCOCLK 三者之一,然后经 1、2、4、8 分频。MCLK 通常用于 CPU 运行、程序的执行和其他使用到高速时钟的模块。

3. SMCLK 子系统时钟

SMCLK 可由软件选择来自 XT2CLK 或 DCOCLK,然后经 1、2、4、8 分频。SMCLK 通常用于高速外围模块。

2.4.4 基本时钟寄存器

MSP430F149 单片机的基本时钟系统寄存器如表 2-4 所示。

表 2-4　MSP430F149 基本时钟寄存器说明

寄存器名称	寄存器缩写
DCO 控制寄存器	DCOCTL
基本时钟系统控制寄存器 1	BCSCTL1
基本时钟系统控制控制器 2	BCSCTL2

1. DCO 控制寄存器

各位定义如下。

7	6	5	4	3	2	1	0
	DCOx				MODx		

bit 7~5　　DCOx　　DCO 频率选择。

用来选择 8 种频率,可分段进行调节 DCOCLK 频率。该频率是建立在 RSELx 选定的频段上。

bit 4～0　　　MODx　　　DAC 调制器设定。

控制切换 DCOx 和 DCOx＋1 选择的两种频率,来微调 DCO 的输出频率。如果 DCOx 常数是 7,表示已经选择最高频率,此时 MODx 失效,不能用来进行频率调整。

2. BCSCTL1——基本时钟系统控制寄存器 1

各位定义如下。

7	6	5	4	3	2	1	0
TX2OFF	XTS	DIVAx		XT5V	RSELx		

bit 7　　　XT2OFF　　　XT2 高速晶振控制位。

此位用于控制 XT2 振荡器的开启与关闭。

0:XT2 高速晶振开;

1:XT2 高速晶振关。

bit 6　　　XTS　　　LFXT1 高速/低速模式选择位。

0:LFXT1 工作在低速晶振模式(默认);

1:LFXT1 工作在高速晶振模。

bit 5～4　　　DIVAx　　　ACLK 分频选择位。

0:不分频;

1:2 分频;

2:4 分频;

3:8 分频。

bit 3　　　XT5V　　　不使用。

通常此位复位 XT5V＝0。

bit 2～0　　　RSELx　　　DCO 振荡器的频段选择位。

该三位控制某个内部电阻以决定标称频率。

0:选择最低的标称频率;

……

7:选择最高的标称频率。

DCO 的频率调节图如图 2-5 所示。

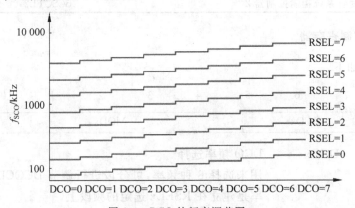

图 2-5　DCO 的频率调节图

3. BCSCTL2——基本时钟系统控制寄存器 2

各位定义如下。

7	6	5	4	3	2	1	0
SELMx		DIVMx		SELx	DIVSx		DCOR

bit 7~6　　SELMx　　　　　选择 MCLK 时钟。

　　　　　　　　　　　　　0：MCLK 时钟源为 DCOCLK(默认)；

　　　　　　　　　　　　　1：MCLK 时钟源为 DCOCLK；

　　　　　　　　　　　　　2：MCLK 时钟源为 XT2CLK；

　　　　　　　　　　　　　3：MCLK 时钟源为 LFXT1CLK。

bit 5~4　　DIVMx　　　　　选择 MCLK 分频。

　　　　　　　　　　　　　0：不分频；

　　　　　　　　　　　　　1：2 分频；

　　　　　　　　　　　　　2：4 分频；

　　　　　　　　　　　　　3：8 分频。

bit 3　　　SELx　　　　　　选择 SMCLK 时钟源。

　　　　　　　　　　　　　0：SMCLK 时钟源为 DCOCLK；

　　　　　　　　　　　　　1：MCLK 时钟源为 XT2CLK。

bit 2~1　　DIVSx　　　　　选择 SMCLK 分频。

　　　　　　　　　　　　　0：不分频；

　　　　　　　　　　　　　1：2 分频；

　　　　　　　　　　　　　2：4 分频；

　　　　　　　　　　　　　3：8 分频。

bit 0　　　DCOR　　　　　　选择 DCO 振荡电阻。

　　　　　　　　　　　　　0：内部电阻；

　　　　　　　　　　　　　1：内部电阻。

2.5　MSP430 的系统复位和低功耗工作模式

2.5.1　系统复位和初始化

1. 系统复位

MSP430 的复位信号有两种，分别是上电复位信号 POR 和上电清除信号 PUC。二者的区别主要在于触发信号不同。MSP430 系统复位电路功能模块组成如图 2-6 所示。

POR 是上电复位信号，它只在以下三种情况下发生。

(1) 芯片上电。

(2) RST/NMI 设置成复位模式，在 RST/NMI 引脚上出现低电平复位信号。

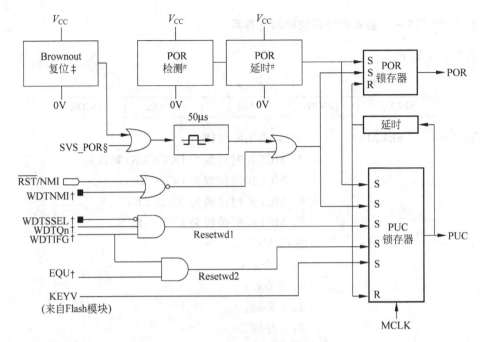

图 2-6　MSP430 系统复位电路功能模块组成

（3）当 PORON＝1 时，SVS 处于低电平状态。

PUC 信号是上电清除信号，PUC 会伴随 POR 信号产生而发生，但 PUC 信号的发生不会产生 POR 信号。能够触发 PUC 信号的事件如下。

（1）发生 POR 信号。

（2）看门狗定时时间到。

（3）看门狗定时器的配置寄存器写入错误的安全密码。

（4）Flash 存储器的寄存器写入错误的安全密码。

2．系统复位后的初始状态

（1）RST/NMI 引脚默认到作为复位功能管脚使用。

（2）所有 I/O 口管脚被设置为输入状态。

（3）外围模块被初始化，其寄存器值为手册上的默认值。

（4）状态寄存器 SR 复位。

（5）看门狗定时器工作在看门狗模式。

（6）程序计数器 PC 载入中断向量表 0xFFFE 位置中的地址，如果该向量中存储的地址值为 0xFFFF，则器件会被自动禁用，处在最低功耗状态。

器件复位后需要依靠软件进行初始化，首先要将程序指针初始化；然后配置看门狗的工作状态，看门狗配置错误可能导致系统异常复位；最后根据应用配置外设。

2.5.2　低功耗工作模式

MSP430 系列单片机是一个特别强调低功耗的单片机系列，尤其适用于采用电池长时间供电的工作场合。

MSP430 应用系统价格和电流消耗等因素会影响 CPU 与外围模块对时钟的需求,所以系统使用不同的时钟信号:ACLK,MCLK,SMCLK。用户可以通过程序选择高频和低频,这样可以根据实际需要来选择适合的系统时钟频率,从而合理地利用系统的电源,实现整个系统的超低功耗。

1. 低功耗模块简介

低功耗是 MSP430 单片机的一个最显著的特点。MSP430 的丰富的时钟源使其能达到最低功耗并发挥最优系统性能。用户可通过实际需要选择不同的时钟源(ACLK、MCLK 和 SMCLK),从而实现整个系统的超低功耗。

2. 低功耗控制

当系统时钟发生器基本功能建立之后,状态寄存器 SR 中的 SCG1、SCG0、OscOff 和 CPUOff 是重要的低功耗控制位。只要任意中断被响应,上述控制位就被压入堆栈保存,中断处理后,又可恢复先前的工作方式。

在中断处理子程序中可以间接访问堆栈数据从而修改这些控制位;在中断返回后单片机会以另一种功耗方式继续运行。各控制位的功能如下。

SCG1:当 SCG1 复位时,使能 SMCLK;当 SCG1 置位时,则禁止 SMCLK。

SCG0:当 SCG0 复位时,直流发生器被激活;只有当 SCG0 置位且 DCOCLK 信号未用于 MCLK 或 SMCLK,直流发生器才被禁止。

注意:当电流关闭时(SCG=0),DCO 的下次启动会有一些微秒级的延迟。

OscOff:当 OscOff 复位时,LFXT 晶体振荡器被激活;当 OscOff 被置位且不用于 MCLK 或 SMCLK,LFXT 晶体振荡器才被禁止。

CPUOff:当 CPUOff 复位时,用于 CPU 的时钟信号 MCLK 被激活;当 CPUOff 置位, MCLK 停止。

3. 低功耗工作模式

MSP430 可工作在一种活动模式(AM)和 5 种低功耗模式(LPM0~LPM4)下。通过软件设置控制位 SCG1、SCG0、OscOff 和 CPUOff,MSP430 可进入相应的低功耗模式。各种低功耗模式又可通过中断方式返回活动模式。不同的工作模式耗电情况不同,具体如图 2-7 所示。

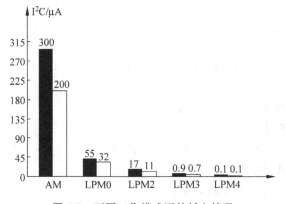

图 2-7 不同工作模式下的耗电情况

由图 2-7 可以看出,由 AM LPM4 模式单片机工作电流成倍下降。但不同工作模式下 CPU 状态、振荡器及时钟的活动状态不同。具体如表 2-5 所示。

表 2-5　不同工作模式下 CPU 状态、振荡器及时钟的活动状态说明

工作模式	控制位	CPU 状态、振荡器及时钟
活动模式(AM)	SCG1＝0 SCG0＝0 OscOff＝0 CPUOff＝0	CPU 活动 MCLK 活动 SMCLK 活动 ACLK 活动
低功耗模式 0 (LMP0)	SCG1＝0 SCG0＝0 OscOff＝0 CPUOff＝1	CPU 禁止 MCLK 禁止 SMCLK 活动 ACLK 活动
低功耗模式 1 (LMP1)	SCG1＝0 SCG0＝1 OscOff＝0 CPUOff＝1	CPU 禁止 若 DCO 未作 MCLK 或 SMCLK,则自流发生器禁止,否则保持活动 MCLK 禁止；SMCLK 活动；ACLK 活动
低功耗模式 2 (LMP2)	SCG1＝1 SCG0＝0 OscOff＝0 CPUOff＝1	CPU 禁止 若 DCO 未作 MCLK 或 SMCLK,则 DCO 自动被禁止 MCLK 禁止；SMCLK 禁止；ACLK 活动
低功耗模式 3 (LMP3)	SCG1＝1 SCG0＝1 OscOff＝0 CPUOff＝1	CPU 禁止 DCO 被禁止；自流发生器被禁止 MCLK 禁止 SMCLK 禁止 ACLK 活动
低功耗模式 4 (LMP4)	SCG1＝x SCG0＝x OscOff＝1 CPUOff＝1	CPU 禁止 DCO 被禁止；自流发生器被禁止 所有振荡器停止工作 MCLK 禁止；SMCLK 禁止；ACLK 活动

4. 低功耗使用原则

(1) 最大化 LMP3 的时间,用 32.768kHz 晶振作为 ACLK 时钟,DCO 用于 CPU 激活后突发短暂运行。

(2) 用接口模块代替软件驱动功能。

(3) 用中断控制程序运行。

(4) 用可计算的分支代替标志位测试产生的分支。

(5) 用快速查表代替冗长的软件计算。

(6) 避免频繁的子程序和函数调用。

(7) 在必要时才开启外围模块。

2.6 中断系统

2.6.1 中断的概念和类型

1. 中断概念

CPU 在处理事件 A 时,若发生事件 B 请求 CPU 迅速去处理(中断发生),CPU 暂停当前工作,保护现场,转而处理事件 B(中断响应与中断服务)。CPU 处理完事件 B,再回到事件 A 断点处继续处理 A(中断返回),这整个过程称为中断。中断机制是单片机完成实时处理的重要保障,有效地利用中断可以简化程序和提高执行效率。

MSP430 单片机有完善的中断机制,中断资源丰富(大部分 MSP430 外围模块都能产生中断)。MSP430 在 CPU 空闲时进入低功耗模式,事件发生时,通过中断唤醒 CPU,事件处理完毕后,CPU 再次进入低功耗状态。

2. 中断类型

对于中断根据不同的标准会有不同的分类方法。常见的分类方法有根据中断源的位置、可控制以及是否共用中断向量对中断进行分类。

根据中断源是否共用中断向量可以分为单源中断和多源中断。单源中断是指触发该中断的中断源独自占用一个中断向量。当单源中断请求得到响应后,该中断的标志位将自动清零。多源中断是指多个中断源共用一个中断向量。一般来说,每个中断源都有与其对应的中断标志。当多源中断请求得到响应后,该中断的标志位不会自动清零。因为需要通过检测中断标志来确认具体是哪一个中断源触发的多源中断。因此,需要在中断服务程序中对中断标志位清零。

根据触发中断的信号是来自单片机内部还是来自外部引脚,可分为外部中断与内部中断。由外部引脚触发的中断称为外部中断,如通过 NMI、P1.0~P1.7、P2.0~P2.7 等引脚触发的中断。由单片机内部模块触发的中断称为内部中断,如定时器中断、串行通信接收与发送中断等。

根据中断源的可控程度可将 MSP430 单片机中断分为系统复位中断、非屏蔽中断与可屏蔽中断。需要说明的是,对于 MSP430 单片机而言,总控制位实际是指总中断使能位(GIE)。

1) 系统复位中断

系统复位(System Reset)中断由触发系统复位中断的中断源产生,它既不受控于总中断使能位,也不受控于自身的使能位。因此,它的中断优先级最高,只要有中断请求就会优先得到响应。系统复位中断称不可屏蔽中断。

能够触发系统复位中断的中断源有:①系统加电;②复位模式下,当 RES/NMI 引脚为低电平时;③看门狗模式下,看门狗定时溢出;④看门狗安全键值出错;⑤Flash 安全键值出错;⑥PC 值超出范围。观察这些中断源不难发现,以上 6 种情况均是引起系统复位的原因。所以说只要有系统复位信号(POR&PUC)产生,就会触发系统复位中断。

尽管这么多中断源均可触发系统复位中断,但是在 MSP430 单片机中系统复位中断的入口地址只有一个,即 0xFFFE。因此,系统复位中断是多源中断。

2) 非屏蔽中断

非屏蔽中断不能被总中断使能位控制,但可以被各自的中断使能位(分控制位)控制,与系统复位中断一样,非屏蔽中断也只有一个固定的中断入口地址(0x0FFFC)。在 MSP430F149 中能够触发非屏蔽中断的中断源只有三种,分别是外部中断、振荡器失效和 Flash 访问出错。可见,非屏蔽中断也是多源中断。

(1) 振荡器失效中断。当晶体振荡器满足一定条件时,就会产生振荡器失效信号。当振荡器失效中断使能位 OFIFG=1 时,便能触发非屏蔽中断。

(2) Flash 访问出错中断。当访问 Flash 出错时,就会产生 Flash 访问出错信号。当 Flash 访问出错中断使能位 ACCVIE=1 时,便能触发非屏蔽中断。

(3) 外部中断或非屏蔽中断。当 RST/NMI 引脚处于 NMI 模式时,该引脚电平若发生跳变,就会触发外部中断(边缘触发)。

当系统加电时,RST/NMI 引脚被自动设置成复位模式。此引脚的工作模式可在看门狗控制寄存器(WDTCTL)中进行设置。看门狗控制寄存器中有两位是用来设置 RST/NMI 引脚工作模式的,分别是 WDTNMIES 和 WDTNMI。WDTNMIES 用于定义 WDTNMI=1 边缘触发的方式,WDTNMIES=0 表示上升沿触发;WDTNMIES=1 表示下降沿触发。WDTNMI 用于定义 RST/NMI 引脚的工作模式。WDTNMI=0 表示复位模式;WDTNMI=1 表示边缘触发的 NMI 模式。

需要指出的是,振荡器失效中断使能位(OFIE)、Flash 访问出错中断使能位(ACCVIE)和非屏蔽中断使能位(NMIIE)均位于 IE1 中。

RST/NMI 引脚处于复位模式时低电平有效,即当该引脚为低电平时,CPU 将一直处于系统复位状态。当该引脚变成高电平时,CPU 将进入系统复位中断响应过程,同时 RSTIFG 标志位被置 1。

3) 可屏蔽中断

可屏蔽中断是由具备中断能力的片上外设(如定时器、DAC 等)触发的中断。可屏蔽中断能否被响应同时受控于总中断使能和各自模块的中断使能位。大部分片上外设的中断使能位在片上外设模块的寄存器中。但是,也有一些片上外设(如 Flash)的中断使能位在中断使能控制寄存器(IE1 和 IE2)中。例如,看门狗定时中断使能位(WDTIE)在 IE1 中,部分串口收发中断使能位(UCBOTXIE、UCBORXIE、UCAOTXIE、UCAORXIE)在 IE2 中,系统复位后寄存器 IE1 和 IE2 将清零。

2.6.2 中断响应及返回过程

1. 中断响应过程

中断响应过程为从 CPU 接收一个中断请求开始至执行第一条中断服务程序指令结束,共需要 6 个时钟周期。中断响应过程如下。

(1) 执行完当前正在执行的指令;

(2) 将程序计数器(PC)压入堆栈,程序计数器指向下一条指令;

（3）将状态寄存器（SR）压入堆栈,状态寄存器保存了当前程序执行的状态;

（4）如果有多个中断源请求中断,选择最高优先级,并挂起当前的程序;

（5）清除中断标志位,如果有多个中断请求源,则予以保留等待下一步处理;

（6）清除状态寄存器 SR,保留 SCG0,因而 CPU 可从任何低功耗模式下唤醒;

（7）将中断服务程序入口地址加载给程序计数器（PC）,转向执行中断服务子程序。

2. 中断返回过程

通过执行中断服务程序终止指令（RETI）开始中断的返回,中断返回过程需要 5 个时钟周期,主要包含以下过程。

（1）从堆栈中弹出之前保存的状态寄存器给 SR;

（2）从堆栈中弹出之前保存的程序计数器给 PC;

（3）继续执行中断时的下一条指令。

执行中断返回后,程序返回到原断点处继续执行,程序运行状态被恢复。假设中断发生前 CPU 处于某种休眠模式下,中断返回后 CPU 仍然在该休眠模式下,程序执行将暂停;如果希望唤醒 CPU,继续执行下面的程序,需要在退出中断前,修改 SR 状态寄存器的值,清除休眠标志。此步骤可以通过调用退出低功耗模式内部函数进行实现。只要在退出中断之前调用此函数,修改被压入堆栈的 SR 值,就能在退出中断服务程序时唤醒 CPU。

2.6.3　中断嵌套

MSP430 的中断优先级按所在的向量的大小排列,中断向量地址越高优先级就越大,但是默认的 MSP430 是不能中断嵌套的,要想在执行某一中断时能够响应更高优先级的中断,需要在低优先级的中断程序中手动打开全局中断使能位,因为在进入中断服务子程序时全局中断使能位被清零,即禁止响应其他中断。

实现中断嵌套需要注意以下几点。

（1）若在中断中开了总中断,后来的中断同时有多个,则会按优先级来执行,即中断优先级只有在多个中断同时到来时才起作用。

（2）对于单源中断,只要响应中断,系统硬件自动清中断标志位;对于多源中断（多个中断源共用一个中断向量）要手动清标志位。

2.6.4　中断向量和中断相关寄存器

1. 中断向量

MSP430 单片机的中断向量表被安排在 0FFFFH～0FF80H 空间,具有最大 64 个中断源,表 2-6 为 MSP430 单片机的中断向量表。

在中断服务程序前加 __ interrupt 关键字（注意前面有两个短下画线）,告诉编译器这个函数为中断服务程序,编译器会自动查询中断向量表、保护现场、压栈出栈等,然后,在中断服务程序的前一行写"# pragma vector＝PORT1_VECTOR"指明中断源,决定该函数是为哪个中断服务的。因此,编程者只需集中精力编写中断服务程序即可,当中断请求发生且被允许时,程序会自动执行中断服务程序。

表 2-6   MSP430 单片机的中断向量表

中断源	中断标志	系统中断	地址	优先级
上电、外部复位、看门狗、Flash 存储器	WDTIFG	复位	0FFFEH	15
NMI、振荡器故障、Flash 访问出错	NMIFG、OFIGF、ACCVIFG	非屏蔽/可屏蔽	0FFFCH	14
定时器 B	BCCIFG0	可屏蔽	0FFFAH	13
定时器 B	BCCIFG1～6,TBIFG	可屏蔽	0FFF8H	12
比较器 A	CMPAIFG	可屏蔽	0FFF6H	11
看门狗定时器	WDTIFG	可屏蔽	0FFF4H	10
串口 0 接收	URXIFG0	可屏蔽	0FFF2H	9
串口 0 发送	UTXIFG0	可屏蔽	0FFF0H	8
ADC	ADCIFG	可屏蔽	0FFEEH	7
定时器 A	CCIFG0	可屏蔽	0FFECH	6
定时器 A	CCIFG1～2,TAIFG	可屏蔽	0FFEAH	5
P1	P1IFG.0～7	可屏蔽	0FFE8H	4
串口 1 接收	URXIFG1	可屏蔽	0FFE6H	3
串口 1 发送	UTXIFG1	可屏蔽	0FFE4H	2
P2	P2IFG.0～7	可屏蔽	0FFE2H	1

2. 中断相关寄存器

1) 中断使能寄存器 1——IE1

各位定义如下。

7	6	5	4	3	2	1	0
UTXIE0	URXIE0	ACCVIE	NMIIE			OFIE	WDTIE
rw-0	rw-0	rw-0	rw-0			rw-0	rw-0

bit 7   UTXIE0   USART0：UART 和 SPI 发送中断使能信号。

bit 6   URXIE0   USART0：UART 和 SPI 接收中断使能信号。

bit 5   ACCVIE   Flash 访问中断使能信号。

bit 4   NMIIE   非屏蔽中断使能信号。

bit 1   OFIE   振荡器故障中断使能信号。

bit 0   WDTIE   看门狗定时器中断使能信号。

2) 中断使能寄存器 2——IE2

各位定义如下。

7	6	5	4	3	2	1	0
		UTXIE1	URXIE1				
		rw-0	rw-0				

bit 5   UTXIE1   USART1：UART 和 SPI 发送中断使能信号。

bit 4   URXIE1   USART1：UART 和 SPI 接收中断使能信号。

3）中断标志寄存器 1——IF1

各位定义如下。

7	6	5	4	3	2	1	0
UTXIFG0	URXIFG0		NMIFG			OFIFG	WDTIFG
rw-0	rw-0	rw-0	rw-0			rw-0	rw-0

bit 7　UTXIFG0　　USART0：UART 和 SPI 发送标志位。

bit 6　URXIFG0　　USART0：UART 和 SPI 接收标志位。

bit 4　NMIFG　　　通过 RST/NMI 引脚设置。

bit 1　OFIFG　　　振荡器失效标志位。

bit 0　WDTIFG　　溢出或安全值错误；V_{cc}上电复位；RST/NMI 在复位模式下满足复位条件。

4）中断标志寄存器 2——IF2

各位定义如下。

7	6	5	4	3	2	1	0
		UTXIFG1	URXIFG1				
		rw-0	rw-0				

bit 5　UTXIFG1　　USART1：UART 和 SPI 发送标志位。

bit 4　URXIFG1　　USART1：UART 和 SPI 接收标志位。

第3章

IAR 集成开发环境的使用

随着单片机开发技术的不断发展,从普遍使用的汇编语言到逐渐使用的高级开发语言,MSP430 的开发软件也在不断地发展,其中 IAR 软件的使用较为广泛。IAR 软件的生产厂商 IAR Systems 是全球领先的嵌入式系统开发工具和服务的供应商。公司成立于1983 年,提供的产品和服务涉及嵌入式系统的设计、开发和测试的每一个阶段,包括:带有C/C++编译器和调试器的集成开发环境(IDE)、实时操作系统和中间件、开发套件、硬件仿真器以及状态机建模工具。IAR Systems 公司最著名的产品是 C 编译器 IAR Embedded Workbench。该编译器支持众多知名半导体公司的微处理器。

3.1　IAR 开发平台的安装与使用

3.1.1　IAR 的下载、安装

可以支持 MSP430 的比较大的开发平台有 TI 公司的 CCS 和 IAR System 公司的 IAR Embedded Workbench IDE 等。我们主要针对 IAR Embedded Workbench IDE 的使用,实现 MSP430 程序开发的编译和下载,对于 TI 公司的 CCS 开发平台等不作介绍,用户如有需要,可以自行查阅相关资料。

IAR System 公司的 IAR EW430 软件是收费软件。不过,IAR 公司为了推广软件而提供了免费的 4K/8K 的限制版 IAR 软件(可以下载并无限期使用)和 30 天全功能版的 IAR 软件,用户可以根据需要自行登录 IAR 官方网站进行下载。

软件的安装过程如下。

打开下载的 EW430-EV-web-5502. exe 文件进行安装。安装过程如图 3-1～图 3-7 所示。

在光盘中找到 IarIdePm 应用程序,右击选择“发送到桌面快捷方式”命令,以后即可在桌面直接打开软件进行程序的编译。

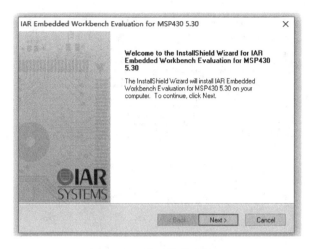

图 3-1　安装后的提示界面

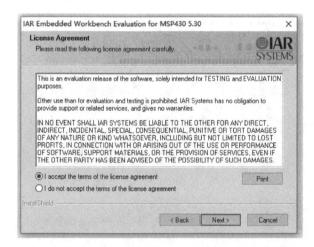

图 3-2　安装协议选择

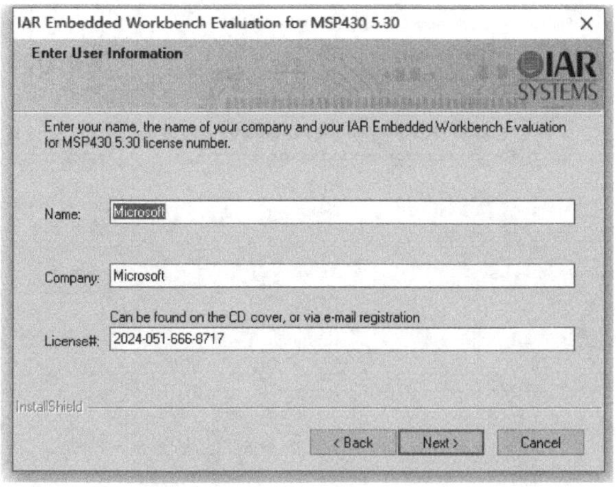

图 3-3　输入 Name、Company 和 License 界面

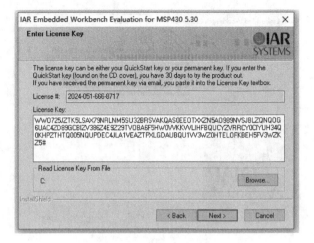

图 3-4　输入 License Key 界面

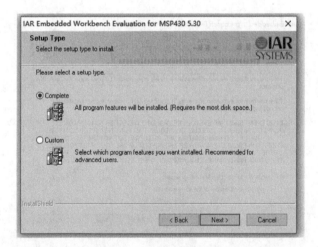

图 3-5　选择安装模式

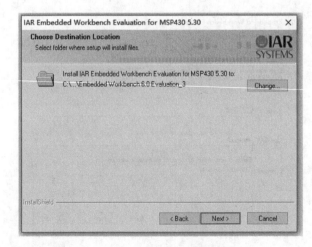

图 3-6　选择安装路径

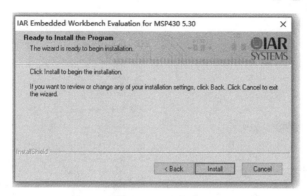

图 3-7　安装结束

3.1.2　IAR 的初始化界面

IAR 的初始化界面如图 3-8 所示。

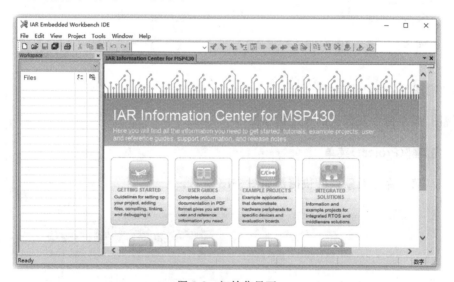

图 3-8　初始化界面

3.1.3　IAR 菜单

使用鼠标选择菜单栏上的命令,可以通过菜单栏上的下拉菜单和编辑器命令控制 IAR 的操作。菜单栏提供文件操作、编辑器操作、查看操作、工程项目操作、开发工具选项、设置窗口选择及操作和帮助等功能,如图 3-9 所示。下面介绍菜单栏中的部分常用菜单和按钮。

File　Edit　View　Project　Tools　Window　Help

图 3-9　菜单命令

1."文件"(File)菜单

"文件"菜单命令及默认的快捷键如图 3-10 所示。

2."编辑"(Edit)菜单

"编辑"菜单命令及默认的快捷键如图 3-11 所示。

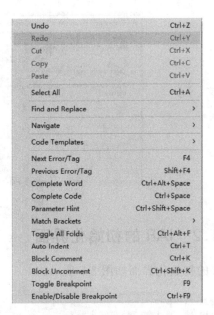

图 3-10 "文件"菜单命令   图 3-11 "编辑"菜单命令

3. "视图"(View)菜单

"视图"菜单命令及默认的快捷键如图 3-12 所示。

4. "工程"(Project)菜单

"工程"菜单命令及默认的快捷键如图 3-13 所示。

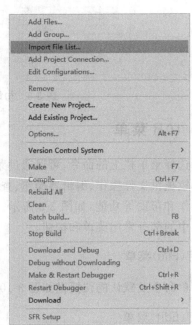

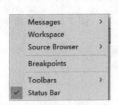

图 3-12 "视图"菜单命令   图 3-13 "工程"菜单命令

5. "工具"(Tools)菜单

"工具"菜单命令及默认的快捷键如图 3-14 所示。

6. "窗口"(Window)菜单

"窗口"菜单命令及默认的快捷键如图 3-15 所示。

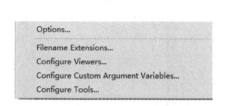

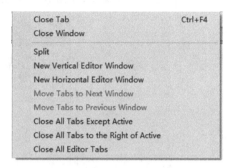

图 3-14 "工具"菜单命令　　　　　图 3-15 "窗口"菜单命令

7. "帮助"(Help)菜单

"帮助"菜单命令及默认的快捷键如图 3-16 所示。

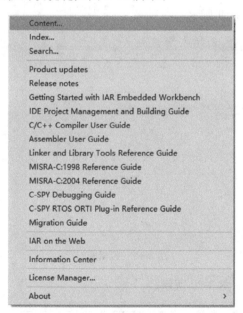

图 3-16 "帮助"菜单命令

3.1.4 工具栏

主界面的工具栏中各个工具如图 3-17 所示。

图 3-17　工具栏

3.1.5　IAR 的窗口

(1) 工作空间和工程窗口,如图 3-18 所示。

图 3-18　工作空间和工程窗口

(2) 编辑窗口,如图 3-19 所示。

```
main.c

        #include "io430.h"

        int main( void )
        {
            // Stop watchdog timer to prevent time out reset
            WDTCTL = WDTPW + WDTHOLD;

            return 0;
        }
```

图 3-19　编辑窗口

(3) 信息输出窗口,如图 3-20 所示。

```
x  Messages                                                              File
   Building configuration: 22 - Debug
   Updating build tree...
   main.c
   Linking

   Total number of errors: 0
   Total number of warnings: 0

Ready                                                      Errors 0, Warnings 0
```

图 3-20　信息输出窗口

3.2 IAR 工程的建立与设置

3.2.1 创建工作空间

IAR EW 是按工程进行管理的。它提供了应用程序和库程序的工程模板。工程下面可以分级或分类管理源文件。允许为每个工程定义一个或多个编译连接配置。在生成新工程之前,必须建立一个新的工作空间(Workspace)。一个工作空间中允许存放一个或多个工程。用户最好建立一个专用的目录存放自己的工程文件。

操作步骤如下。

(1) 双击 IarIdePm 图标进入如图 3-21 所示的界面,出现 IarIdePm 开发环境初始界面。

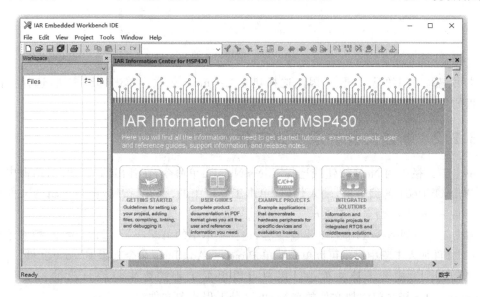

图 3-21 IAR 开发环境初始界面

(2) 选择 File→New→Workspace 菜单命令建立新的工作空间,如图 3-22 所示。

图 3-22 建立新的工作空间

（3）选择 File→Save Workspace 菜单命令，保存工作空间。

（4）新建工程。选择 Project→Create New Project 菜单命令，弹出"创建新工程"对话框，如图 3-23 所示。

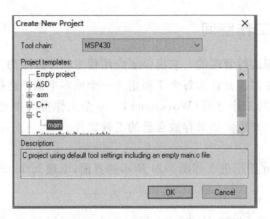

图 3-23　创建新工程

本书编写采用的是 C 语言，因此选择建立 C→main 函数。单击 OK 按钮，选择要保存的工程的目录及文件名，保存，这样一个工程就建好了。

3.2.2　新建文件并添加到工程

单击工具栏中的 New 按钮或选择 File→New 菜单命令，在弹出的"新建"对话框中选择 File，弹出 Utitled1 的编辑框，输入代码，单击工具栏中的"保存"按钮，把被编辑的文件命名为 *.c 或 *.h，此处命名为 led.c。

右击工作空间 New Project-Debug 工程，选择菜单中的 Add→Add Files 命令，把刚才新建的 led.c 文件加入工程中。也可以单击菜单 Project→Add Files 命令来添加 led.c 文件。

IAR 允许生成若干源文件组。用户可以根据工程需要来组织自己的源文件。在 Workspace 中选择希望添加文件的路径，可以是工程或源文件组。

3.2.3　配置工程

建立新的工作空间、工程或添加文件后应该先进行相关设置。选中工作空间中新建的 led - Debug，选择 Project→Options 菜单命令或先右击 led - Debug，选择快捷菜单中的 Options 命令，弹出 Option for node"led"的对话框。

（1）在 Option for node "led"对话框左边的 Category 列表框中选择 General Options 选项。

单击 Target 选项卡中 Device 文本框右侧的图标按钮，在展开的列表框显示出这个系列的所有 MSP430 单片机型号，用户可以通过单击具体的型号选择要使用的单片机。这里选择 MSP430F149，如图 3-24 所示。

（2）在 Category 列表框中选择 Linker 选项。在 Output 选项卡的 Output file 选项组中选择输出目标文件类型，默认输出文件仿真调试时所需的文件类型为 *.d43，而在使用 BSL 下载时需要的文件类型为 *.txt，这就要求额外输出 *.txt 文件。在 Format 选项组中选择 Allow C-SPY-specific extra output file 复选框，如图 3-25 所示。

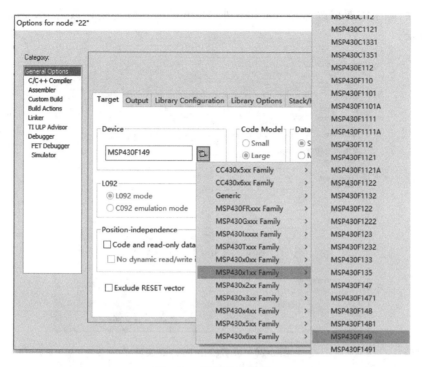

图 3-24　选择芯片类型

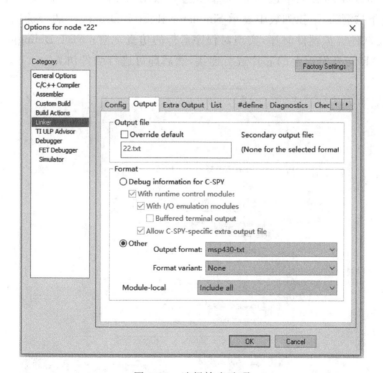

图 3-25　选择输出选项

（3）在 Extra Output 选项卡中选中 Generate extra output file→Override default 复选框，修改文件名为 led. txt，Format→Output format 设置为 msp430-txt。相似地，若要生成

＊.hex 文件，除了需要修改名为 led.hex 外，Output format 还要修改为 intel-extended，如图 3-26 所示。

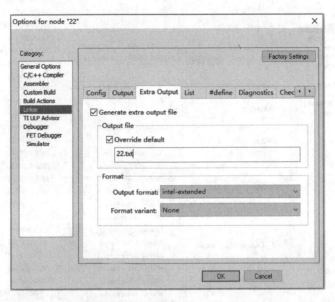

图 3-26　设置输出 led.txt 文件

（4）在 Category 列表框中选择 Debugger 选项，如图 3-27 所示。在 Setup 选项卡中单击 Driver 右侧的下拉箭头，下拉列表中显示 Simulator 和 FET Debugger 两个选项。Simulator 选项表示可以用软件模拟硬件时序，实现对程序运行的仿真观察；FET Debugger 表示需要将通过仿真器 IAR 与开发板上的芯片进行连接，然后即可进行硬件仿真。

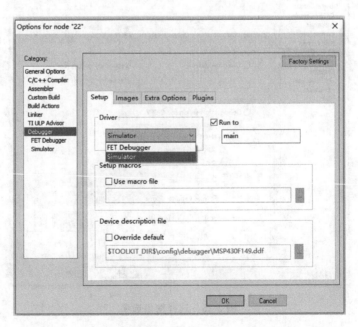

图 3-27　将通过仿真器 IAR 与开发板上的芯片进行连接

　　如果只想进行软件仿真,可以选择 Simulator;如果需要进行硬件仿真,需要选择 FET Debugger,再单击 Debugger→FET Debugger,然后在 Connection 下拉列表中选择仿真器类型,如图 3-28 所示。其中,常用的 Texas Instrument USB-IF 为 USB 型仿真器;Texas Instrument LPT-IF 为并口型仿真器。此处采用的也是 Texas Instrument USB-IF 的 USB 型仿真器。

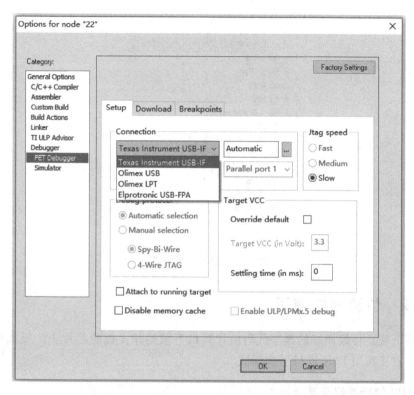

图 3-28　硬件仿真设计

到此,IAR 工程的建立与设置已完成,即可对代码进行编译连接,实现代码功能。

3.3　C-SPY 硬件仿真调试

　　IAR C-SPY 调试器是内嵌于 EW430 中的功能强大的交互式调试器,可以帮助用户调试出一些逻辑设计错误。在 C-SPY 调试器中,用户可以实现单步执行程序,也可以在程序中设置断点,还可以显示和修改指定内存单元、区域或寄存器的内容等,便于寻找程序中的错误。在发现错误后,还需要重复进行编辑、编译、连接、运行等过程,直到程序运行正确。

3.3.1　仿真器的驱动及硬件连接

　　本书中仿真器采用 Texas Instrument USB-IF 的 USB 型仿真器,需要首先安装驱动。驱动安装完成后,将仿真器 JTAG 接口接在开发板的 JTAG 上,另一端的 USB 连接到计算机的 USB 口,然后打开电源开关。系统会提示发现新硬件并自动搜索驱动软件。驱动安装成功后,可以通过"硬件设备管理器"查看端口,如图 3-29 所示。

图 3-29　查看硬件设备

3.3.2　仿真器的使用

仿真器下载是将编译好的程序代码由计算机下载到开发板的芯片中。板载的 USB 型下载器可以直接利用 IAR 进行下载调试。

1. C-SPY 快捷按钮及其功能

C-SPY 快捷按钮及其功能如图 3-30 所示。

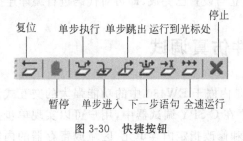

图 3-30　快捷按钮

(1) 复位(Rest):对芯片复位,程序第一条语句开始执行,此时绿色箭头指在主函数 main()中的第一条语句。

(2) 暂停(Break):暂停程序的运行,此时绿色箭头指在下一条语句处。

(3) 单步执行(Step Over):执行同一函数中的语句,跳过被调用的 C 函数。

(4) 单步进入(Step Into):执行下一条语句,不管是不是在同一个函数中。

(5) 单步跳出(Step Out):在执行函数时,若在返回前不想继续单步执行,可以知道跳到先前调用该函数语句的下一条语句。

（6）下一步语句（Next Statement）：与单步执行功能类似，但比单步执行速度快。

（7）运行到光标处（Run to Cursor）：程序运行到光标处停止。

（8）全速运行（Go）：从当前语句开始执行，直到程序结束或遇到断点。

（9）停止（Step Debugging）：停止调试并回到编辑窗口。

2. 下载与仿真

将编辑好的程序下载到芯片内。单击 Project→Rebuild 菜单命令检查程序错误，如果没有错误，会提示没有错误，如图 3-31 所示。

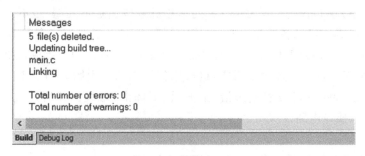

图 3-31　信息窗口显示无错误

然后单击 Project→Download and Debug 菜单命令进行下载和仿真。单击"单步执行"（Step Over）按钮即可看到每一步的执行情况，单击"全速运行"（Go）按钮即可看到程序运行的完整效果。

I/O 端口应用

本章介绍 I/O 端口操作。MSP430 系列单片机端口包括不同型号,不同的型号包含的端口种类也不同,具体可见各数据手册。MSP430F149 单片机具有丰富的 I/O 资源,共有 6 组 I/O 端口 P1~P6,每组 I/O 端口可独立编程且有 8 个引脚,但不提供位操作。操作指令 6 个 I/O 引脚可用作普通输入输出引脚,也可用作第二功能引脚。P1、P2 口的每个引脚都可以单独设置成中断,且可设置成边沿(上升沿、下降沿)触发。读者通过学习,应该掌握 I/O 的工作模式、接口电路及应用。

4.1 任务 1 点亮第一个 LED 小灯

4.1.1 案例介绍与实现

开发板预置了 8 个 LED 发光二极管在 P4 口,原理图如图 4-1 所示。8 个发光二极管正极通过 330Ω 的限流电阻接到电源正极,负极接单片机控制端口 P4 口。这样只要 P4 口管脚输出低电平,对应二极管就会点亮。此电路可以做流水灯实验,而且由于 8 位发光二极管显示原理简单,还可以用于程序的调试功能。所以要想点亮一位数码管就需要给对应的 I/O 口输出低电平。

任务要求:

点亮 P4.7 控制的小灯 LED8,LED 灯的原理图如图 4-1 所示,LED1~LED8 连接 P4.0~ P4.7 口,具体连接方式请查看总原理图,此后不再赘述。

程序示例:

```
#include"includes.h"
#include"sys.h"
#define LED8 P4OUT        //LED 引脚 P4 输出宏定义
void main()
{
  uchar i = 0;
  WDTInit();              //看门狗初始化
  ClockInit();            //时钟初始化,此函数包含在头文件 sys.h 中
  PortInt();              //P4 端口初始化
  LED8 = 0x7f;
  while(1);
}
```

```
void PortInit(void)
{
    P4SEL = 0x00;          //设置 I/O 口为普通 I/O 模式
    P4DIR = 0xFF;          //设置 I/O 口方向为输出
    P4OUT = 0x00;          //初始设置为 00,即都为低电平
}
```

问题及知识点引入

(1) 了解 I/O 口的基本结构和特点。

(2) 了解 I/O 端口的引脚功能。

(3) 了解端口初始化中语句的含义以及寄存器的设置。

(4) 了解 I/O 端口操作的基本流程。

(5) I/O 端口的其他应用。

4.1.2 I/O 端口的特点及结构

MSP430F149 单片机的 I/O 口主要有以下特点。

(1) 每组 I/O 口可以输入输出任意组合。

(2) 每个 I/O 口可以独立进行位操作。

(3) P1、P2 口支持中断其触发边沿可编程选择。

(4) 每组 I/O 口都可编程选择第二功能。

(5) 每个 I/O 口具有输入输出控制寄存器。

由于端口均具有第二功能,且第二功能皆不相同,因此所有端口的内部电路也不相同。

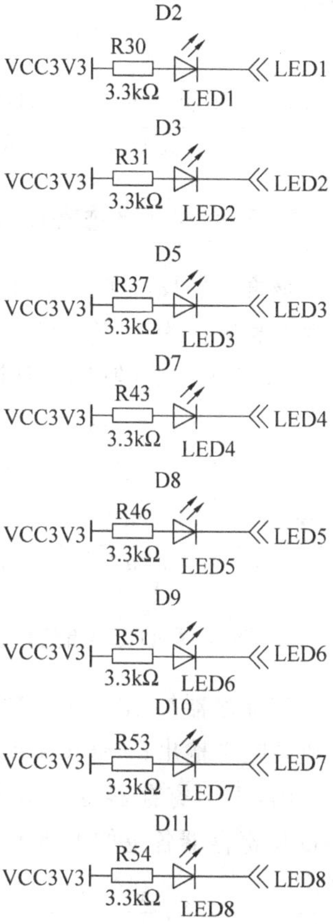

4.1.3 相关寄存器

图 4-1 LED 灯原理图

1. PxSEL 功能选择寄存器

设置 I/O 口功能:PxSEL=1,则该位对应的引脚被设置成第二功能,即该引脚为外围模块的功能;PxSEL=0,则该引脚被设置成普通引脚的功能。PxSEL 寄存器复位值全为0,即默认为普通 I/O 口功能,PxSEL 各位如下所示。

7	6	5	4	3	2	1	0
PxSEL.7	PxSEL.6	PxSEL.5	PxSEL.4	PxSEL.3	PxSEL.2	PxSEL.1	PxSEL.0
re-(0)	re-(0)	re-(0)	re-(0)	re-(0)	re-(0)	re-(0)	re-(0)

注意:①当 PxSELx=1 时,即选择外围模块第二功能时,单片机并不能自动设置外围引脚方向,该方向必须由 PxDIRx 相应位设置。②P1~P2 口设置为中断功能时,PxSELx=0。

2. PxDIR 方向选择寄存器

该寄存器控制端口各个引脚的输入输出方向。PxDIR=1 则该位对应的引脚为输出,PxDIR=0 则该位对应的引脚为输入。

注意:用第二功能时,用户必须对输入输出方向进行设置。PxDIR 寄存器各位如下

所示。

7	6	5	4	3	2	1	0
PxDIR. 7	PxDIR. 6	PxDIR. 5	PxDIR. 4	PxDIR. 3	PxDIR. 2	PxDIR. 1	PxDIR. 0
re-(0)	re-(0)	re-(0)	re-(0)	re-(0)	re-(0)	re-(0)	re-(0)

3. PxIN 输入状态寄存器

该寄存器反映了 I/O 口的输入值。在输入模式下：当 I/O 口输入值为高电平时，则该寄存器相应位为 1；当 I/O 口输入值为低电平时，则该寄存器相应位为 0。

PxIN 位值为随机值，且该寄存器为只读寄存器，对写操作无效。PxIN 寄存器各位如下所示。

7	6	5	4	3	2	1	0
PxIN. 7	PxIN. 6	PxIN. 5	PxIN. 4	PxIN. 3	PxIN. 2	PxIN. 1	PxIN. 0
re-(0)	re-(0)	re-(0)	re-(0)	re-(0)	re-(0)	re-(0)	re-(0)

4. PxOUT 输出控制寄存器

该寄存器控制 I/O 口的输出值。在输出模式下：PxOUT=1，则该位对应的引脚被设置成高电平输出；PxOUT=0，则该位对应的引脚被设置成低电平输出。

PxOUT 寄存器复位值为随机值，编程过程中应确定 PxOUT 的值后再设置 PxDIR。PxDIR 寄存器各位如下所示。

7	6	5	4	3	2	1	0
PxOUT. 7	PxOUT. 6	PxOUT. 5	PxOUT. 4	PxOUT. 3	PxOUT. 2	PxOUT. 1	PxOUT. 0
re-(0)	re-(0)	re-(0)	re-(0)	re-(0)	re-(0)	re-(0)	re-(0)

4.2　任务2　1s 流水灯

8 位发光二极管的循环点亮是实现点亮一位发光二极管的拓展应用，就是依次点亮、熄灭 8 位发光二极管，就能实现循环点亮 8 位二极管，只需要增加延时程序控制亮灭的时间即可。

4.2.1　案例介绍与实现

任务要求：
8 位发光二极管（共阳极，利用 P4 端口控制）循环点亮。
程序示例：

```
# include"includes.h"
# include"sys.h"
# define LED8 P4OUT        //LED 引脚 P4 输出宏定义
void main()
{
```

```
    uchar i = 0;
    WDTInit();              //看门狗初始化
    ClockInit();            //时钟初始化
    PortInt();              //P4 端口初始化
    while(1);
    {
    for(i = 0;i < 8;i++)
      {
LED8 = ~ (1 << i);
        DelayMs(125);       //延时 125ms
        }
      }
    }
    void PortInit(void)
    {
    P4SEL = 0x00;           //设置 I/O 口为普通 I/O 模式   PxSEL 为 Px 端口功能选择寄存器
P4DIR = 0xFF;               //设置 I/O 口方向为输出 PxDIR 为 Px 端口输入输出方向寄存器   0 输入
                            //1 输出
    P4OUT = 0x00;           //初始设置为 00,即都为低电平
    }
```

问题及知识点引入

(1) 延时函数 DelayMs(125)从何而来?

(2) 时钟函数 WDTInit()、ClockInit()从何而来?

4.2.2　本书常用的自定义头文件简介

1. include.h 头文件

```
# ifndef __ INCLUDES_H __
# define __ INCLUDES_H __

# include < msp430x14x. h>

/*
*********************************************************************
* 精确延时定义
*********************************************************************
*/
# define CPU_F ((double)8000000)
# define DelayUs(x) __ delay_cycles((long)(CPU_F * (double)x/1000000.0))
# define DelayMs(x) __ delay_cycles((long)(CPU_F * (double)x/1000.0))

/*
*********************************************************************
* 数据类型定义
*********************************************************************
*/
typedef unsigned char uchar;
```

```
typedef unsigned int uint;
typedef unsigned long ulong;

#endif
```

2. sys.h

```c
#ifndef __SYS_H__
#define __SYS_H__

#include <msp430x14x.h>

/*
*****************************************************************************
*                        ClockInit()
* 功能说明：系统时钟初始化
* 参数      ：无
* 返回值    ：无
*****************************************************************************
*/
void ClockInit()
{
  uchar i;

  BCSCTL1& = ~XT2OFF;              //设置 XT2 为有效
  BCSCTL2| = SELM1 + SELS;
  do{
    IFG1& = ~OFIFG;                //清除振荡器失效标志
    for(i = 0;i < 100;i++)
        _NOP();
  }while((IFG1&OFIFG)!= 0);        //如果振荡失效标志存在则继续循环
  IFG1& = ~OFIFG;
}


/*
*****************************************************************************
*              WDTInit()
* 功能说明：内部看门狗初始化
* 参数      ：无
* 返回值    ：无
*****************************************************************************
*/
void WDTInit()
{
    WDTCTL = WDTPW + WDTHOLD;    //关闭看门狗
}

#endif
```

此后实验中将不再单独介绍这两个头文件。

4.3 任务3 4种模式切换的流水灯

任务要求：

4种不同模式的流水灯轮流切换。

模式分别为：灯1~灯8循环点亮；灯8~灯1循环点亮；奇数灯循环点亮；偶数灯循环点亮。

程序示例：

```
#include"includes.h"
#include"sys.h"
#define LED8 P4OUT        //LED引脚P4输出宏定义
Void main()
{
  uchar i = 0;
  WDTInit();              //看门狗初始化
  ClockInit();            //时钟初始化
  PortInt();              //P4端口初始化
  while(1)
{
  for(i = 0;I < 8;i++)    //模式1
    {
LED8 = ~(0x01 << i);
    DelayMs(125);         //延时125ms
    }
  for(i = 0;I < 8;i++)    //模式2
    {
LED8 = ~(0x10 >> i);
    DelayMs(125);         //延时125ms
    }
  for(i = 0;I < 8;i += 2) //模式3
    {
LED8 = ~(1 << i);
    DelayMs(125);         //延时125ms
    }
  for(i = 1;I < 8;i += 2) //模式4
{
LED8 = ~(1 << i);
    DelayMs(125);         //延时125ms
    }
  }
}
void PortInit(void)
{
  P4SEL = 0x00;           //设置I/O口为普通I/O模式  PxSEL为Px端口功能选择寄存器
P4DIR = 0xFF;             //设置I/O口方向为输出 PxDIR为Px端口输入输出方向寄存器  0输
                         //入  1输出
```

```
    P4OUT = 0x00;                //初始设置为 00,即都为低电平
}
```

4.4   任务 4   独立按键的应用

4.4.1   案例介绍与实现

按键与 I/O 口相连,每当按键按下时,相应的 I/O 口便会检测到电平信号的改变。所以要想实现上述案例的要求,就需要检测按键所对应的 I/O 口的电平状态。设计程序判断是哪个按键被按下,然后执行相应的程序,实现所对应的功能。通过独立按键来控制 LED 灯的亮灭,按下按键 LED 灯亮,再按一下 LED 灯熄灭。

任务要求:

独立按键检测,通过按键可使 LED 显示不同的灯,原理图如图 4-2 所示,KEY1~KEY4 连接 P6.4~P6.7。

KEY1:LED 灯全灭。

KEY2:D1、D3、D5、D7 亮。

KEY3:D2、D4、D6、D8 亮。

KEY4:LED 灯全亮。

程序示例:

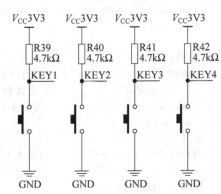

图 4-2   独立按键原理图

```
# include "includes.h"
# include "sys.h"
# define KeyPort        P6IN        //独立键盘接在 P6.4~P6.7
# define LED            P4OUT       //P4 为 LED 端

# define KEY1 1
# define KEY2 2
# define KEY3 3
# define KEY4 4

void PortInit();
uchar KeyScan(void);

void main()
{
  ClockInit();
  WDTInit();
  PortInit();

  LED = 0xFF;                //二极管都熄灭(共阳极)
  while(1)
  {
    switch(KeyScan())
    {
```

```
        case KEY1:
          LED = 0xFF;
          break;           //LED 灯全灭
        case KEY2:
          LED = 0xAA;
          break;           //D1、D3、D5、D7 亮
        case KEY3:
          LED = 0x55;
          break;           //D2、D4、D6、D8 亮
        case KEY4:
          LED = 0x00;
          break;           //LED 灯全亮
        default:
          break;
      }
    }
}


/*
 ********************************************************************************
 *                 PortInit()
 * 功能说明：I/O 初始化
 * 参数      ：无
 * 返回值    ：无
 ********************************************************************************
 */
void PortInit()
{
  P6SEL = 0x00;
  P6DIR = 0x0F;
  P4SEL = 0x00;
  P4DIR = 0xFF;
}


/*
 ********************************************************************************
 *                 uchar KeyScan(void)
 * 功能说明：按键检测
 * 参数      ：无
 * 返回值    ：KeyNum:按下的按键值
 ********************************************************************************
 */
uchar KeyScan(void)
{
  uchar KeyCheck,KeyCheckin,KeyNum;

  KeyCheckin = KeyPort;        //读取 I/O 口状态,判断是否有键按下
  KeyCheckin & = 0xF0;         //取高 4 位
  if(KeyCheckin!= 0xF0)        //I/O 口值发生变化则表示有键按下
  {
    DelayMs(10);              //键盘消抖,延时 10ms
```

```
KeyCheckin = KeyPort;
if(KeyCheckin != 0xF0)
{
  KeyCheck = KeyPort;
  switch(KeyCheck & 0xF0)
  {
    case 0xE0:
      KeyNum = 1;              //按键 KEY1 按下
      break;
    case 0xD0:                 //按键 KEY2 按下
      KeyNum = 2;
      break;
    case 0xB0:                 //按键 KEY3 按下
      KeyNum = 3;
      break;
    case 0x70:                 //按键 KEY4 按下
      KeyNum = 4;
      break;
    default:
      break;
  }
}
else
{
 KeyNum = 0xFF;                //若无按键按下,则返回 0xFF
}
return KeyNum;                 //返回按键值
}
```

问题及知识点引入

(1) 了解独立按键的原理。

(2) 为什么要消除抖动?

4.4.2　独立按键原理

4 个独立按键一端与 4 个 I/O 口(P6.4～P6.7)直接相连接,并通过 4.7kΩ 的上拉电阻与 VCC 相连,另一端直接与地信号相连,当按键按下时,将把对应的 I/O 口拉低,如果对应的 I/O 执行读操作,则可以读到低电平信号,当没有按键按下时,上拉电阻将对应的 I/O 口拉高,也就是说不进行任何操作时,这 4 个 I/O 口默认高电平。

4.4.3　独立按键消抖

按键是一种机械器件,存在一定的物理特性:按下按键时,按键的弹簧片存在着轻微的弹跳现象,于是 I/O 口的波形就会如图 4-3 所示。

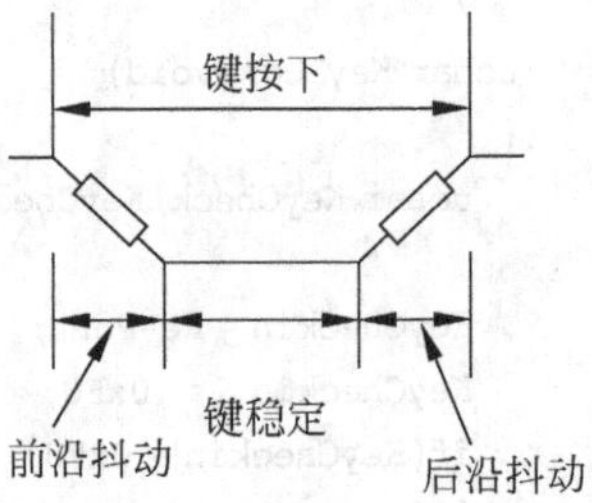

图 4-3　按键的物理特性

　　按键的机械触点在闭合及断开瞬间由于弹性作用的影响,在闭合及断开瞬间均有抖动过程,从而使电压信号也出现抖动。按键的抖动时长与机械特性有关,一般在 5~10ms 之间,当按键闭合时输出的波形为稳定的低电平(一般持续几百毫秒至几秒)。所以为了确保 CPU 对按键的一次闭合只进行一次处理,必须去除抖动,去抖动的方法一般有安装去抖动电路,还有软件延时去抖动。即,

```
DelayMs(10);        //键盘消抖,延时 10ms
```

4.5　任务5　I/O 中断控制 LED

　　在 MSP430 单片机的众多端口中,有些端口具有中断能力,如 P1 与 P2 端口。具有中断能力的端口电路中,除了上述的输入输出电路以外,还具有中断响应电路。

4.5.1　案例介绍与实现

任务要求:

　　利用中断方法检测 P1.0 引脚处是否有按键发生。每次有按键发生,P4.0 处的 LED 亮暗状态就变换一次。

程序示例:

```
include < msp430x14x. h>
void main(void)
{
  WDTCTL = WDTPW + WDTHOLD;         //关看门狗
  P1SEL & = ~BIT0;                  //将 P1.0 设置为基本 I/0 功能
  P4SEL & = ~BIT0;                  //将 P4.0 设置为基本 I/0 功能
  P1DIR& = ~BIT0;                   //将 P1.0 设置为输入方向
  P4DIR| = BIT0;                    //将 P4.0 设置输出方向
  P1IES & = ~BIT0;                  //设置上升沿触发
  P1IFG& = ~BIT0;                   //清除中断标志位
  P1IE| = BIT0;                     //打开中断允许
  _EINT();                          //开总中断
  while (1);                        //等待中断

# pragma vector = PORT1_VECTOR      //P1 端口中断
_ interrupt void PORT1_ISR( void)   //中断服务函数
{
  if(P1IFG & BIT0)                  //判断中断源是否位于 P1.0 处
    {
      P4OUT ^ = BIT0;               //发光二极管亮暗转换
    }
  P1IFG = 0;                        //清除中断标志位
}
```

　　当端口用作输入输出功能时该引脚才具有响应外部中断的功能。当引脚处有中断请求信号,相应的中断标志位就会置位,但中断请求能否被响应是由相应的中断使能位决定的。

需要注意,端口的中断属于可屏蔽中断,因此要响应端口的中断还必须设置 GIE 位。

问题及知识点引入

(1) 与中断相关的寄存器是如何配置的?

(2) I/O 口中断操作的基本流程是什么?

4.5.2　相关寄存器配置

1. PxIE 中断允许寄存器

该寄存器针对 P1～P2 口。该寄存器控制 I/O 口的中断允许。

PxIE＝1,则该位对应的引脚允许中断。

PxIE＝0,则该位对应的引脚不允许中断。

PxIE 寄存器复位值为 0,默认为不允许中断。

PxIE 寄存器如下所示。

7	6	5	4	3	2	1	0
PxIE. 7	PxIE. 6	PxIE. 5	PxIE. 4	PxIE. 3	PxIE. 2	PxIE. 1	PxIE. 0
re-(0)	re-(0)	re-(0)	re-(0)	re-(0)	re-(0)	re-(0)	re-(0)

2. PxIES 中断触发方式选择寄存器

该寄存器针对 P1～P2 口。该寄存器控制 I/O 口的中断输入边沿选择。

PxIES＝1,则该位对应的引脚选择下降沿触发中断。

PxIES＝0,则该位对应的引脚选择上升沿触发中断。

PxIES 寄存器复位值为 0,默认为上升沿触发中断。

PxIES 寄存器各位如下所示。

7	6	5	4	3	2	1	0
PxIES. 7	PxIES. 6	PxIES. 5	PxIES. 4	PxIES. 3	PxIES. 2	PxIES. 1	PxIES. 0
re-(0)	re-(0)	re-(0)	re-(0)	re-(0)	re-(0)	re-(0)	re-(0)

3. PxIFG 中断标志寄存器

该寄存器针对 P1～P2 口。该寄存器为 I/O 口的中断标志寄存器,反映了中断信号。

PxIFG＝1,则该位对应的引脚有外部中断产生。

PxIFG＝0,则该位对应的引脚没有外部中断产生。

PxIFG 寄存器复位值为 0,该寄存器必须通过软件复位,同时也可以通过软件写 1 来产生相应中断。PxIFG 寄存器各位如下所示。

7	6	5	4	3	2	1	0
PxIFG. 7	PxIFG. 6	PxIFG. 5	PxIFG. 4	PxIFG. 3	PxIFG. 2	PxIFG. 1	PxIFG. 0
re-(0)	re-(0)	re-(0)	re-(0)	re-(0)	re-(0)	re-(0)	re-(0)

注意:P1、P2 口设置成中断功能允许,需在中断程序中使用软件对 PxIFG 进行清零。

4.5.3 I/O端口操作的基本流程

MSP430F149单片机的I/O作为一般输入输出端口时,应按照以下步骤进行操作。

(1) 设置PxSEL寄存器,选择I/O工作模式。

(2) 设置PxIN寄存器或者PxOUT寄存器,读操作或写操作。

(3) 设置PxDIR寄存器,设置I/O口的方向。

MSP430F149单片机的I/O进行中断操作时,应按照以下步骤进行操作。

(1) 设置PxSEL寄存器,选择I/O工作模式。

(2) 设置PxIES寄存器,设置中断触发方式。

(3) PxIE寄存器,允许中断。

(4) _EINT()函数,开总中断。

(5) 检测PxIFG寄存器,等待中断,在有中断产生时执行中断服务程序。

中断函数既没有输入参数也没有输出参数,且不能被其他函数调用。通常中断函数体内定义的变量均是局部变量,其生存周期只在函数体内有效。中断函数执行完后所有局部变量的值将丢失以致无法保留。但在设计诸如中断计数的程序时,通常需要将中断函数中某些变量的值保留下来,即中断函数返回后变量值不丢失。若要保留这些变量值,可使用两种方法。一种通常使用的方法是定义全局变量。由于全局变量在整个程序里都是有效的,所以在中断函数中也可以使用。当中断函数结束后,当前值将被保留,以供下次或其他函数使用。但要控制程序中全局变量的个数以防RAM不够用。还有一种方法是在中断函数体内声明变量时,前面加上关键词static,是说明该变量为本地全局变量,也可将当前值保留下来。

4.6 任务6 矩阵按键的应用

矩阵键盘扫描并使用LED灯显示。LED以十六进制显示矩阵键盘与独立按键在原理上是有差别的,但其功能是一样的:按键被按下会引起相应的I/O端口电平的变化,区别在于独立按键只对应于一个I/O口,而矩阵键盘则是两个I/O端口的组合。

4.6.1 案例介绍与实现

任务要求:

LED以十六进制显示按键的键值。矩阵按键原理图如图4-4所示,KEY44_L1~KEY44_L4连接P1.0~P1.3,KEY44_R1~KEY44_R4连接P1.4~P1.7。

程序示例:

```
#include "includes.h"
#include "sys.h"
#define KeyPort P1IN              //矩阵键盘端口
#define LED P4OUT                 //LED端口
void PortInit();
uchar KeyScan();
```

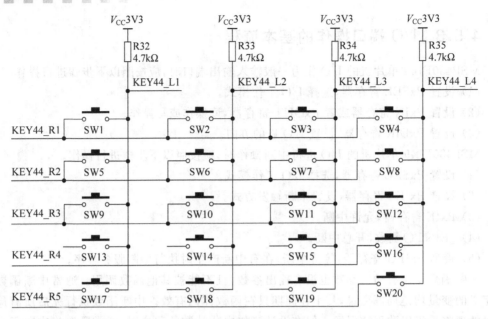

图 4-4 矩阵键盘原理图

```
void main()
{
   uchar key = 0;                              //用于暂存键值
   ClockInit();
   WDTInit();
   PortInit();
   while(1)
   {
     key = KeyScan();
     if(key!= 0xFF)
     {
       LED = (0xF0 | ~key);
     }
   }
}

/*
********************************************************************
*                  PortInit()
* 功能说明：I/O 初始化
* 参数      ：无
* 返回值    ：无
********************************************************************
*/
void PortInit()
{
   P4SEL = 0X00;
   P4DIR = 0XFF;
   P4OUT = 0XFF;
   P1SEL = 0X00;
```

```
  P1DIR = 0XF0;
}
/*
******************************************************************************
*                         uchar KeyScan(void)
* 功能说明：矩阵键盘扫描
* 参数     ：无
* 返回值   ：KeyNum:扫描的按键值,若无,则返回 0xFF
******************************************************************************
*/
uchar KeyScan(void)
{
  uchar KeyNum;
  P1OUT = 0X0F;
  if((KeyPort&0X0F)!= 0X0F)
  {
    DelayMs(10);
    if((KeyPort&0X0F)!= 0X0F)
    {
      P1OUT = 0XE0;                    //判断哪列被拉低
      if((KeyPort&0X0F) == 0X0E)       //判断哪行被拉低
        KeyNum = 0;
      if((KeyPort&0X0F) == 0X0d)
        KeyNum = 1;
      if((KeyPort&0X0F) == 0X0b)
        KeyNum = 2;
      if((KeyPort&0X0F) == 0X07)
        KeyNum = 3;

      P1OUT = 0XD0;
      if((KeyPort&0X0F) == 0X0E)
        KeyNum = 4;
      if((KeyPort&0X0F) == 0X0d)
        KeyNum = 5;
      if((KeyPort&0X0F) == 0X0b)
        KeyNum = 6;
      if((KeyPort&0X0F) == 0X07)
        KeyNum = 7;

      P1OUT = 0XB0;
      if((KeyPort&0X0F) == 0X0E)
        KeyNum = 8;
      if((KeyPort&0X0F) == 0X0d)
        KeyNum = 9;
      if((KeyPort&0X0F) == 0X0b)
        KeyNum = 10;
      if((KeyPort&0X0F) == 0X07)
        KeyNum = 11;

      P1OUT = 0X70;
      if((KeyPort&0X0F) == 0X0E)
```

```
        KeyNum = 12;
    if((KeyPort&0X0F) == 0X0d)
        KeyNum = 13;
    if((KeyPort&0X0F) == 0X0b)
        KeyNum = 14;
    if((KeyPort&0X0F) == 0X07)
        KeyNum = 15;
    }
    else
    {
    KeyNum = 0xFF;
    }
    }
    return KeyNum;
}
```

问题及知识点引入

(1) 矩阵键盘的工作原理是什么?

(2) 获取键值的方法有哪些?

4.6.2　矩阵键盘的工作原理

P1.0~P1.3 作为列线与 P1.4~P1.7 组成的行线交织成矩阵,按键的两端分别连在行线和列线上,其中,列线分别由电阻上拉到 VCC,I/O 口显示为高电平。当有按键被按下时,与此按键相连的行线与列线便被导通。初始时,按键都未被按下,列线均为高电平 1,当某个按键被按下,与此按键相连的行线与列线便被导通,此时行线与列线均为低电平 0;因此,便可以判断按键按下与否。

4.6.3　行列扫描法原理

独立按键一般应用在按键较少的场合下,当对按键的需求较大时独立按键就不能满足需求了,因为每个独立按键需要一条 I/O 口线,例如,需要 16 个按键时,用独立按键就需要 16 条 I/O 口线,这对系统的资源是极大的浪费。此时就需要行列扫描式键盘。

先让某一行线(此处为第一根行线)输出低电平,若在此行中正好有按键被按下,则此行中的某一列线与此行线导通电平为低电平,然后通过 if((KeyPort&0X0F)==?)来确定按键的位置,并对 KeyNum 赋值。若此行中没有按键被按下,则不会执行任何 if 语句,而是跳到 P1OUT=0XD0;以此类推。P1.0~P1.3 被设置为输入模式而 P1.4~P1.7 被设置为输出模式便是矩阵键盘的扫描程序的基础设置。

4.7　任务7　8位数码管全显0

单个的 LED 可用作指示灯,但也可以组合成数字或字符的形式用于显示数字或字符。LED 数码管就是这样的设备,它可以显示各种数字和字符。数码管按照段数(即 LED 的个数)可分为 7 段、8 段和 14 段三类。8 段数码管比 7 段数码管多一个小数点显示。14 段数码管又称为"米"字形数码管。段数越多能够显示的信息就越多,控制起来就越复杂。这里以 8 段数码管为例进行讲解。

4.8　任务8　8位数码管统一从 0 到 F 循环显示

4.8.1　案例介绍与实现

任务要求:

实现全部数码管同时以一定的时间间隔,从 0 到 F 依次循环显示。本例在硬件电路上没有任何变化,仍然参照电路图 4-5。

程序示例:

```
#include "includes. h"
#include "sys. h"
#define SMG_DATA    P4OUT          //573 位选信号的输入管脚
#define CLK_H       P6OUT| = BIT2  //595 时钟信号的输入置高(P6.2 SHcp 串行输入寄存器
                                   //端口置高)
#define CLK_L       P6OUT& = ~BIT2 //595 时钟信号的输入置低
#define ST_H        P6OUT| = BIT3  //595 锁存信号置高(P6.3 STcp 存储寄存器端口置高)
#define ST_L        P6OUT& = ~BIT3 //595 锁存信号置低
#define DATA_H      P6OUT| = BIT1  //595 数据信号输入置高(P6.1 DS 串行输入端高电平)
#define DATA_L      P6OUT& = ~BIT1 //595 数据信号置低
void PortInit();
void Lv595WriteData(uchar dat);
void SMGDisplay();

void main()
{
  WDTInit();
  ClockInit();
  PortInit();

  while(1)
  {
    SMGDisplay();
  }
}
/*
*                       PortInit()
* 功能说明:I/O 初始化
* 参数     :无
* 返回值   :无
*/
void PortInit()
{
  P4SEL = 0X00;
  P4DIR = 0XFF;
```

```
    P6SEL = 0X00;
    P6DIR = 0XFF;
}


/ *
 *                          Lv595WriteData(uchar dat)
 * 功能说明：向 595 发送 1 字节的数据
 * 参数     ：发送的数据(一个字节)
 * 返回值   ：无
 */
void Lv595WriteData(uchar dat)
{
    uchar i;
    CLK_H;
    DelayUs(1);
    ST_H;
    for(i = 8;i > 0;i--)              //循环 8 次,写 1 字节
    {
        if(dat&0x01)                 //发送 BIT0 位
            DATA_H;
        else
            DATA_L;
        CLK_L;
        DelayUs(1);
        CLK_H;                       //时钟上升沿
        dat = dat >> 1;              //要发送的数据右移,准备发送下一位
    }
    ST_L;
    DelayUs(1);
    ST_H;                            //锁存数据
}
/ *
 *                      SMGDisplay()
 * 功能说明：数码管显示
 * 参数     ：无
 * 返回值   ：无
 */


void SMGDisplay()
{
uchar i,ch;
    ch = 0x01;                       //位选信号初始化
    for(i = 0;i < 8;i++)
{                                    //循环 8 次写 8 个数据
Lv595WriteData(0x00);                //传送显示数据,使 8 段全亮
SMG_DATA = ~ch;                      //送位选信号
ch << = 1;                           //位选信号右移,准备在下一个数码管显示
DelayMs(400);                        //延时 (决定亮度和闪烁)
}
}
```

当控制多位数码管时,它们的位选是可独立控制的,而段选是连续在一起的,可以通过位选信号控制哪个数码管亮,而在同一时刻位选选通的数码管上显示的数字都是一样的,因为段选是连在一起的,送入所有数码管的段选信号都是相同的,所以它们显示的数字必是一样的,这种显示方法就叫作静态显示。

问题及知识点引入

(1) 数码管的编码原理是什么?

(2) 数码管静态显示原理是什么?

4.8.2　数码管的编码原理

数码管要显示数字必须完成将字符或数值转换成对应的段编码,即数码管的译码。数码管的译码方式有硬件译码和软件译码两种。

硬件译码是指通过专门的硬件电路(如专用译码 1C 芯片)来实现显示字符与字段编码间的转换。目前具有该功能的集成电路很多,如 MC14495、CD4511 和 74LS48 等。它们一般是接收外部 4 位二进制的输入然后自动输出相应的字段编码。这类译码器不但提供了译码功能,而且还提供如消隐、锁存和驱动等其他辅助功能,功能强大且使用方便。由于使用了专用译码芯片,译码功能不占用 CPU 时间,便于监测和控制。简化了程序设计的复杂度。该方式的缺点是增加了电路设计的复杂性,设计成本较高。

软件译码采用单片机软件编程方式,使单片机直接输出译码值即数字编码。通常采用查表的方式实现译码。利用软件译码方式时需要将数码管的 a~h 段的引脚都与单片机的引脚直接或间接相连。软件译码不需要专用的译码或驱动器件,不会增减硬件上的开销,系统设计比较灵活。但程序设计难度有所增加。该方式的驱动功率一般不大。

由于共阴数码管和共阳数码管的连接方式不同,相同数字对应的编码也不一样,具体见表 4-1。由表可以看出,共阴、共阳数码管的编码互为反码关系。在实际电路设计时一定要注意各段的排列次序,不同的排列次序对应不同的编码表。通常采用 h~a 或 a~h 的排列顺序。

表 4-1　编码表

字型	共阳极代码	共阴极代码	字型	共阳极代码	共阴极代码
0	C0H	3FH	8	80H	7FH
1	F9H	06H	9	90H	6FH
2	A4H	5BH	A	88H	77H
3	B0H	4FH	B	83H	7CH
4	99H	66H	C	C6H	39H
5	92H	6DH	D	A1H	5EH
6	82H	7DH	E	86H	79H
7	F8H	07H	F	84H	71H

4.8.3　静态显示原理

当数码管处于静态显示时,所有数码管的公共端直接接地或接电源,4 位静态显示电路如图 4-5 所示。各个数码管的段选线分别与 I/O 引脚相连。要显示的字符通过 I/O 引脚直接送到相应的数码管中显示。可见与各数码管相连的 I/O 引脚是专用的,显示字符的过程无须扫描,节省 CPU 时间、编程简单。每个数码管都占用独立的信号通道,导通时间达 100%,所以显示字符无闪烁且亮度高。该方式的最大缺点是占 I/O 引脚太多,若采用 *n* 个数码管时就需要 8*n* 个 I/O 引脚。因此 I/O 引脚较少的单片机在使用多个数码管时无法采用静态显示方式。通常,静态显示主要用于一个数码管的显示。若确实需要使用多个数码管通常采用下面的动态显示方式,该方式具有节约 I/O 资源的特点。

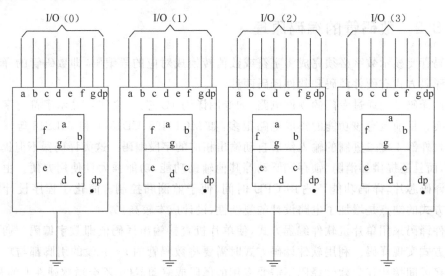

图 4-5   4 位静态显示的电路

4.9   任务9   数码管的轮流显示及动态显示

4.9.1   案例介绍与实现

任务要求:

电路图如图 4-5 所示,编写程序,数码管动态显示 0~7,动态显示就是指 8 位数码管同时显示,但是显示的内容依次为 0~7。

程序示例:

```
# include "includes.h"
# include "sys.h"


# define SMG_DATA      P4OUT                //573 位选信号的输入管脚
# define CLK_H         P6OUT| = BIT2        //595 时钟信号的输入置高(P6.2 SHcp 串行输入寄存器
                                            //端口置高)

# define CLK_L         P6OUT& = ~BIT2       //595 时钟信号的输入置低
# define ST_H          P6OUT| = BIT3        //595 锁存信号置高(P6.3 STcp 存储寄存器端口置高)
# define ST_L          P6OUT& = ~BIT3       //595 锁存信号置低
# define DATA_H        P6OUT| = BIT1        //595 数据信号输入置高(P6.1 DS 串行输入端高电平)
```

```
#define DATA_L        P6OUT& = ～BIT1      //595 数据信号置低
/* 共阳极数码管 */
uchar uc7leds[16] = {0xFC,0x60,0xDA,0xF2,          //0,1,2,3,
        0x66,0xB6,0xBE,0xE0,              //4,5,6,7,
        0xFE,0xE6,0xEE,0x3E,             //8,9,A,b,
        0x9C,0x7A,0x9E,0x8E};            //C,d,E,F

void PortInit();
void Lv595WriteData(uchar dat);
void SMGDisplay();

void main()
{
  WDTInit();
  ClockInit();
  PortInit();

  while(1)
  {
    SMGDisplay();
  }
}
/*
*                    PortInit()
* 功能说明：I/O 初始化
* 参数      ：无
* 返回值    ：无
*/
void PortInit()
{
  P4SEL = 0X00;
  P4DIR = 0XFF;
  P6SEL = 0X00;
  P6DIR = 0XFF;
}
/*
*                    Lv595WriteData(uchar dat)
* 功能说明：向 595 发送 1 字节的数据
* 参数      ：发送的数据(1 字节)
* 返回值    ：无
*/
void Lv595WriteData(uchar dat)
{
  uchar i;
  CLK_H;
  DelayUs(1);
  ST_H;
  for(i = 8;i > 0;i-- )                 //循环 8 次,写 1 字节
  {
    if(dat&0x01)                       //发送 BIT0 位
      DATA_H;
```

```
        else
          DATA_L;
        CLK_L;
        DelayUs(1);
        CLK_H;                          //时钟上升沿
        dat = dat >> 1;                 //要发送的数据右移,准备发送下一位
    }
    ST_L;
    DelayUs(1);
    ST_H;                               //锁存数据
}
/*
*                      SMGDisplay()
* 功能说明:数码管显示
* 参数      :无
* 返回值    :无
*/
void SMGDisplay()
{
    uchar i,ch;
    ch = 0x01;                          //位选信号初始化
    for(i = 0;i < 8;i++)
      {                                 //循环8次写8个数据
        SMG_DATA = ~ch;                 //送位选信号
        Lv595WriteData(uc7leds[i]);     //传送显示数据

        ch << = 1;                      //位选信号右移,准备在下一个数码管显示下一个数字
        DelayMs(20);                    //延时(决定亮度和闪烁)
        Lv595WriteData( 0xff );         //关闭显示,起到消影作用
      }
}
```

问题及知识点引入

(1) 在静态显示的基础上了解轮流显示的原理。

(2) 思考并总结动态显示原理。

(3) 显示过程中消影的原理及方法。

4.9.2　数码管的动态显示原理

通过任务 7 和任务 8 的学习,我们已经基本了解了数码管的显示原理。以上任务中只能做到同一时刻不同数码管显示相同字符,这种显示称作数码管的静态显示。而要想实现同一时刻不同数码管显示不同字符,就需要运用数码管的动态显示。所谓的动态扫描显示即轮流向各位数码管送出字符编码和相应的位选,利用发光管的余辉和人眼的视觉暂留效应,使人感觉好像各位数码管同时在显示。在编程时,需要输出段选和位选信号,位选信号选中其中一个数码管,然后输出段码,使该数码管显示所需要的内容,延时一段时间后,再选中另一个数码管,再输出对应段码,高速交替。所以要想动态显示,仅需要调整

```
DelayMs(400);  //延时(决定亮度和闪烁,延时越短,亮度越暗)
```

即可,把延时调整到较小的值即可实现动态显示。

4.9.3 数码管动态显示的消影

数码管动态显示的重影是数码管动态扫描显示方式造成的:当在数码管上循环显示1和2时(过程是在所有位的数码管上送出1的段码,然后只给第一位使能,就会在第一位上显示1,以此类推),因为人有视觉暂留,当显示完1后,再显示2,如果间隔时间过短,那就会感觉1、2两个数字是叠加在一起显示的。如果在两位数码管上显示,那就会两位同时显示出叠加字——重影了。因此就要消影。单片机要做的是,当第一位显示完1后,给出信号,关闭数码管,然后再第二位显示2,就不会重影了。

4.10 任务10 数码管显示按键键值

任务要求:
利用数码管显示矩阵键盘的键值。
程序示例:

```
# include "includes.h"
# include "sys.h"
# define KeyPort P1IN                //矩阵键盘端口
# define SMG_DATA    P4OUT           //573 位选信号的输入管脚
# define CLK_H      P6OUT| = BIT2    //595 时钟信号的输入置高(P6.2 SHcp 串行输入寄存器端
                                     //口置高)
# define CLK_L      P6OUT& = ~BIT2   //595 时钟信号的输入置低
# define ST_H       P6OUT| = BIT3    //595 锁存信号置高(P6.3 STcp 存储寄存器端口置高)
# define ST_L       P6OUT& = ~BIT3   //595 锁存信号置低
# define DATA_H     P6OUT| = BIT1    //595 数据信号输入置高(P6.1 DS 串行输入端高电平)
# define DATA_L     P6OUT& = ~BIT1   //595 数据信号置低
/ * 共阳极数码管 * /
uchar uc7leds[16] = {0xFC,0x60,0xDA,0xF2,      //0,1,2,3,
        0x66,0xB6,0xBE,0xE0,                   //4,5,6,7,
        0xFE,0xE6,0xEE,0x3E,                   //8,9,A,b,
        0x9C,0x7A,0x9E,0x8E};                  //C,d,E,F

void Lv595WriteData(uchar dat);
void SMGDisplay();
void PortInit();
uchar KeyScan();
void main()
{
  Uchar shi,ge, key = 0;                       //key 用于暂存键值
  ClockInit();
WDTCTL = WDT_ADLY_1_9;                         //设置内部看门狗工作在定时器模式,1.9ms
                                               //中断一次
IE1 | = WDTIE;                                 //使能看门狗中断
_EINT();                                       //打开全局中断
  PortInit();
```

```
    while(1)
    {
        key = KeyScan();
        if(key!= 0xFF)
        {
            Shi = key/10;
            Ge = key % 10;
        }
    }
}
/*
*****************************************************************************
*                          PortInit()
* 功能说明：I/O 初始化
* 参数      ：无
* 返回值    ：无
*****************************************************************************
*/
void PortInit()
{
    P4SEL = 0X00;
    P4DIR = 0XFF;
    P4OUT = 0XFF;
    P1SEL = 0X00;
    P1DIR = 0XF0;
}
/*
*****************************************************************************
*                      uchar KeyScan(void)
* 功能说明：矩阵键盘扫描
* 参数      ：无
* 返回值    ：KeyNum:扫描的按键值,若无,则返回 0xFF
*****************************************************************************
*/
uchar KeyScan(void)
{
    uchar KeyNum;
    P1OUT = 0X0F;
    if((KeyPort&0X0F)!= 0X0F)
    {
        DelayMs(10);
        if((KeyPort&0X0F)!= 0X0F)
        {
            P1OUT = 0XE0;                       //判断哪列被拉低
            if((KeyPort&0X0F) == 0X0E)          //判断哪行被拉低
                KeyNum = 0;
            if((KeyPort&0X0F) == 0X0d)
                KeyNum = 1;
            if((KeyPort&0X0F) == 0X0b)
                KeyNum = 2;
```

```
        if((KeyPort&0X0F) == 0X07)
          KeyNum = 3;

        P1OUT = 0XD0;
        if((KeyPort&0X0F) == 0X0E)
          KeyNum = 4;
        if((KeyPort&0X0F) == 0X0d)
          KeyNum = 5;
        if((KeyPort&0X0F) == 0X0b)
          KeyNum = 6;
        if((KeyPort&0X0F) == 0X07)
          KeyNum = 7;

        P1OUT = 0XB0;
        if((KeyPort&0X0F) == 0X0E)
          KeyNum = 8;
        if((KeyPort&0X0F) == 0X0d)
          KeyNum = 9;
        if((KeyPort&0X0F) == 0X0b)
          KeyNum = 10;
        if((KeyPort&0X0F) == 0X07)
          KeyNum = 11;

        P1OUT = 0X70;
        if((KeyPort&0X0F) == 0X0E)
          KeyNum = 12;
        if((KeyPort&0X0F) == 0X0d)
          KeyNum = 13;
        if((KeyPort&0X0F) == 0X0b)
          KeyNum = 14;
        if((KeyPort&0X0F) == 0X07)
          KeyNum = 15;
    }
    else
    {
      KeyNum = 0xFF;
    }
  }
  return KeyNum;
}

/*
*                      Lv595WriteData(uchar dat)
* 功能说明: 向 595 发送 1 字节的数据
* 参数      : 发送的数据(1 字节)
* 返回值    : 无
*/
void Lv595WriteData(uchar dat)
{
  uchar i;
  CLK_H;
```

```
    DelayUs(1);
    ST_H;
    for(i = 8;i > 0;i-- )                        //循环8次,写1字节
    {
        if(dat&0x01)                             //发送BIT0位
            DATA_H;
        else
            DATA_L;
        CLK_L;
        DelayUs(1);
        CLK_H;                                   //时钟上升沿
        dat = dat >> 1;                          //要发送的数据右移,准备发送下一位
    }
    ST_L;
    DelayUs(1);
    ST_H;                                        //锁存数据
}


/ **********************************************
函数名称: watchdog_timer
功能     :看门狗中断服务函数,在这里输出数码管的段选和位选信号
参数     :无
返回值   :无
********************************************** /
# pragma vector = WDT_VECTOR
__ interrupt void watchdog_timer(void)
{
    SMG_DATA = ~0xfd;                            //送位选信号
Lv595WriteData(uc7leds[ shi]);                  //传送显示数据
DelayMs(20);                                     //延时(决定亮度和闪烁)
Lv595WriteData( 0xff );                          //关闭显示,起到消影作用
SMG_DATA = 0xfe;                                 //送位选信号
Lv595WriteData(uc7leds[ge]);                     //传送显示数据
DelayMs(20);                                     //延时(决定亮度和闪烁)
Lv595WriteData( 0xff );                          //关闭显示,起到消影作用
}


/ *
*                         SMGDisplay()
* 功能说明:数码管显示
* 参数      :无
* 返回值   :无
* /
void SMGDisplay( )
{
    int shi,ge;
uchar i,ch;
    shi = a/10;
    ge = a % 10;
ch = 0x02;                                       //位选信号初始化
```

```
SMG_DATA = ~ch;                   //送位选信号
Lv595WriteData(uc7leds[shi]);     //传送显示数据
DelayMs(20);                      //延时(决定亮度和闪烁)
Lv595WriteData( 0xff );           //关闭显示,起到消影作用
ch = 0x01;                        //位选信号初始化
SMG_DATA = ~ch;                   //送位选信号
Lv595WriteData(uc7leds[ge]);      //传送显示数据
DelayMs(20);                      //延时(决定亮度和闪烁)
Lv595WriteData( 0xff );           //关闭显示,起到消影作用
  }
}
```

4.11 任务 11 点阵显示

4.11.1 案例介绍与实现

点阵同数码管一样都是利用 74HC573 和 74LV595 控制来实现显示,不同的是点阵是 8 行 8 列的发光二极管,因此控制这些二极管的亮灭,便能显示出不同的字符。

任务要求:

利用点阵依次显示 0~9。原理图如图 4-6 所示,D0~D7 连接口 P4.0~P4.7。

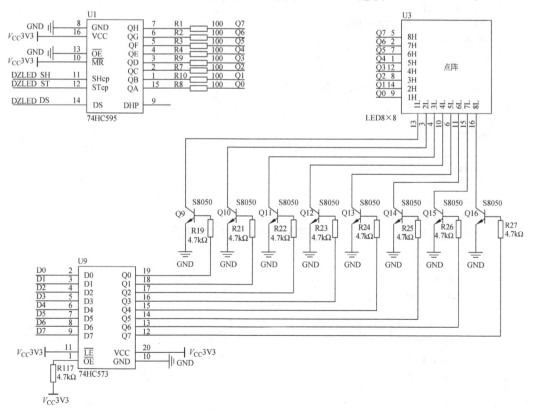

图 4-6　点阵原理图

程序示例：

```
# include "includes.h"
# include "sys.h"
# define DZ_DATA      P4OUT                 //573 位选信号的输入管脚
# define CLK_H        P6OUT| = BIT2         //595 时钟信号的输入置高
# define CLK_L        P6OUT& = ~BIT2        //595 时钟信号的输入置低
# define ST_H         P6OUT| = BIT3         //595 锁存信号置高
# define ST_L         P6OUT& = ~BIT3        //595 锁存信号置低
# define DATA_H       P6OUT| = BIT1         //595 数据信号输入置高
# define DATA_L       P6OUT& = ~BIT1        //595 数据信号置低

//共阳极点阵数据显示数组
uchar DZDataTab[80] = { 0x00,0x00,0x3E,0x41,0x41,0x41,0x3E,0x00,    //0
                        0x00,0x00,0x01,0x21,0x7F,0x01,0x01,0x00,    //1
                        0x00,0x00,0x27,0x45,0x45,0x45,0x39,0x00,    //2
                        0x00,0x00,0x22,0x49,0x49,0x49,0x36,0x00,    //3
                        0x00,0x00,0x0C,0x14,0x24,0x7F,0x04,0x00,    //4
                        0x00,0x00,0x72,0x51,0x51,0x51,0x4E,0x00,    //5
                        0x00,0x00,0x3E,0x49,0x49,0x49,0x26,0x00,    //6
                        0x00,0x00,0x40,0x40,0x40,0x4F,0x70,0x00,    //7
                        0x00,0x00,0x36,0x49,0x49,0x49,0x36,0x00,    //8
                        0x00,0x00,0x32,0x49,0x49,0x49,0x3E,0x00};   //9

void PortInit();
void Lv595WriteData(uchar dat);
void main()
{
  uchar i = 0,j = 0,t = 0;
  uchar wx;                    //位选信号控制
  ClockInit();
  WDTInit();
  PortInit();

  while(1)
  {
    if( i == 80)
      i = 0;
    while(t!= 100)          //在此可修改每个数字显示的持续时间
    {
      t++;
      wx = 0x01;
      for(j = i;j < i + 8;j++)
      {
        Lv595WriteData(DZDataTab[j]);
        DZ_DATA = ~wx;
        DelayMs(1);
        wx <<= 1;
      }
    }
    t = 0;
```

```
   i += 8;
 }
}


/*
***************************************************************************
*                       PortInit()
* 功能说明：I/O 初始化
* 参数     ：无
* 返回值   ：无
***************************************************************************
*/
void PortInit()
{
  P4SEL = 0X00;
  P4DIR = 0XFF;
  P6SEL = 0X00;
  P6DIR = 0XFF;
}


/*
***************************************************************************
*                         Lv595WriteData(uchar dat)
* 功能说明：向 595 发送 1 字节的数据
* 参数     ：dat:发送的数据(1 字节)
* 返回值   ：无
***************************************************************************
*/
void Lv595WriteData(uchar dat)
{
  uchar i;
  CLK_H;
  DelayUs(1);
  ST_H;
  for(i = 8;i > 0;i--)     //循环 8 次,写 1 字节
  {
    if(dat&0x01)          //发送 BIT0 位
      DATA_H;
    else
      DATA_L;
    CLK_L;
    DelayUs(1);
    CLK_H;               //时钟上升沿
    dat = dat >> 1;       //要发送的数据右移,准备发送下一位
  }
  ST_L;
  DelayUs(1);
  ST_H;                 //锁存数据
}
```

问题及知识点引入

(1) 点阵模块的基本结构。

(2) 了解点阵编码原理。

(3) 数码管和点阵的异同?

4.11.2 点阵的基础知识

点阵与数码管都是由 74LV595 和 74HC573 控制,在数码管中 74HC573 控制位选,74LV595 控制段选。但在 8×8 的点阵中,74HC573 控制选中的某一列,74LV595 控制行。

本书以 8×8 点阵为例做说明,8×8 点阵共由 64 个发光二极管组成,且每个发光二极管是放置在行线和列线的交叉点上。行业上也通常把点阵分成共阳极和共阴极两种,而事实上单色点阵本无所谓共阳还是共阴,市场上对 8×8 点阵 LED 所谓的共阳还是共阴的分类一般是根据点阵第一个引脚的极性所定义的,第一个引脚为阳极则为共阳,反之则为共阴,即我们所说的行共阴或者行共阳,如图 4-7 所示。

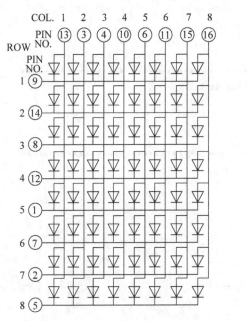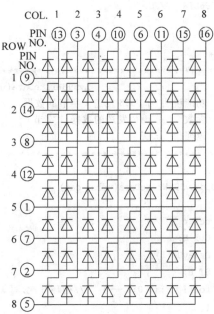

图 4-7　共阴极、共阳极点阵结构图

如果不能确定的话,可以用万用表测量确定,方法如下。

首先确定正负极,把万用表拨到电阻挡 x10,先用黑色探针(输出高电平)随意选择一个引脚,红色探针碰余下的引脚,看点阵有没发光,没发光就用黑色探针再选择一个引脚,红色探针碰余下的引脚,当点阵发光,则这时黑色探针接触的那个引脚为正极,红色探针碰到就发光的 7 个引脚为负极,剩下的 6 个引脚为正极。

然后确定引脚编号,先把器件的引脚正负分布情况记下来,正极(行)用数字表示,负极(列)用字母表示,先定负极引脚编号,黑色探针选定一个正极引脚,红色点负极引脚,看是第几列的二极管发光,第一列就在引脚写 A,第二列就在引脚写 B,……以此类推。这样列阵的点的一半引脚都编号了。剩下的正极引脚用同样的方法,第一行的亮就在引脚标 1,第二行的亮就在引脚标 2,……以此类推。

4.11.3　字符编码原理

与数码管显示字符要编码一样,点阵 LED 模块要正确显示字符也需要先编码,但点阵 LED 模块的字符编码要复杂得多。

由上面介绍可知,行线为高电平、列线为低电平时,交叉点的 LED 导通变亮。为了便于理解,现把每一行的 8 个 LED 看作一个特殊的 8 段数码管。这样每一行的行线就是该数码管的公共端,若公共端高电平有效,则每一行都是一个共阳数码管。因此,对于每行 LED 的显示信息进行编码,方法类同于共阳极数码管的编码方式。现以字符"0"的编码为例说明字符编码的工作原理。

当行线作为位选通线时,相对应的列值自上往下依次分别为 0xFF、0xE7、0xDB、0xDB、0xDB、0xDB、0xE7、0xFF,如图 4-8 所示。

当然,也可把每一列的 8 个 LED 看作一个特殊的 8 段数码管。此时每一列的列线就是该数码管的公共端。若公共端低电平有效,则每一列就是一个特殊的共阴数码管。这样就可以参照共阴数码管的编码方法进行编码了。同样,以字符"0"为例,当列线作为位选通线时,相对应的行值由左往右依次分别为 0x00、0x00、0x3C、0x42、0x42、0x3C、0x00、0x00,如图 4-9 所示。

```
1 1 1 1 1 1 1 1        0 0 0 0 0 0 0 0
1 1 1 0 0 1 1 1        0 0 0 1 1 0 0 0
1 1 0 1 1 0 1 1        0 0 1 0 0 1 0 0
1 1 0 1 1 0 1 1        0 0 1 0 0 1 0 0
1 1 0 1 1 0 1 1        0 0 1 0 0 1 0 0
1 1 0 1 1 0 1 1        0 0 1 0 0 1 0 0
1 1 1 0 0 1 1 1        0 0 0 1 1 0 0 0
1 1 1 1 1 1 1 1        0 0 0 0 0 0 0 0
```

图 4-8　编码示意图(共阳型)　　　　图 4-9　编码示意图(共阴型)

第5章

定时器

5.1 任务1 看门狗

5.1.1 案例介绍与分析

看门狗定时器(WDT)是 MSP430 系列单片机中用于系统监测和内部定时使用的一种模块,当程序发生故障时能使受控系统重新启动,也可作为一般内部定时器使用。

任务要求:

使用看门狗的定时功能定时产生一个方波,由 P5.1 输出。看门狗定时器结构图如图 5-1所示。

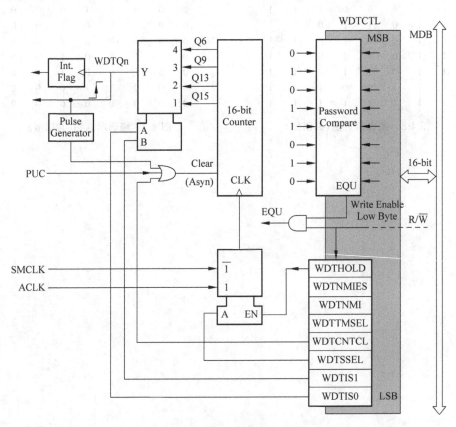

图 5-1 看门狗定时器结构图

程序示例：

```
# include < msp430x14x. h >
void main(void)
{
  WDTCTL = WDT_ADLY_250;          //设置看门狗定时时间为 250ms
  IE1 | = WDTIE;                  //WDT 使能
  P5DIR | = 0x02;                 //设置 P5.1 为输出
  _EINT();                        //中断允许
  for (;;)
  {
    _BIS_SR(LPM3_bits);           //进入 LPM3
    _NOP();                       //验证,可用 C－SPY 观察
  }
}
//看门狗中断服务子程序
# pragma vector = WDT_VECTOR
__ interrupt void watchdog_timer(void)
{
P5OUT ^ = 0x02;                   //P5.1 输出取反
}
```

问题及知识点引入

(1) 了解 WDT 的基本机构、特点、工作原理。

(2) WDT 有哪些工作模式？

5.1.2 WDT 的基本结构及工作原理

看门狗定时器实质上是一个定时器,其主要功能是当程序发生故障时能使受控系统重新启动。如果 WDT 超过 WDT 所定时的时间,则发生系统复位。当系统不需要看门狗功能时,也可将它当普通的定时器使用,当到达 WDT 所定时的时间时能产生中断。此外,WDT 还可以完全停止活动以支持超低功耗应用。

在工业现场,由于供电电源、空间电磁干扰或其他原因往往会引起强烈的噪声干扰。这些干扰作用于数字器件,极易使其产生误动作,引起微控制器发生"程序跑飞"事故。若不进行有效处理,程序就不能回到正常工作状态,从而失去应有的控制功能。MSP430 的看门狗定时器正是为了解决这类问题而设计的,尤其是在具有循环结构的程序任务中更为有效。当 WDT 超过 WDT 所定时的时间时,能发生复位操作。如果通过编制程序使 WDT 定时时间稍大于程序执行一遍所用的时间,并且程序执行过程中加入对看门狗定时器清零的指令,使计数器重新计数,则当程序正常运行时,就会在 WDT 定时时间到达之前执行 WDT 清零指令,不会产生 WDT 溢出。如果由于干扰使程序跑飞,则不会在 WDT 定时时间到达之前执行 WDT 清零指令,WDT 就会溢出,从而产生系统复位,CPU 需要重新运行用户程序,这样程序就可以又恢复正常运行状态。

5.1.3 WDT 相关寄存器

WDT 的寄存器是由控制寄存器 WDTCTL 和计数单元 WDTCNT 组成的,它的中断允许和中断标志位在 SFR 中。

1. 计数单元 WDTCNT

WDTCNT 是一个 16 位增计数器，由 MSP430 所选定的时钟电路产生的固定周期脉冲信号对计数器进行加法计数。如果计数器事先被预置的初始状态不同，那么从开始计数到计数溢出为止所用的时间就不同。WDTCNT 不能直接通过软件存取，必须通过看门狗定时器的控制寄存器 WDTCTL(地址为 0120H)进行访问。

2. 控制寄存器 WDTCTL

WDTCTL 由两部分组成，其中高 8 位被用作口令，低 8 位是对 WDT 操作的控制命令。要写入操作 WDT 的控制命令，必须先正确写入高字节看门狗口令，口令为 5AH，如果口令写错将导致系统复位。在读 WDTCTL 时不需要口令，可直接读取地址 120H 中的内容，读出数据低字节为 WDTCTL 的值，高字节始终为 69H。WDTCTL 除了有看门狗定时器的控制位之外，还有两个位用于设置 NMI 引脚功能。下面是 WDTCTL 寄存器各位的定义。

15～8	7	6	5	4	3	2	1	0
WDTPW	WDTHOLD	WDTNMIES	WDTNMI	WDTTMSEL	WDTCNTCL	WDTSSEL	WDTIS1	WDTIS0

bit 15～8　WDTPW　看门狗密码，通常读到的是 0x69H，写时必须为 0x5AH，否则系统将复位。

bit 7　　WDTHOLD　看门狗定时/计数器使能位。当不使用看门狗定时/计数器时，该位置 1，可以节约系统功耗。

0：看门狗定时/计数器使能；

1：看门狗/定时器停止。

bit 6　　WDTNMIES　中断的边沿触发方式选择位。

0：上升沿触发 NMI 中断；

1：下降沿触发 NMI 中断。

bit 5　　WDTNMI　RST/NMI 引脚功能选择位，在 PUC 后被复位。

0：RST /NMI 引脚为复位端；

1：RST/NMI 引脚为边沿触发的非屏蔽中断输入。

bit 4　　WDTTMSEL　工作模式选择位。

0：看门狗模式；

1：定时器模式。

bit 3　　WDTCNTCL　WDTCNT 清除位。当该位为 1 时，WDTCNT 将从 0 开始计数。

0：不清除 WDTCNT；

1：清除 WDTCNT。

bit 2　　WDTSSEL　WDTCNT 的时钟源选择位。

0：SMCLK；

1：ACLK。

WDT 定时时间是由 IS0、IS1 及 SSEL 确定的，因此通过软件对计数器设置不同的初始值，就可以实现不同时间的定时。WDT 最多只能定时 8 种和时钟源相关的时间，表 5-1 列出了晶振为 32 768Hz，SMCLK＝1MHz 条件下 WDT 可选的定时时间。

表 5-1　WDT 可选的定时时间

SSEL	IS1	IS0	定时时间/ms	
0	0	0	32.77	$T_{SMCLK} \times 2^{15}$
0	0	1	8.19	$T_{SMCLK} \times 2^{13}$
0	1	0	0.51	$T_{SMCLK} \times 2^{9}$
0	1	1	0.064	$T_{SMCLK} \times 2^{6}$
1	0	0	1000	$T_{ACLK} \times 2^{15}$
1	0	1	250	$T_{ACLK} \times 2^{13}$
1	1	0	15.6	$T_{ACLK} \times 2^{9}$
1	1	1	1.95	$T_{ACLK} \times 2^{6}$

bit 0～1　　WDTIS0，WDTIS1　　看门狗定时器的定时输出选择位。其中，T 是 WDTCNT 的输入时钟源周期。

00：$T \times 2^{15}$；

01：$T \times 2^{13}$；

10：$T \times 2^{9}$；

11：$T \times 2^{6}$。

5.1.4　看门狗的定时模式

1. 看门狗模式

当 WDTCTL 的 TMSEL＝0 时，WDT 工作在看门狗模式。在该模式下，一旦 WDT 到达指定时间或写入错误的口令都会触发 PUC 信号，WDTCNT 和 WDTCTL 两寄存器内容将被全部清除，WDT 功能被激活，并自动进入看门狗模式。用户在通过软件设置看门狗模式时，一般都需要进行如下操作。

（1）进行 WDT 的初始化，设置合适的时间（通过 SSEL、IS0、IS1 位来选定）。

（2）周期性地对 WDTCNT 清零，以防止 WDT 溢出，保证 WDT 的正确使用。

如果系统不用看门狗功能，应在程序开始处禁止看门狗功能。

2. 定时器模式

当 TMSEL＝1 时，选择定时器模式。在设置好中断条件后，WDT 将按设定的时间周期产生中断请求，在响应中断后，中断标志位将自动清除。

在定时模式下，要注意定时时间改变应伴随计数器清除，并在一条指令中完成。如果先后分别进行清除和定时时间选择，或改变定时时间而不同时清除 WDTCNT，将导致不可预料的系统立即复位或中断。另外，在正常工作时，改变时钟源也可能导致 WDTCNT 额外的计数时钟。

3. 低功耗模式

当系统不需要 WDT 工作时，可以设置 HOLD＝1 来关闭 WDT，以减少功耗。

4. 看门狗定时器的中断控制功能

在看门狗模式下中断是不可屏蔽的，由受控程序非正常运行引发。定时器模式下中断是可屏蔽的，由选定时间到达而引发。前者的优先级高于后者，两者的中断向量地址不同，使用时请参见相关芯片数据手册。看门狗定时器用到 SFR 地址的两位。

(1) 中断标志 WDTIFG 位于 IFG1.0,初始状态为复位。

(2) 中断标志 WDTIE 位于 IE1.0,初始状态为复位。

与中断功能相关的 WDTCTL 的控制位 NMI 和 NMIES,NMIIE 位于 IE1.4,MNIFG 位于 IFG1.4。

5.2　任务2　定时器 A 增计数应用

5.2.1　案例介绍与分析

任务要求:

设 $ACLK = TACLK = LFXT1 = 32\,768\,Hz, MCLK = SMCLK = DCO = 32 \times ACLK = 1.048\,576\,MHz$,利用 Timer_A 的增计数方式,由端口 P5.1 输出一个方波。Timer_A 的结构原理图如图 5-2 所示。

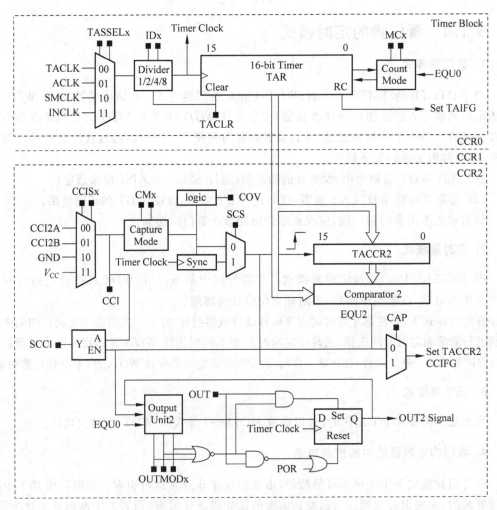

图 5-2　Timer_A 的结构原理图

程序示例：

```
# include < msp430x14x. h>
void main(void)
{
WDTCTL = WDTPW + WDTHOLD;
TACTL = TASSEL0 + TACLR;        //ACLK 为时钟源
TACCTL0 = CCIE;                 //中断使能
   CCR0 = 60000;
   P5DIR |= 0x02;               //P5.1 设为输出方向
   TACTL |= MC0;                //增计数模式
   _EINT(); //开总中断
   for (;;)
   {
        _BIS_SR(LPM3_bits);     //进入 LPM3
        _NOP();
   }
   }
//Timer_ A 中断服务子程序
# pragma vector = TIMERA0_VECTOR
__ interrupt void Timer_A (void)
{
   P5OUT ^ = 0x02;              //取反输出
}
```

问题及知识点引入

(1) 了解定时器 A 的基本结构。

(2) 定时器 A 的计数模式是什么？

(3) 定时器 A 的中断如何使用？

(4) 了解定时器 A 的相关寄存器。

5.2.2 定时器 A 的基本结构

如图 5-2 所示，Timer_A 由计数器、捕获/比较器和输出单元三部分组成。

1. 计数器部分

计数器部分用来完成时钟源的选择与分频、模式控制及计数等功能。输入的时钟源具有 4 种选择，所选定的时钟源又可以 1、2、4 或 8 分频作为计数频率，Timer_A 可以通过选择 4 种工作模式灵活地完成定时/计数功能。

2. 捕获/比较器

捕获/比较器用于捕获事件发生的时间或产生时间间隔，捕获比较功能的引入主要是为了提高 I/O 端口处理事务的能力和速度。不同的 MSP430 单片机，Timer_A 模块中所含有的捕获/比较器的数量不一样，但每个捕获/比较器的结构完全相同，输入和输出都取决于各自所带的控制寄存器的控制字，捕获/比较器相互之间工作完全相互独立。

3. 输出单元

输出单元用于产生用户所需要的输出信号。Timer_A 具有可选的 8 种输出模式,支持 PWM 输出。

5.2.3 定时器 A 的工作模式——停止模式/增计数模式

利用 Timer_A 实现定时功能,应该根据需要,选择定时计数信号源、分频系数、计算捕获/比较寄存器的值以及确定工作模式。

1. 停止模式

当 MC1＝0,MC0＝0 时,定时器工作在停止模式。定时器暂停,但并不发生复位。当定时器暂停后重新计数时,计数器将从暂停时的值开始,以暂停前的计数模式继续计数。如果不需要这样,则可通过 TACTL 中的 CLR 控制位来清除定时器的方向记忆特性。

若需要 TAR 从零开始可使用两种方法:一种方法是需要通过对 TACLR 置位的方式使其清零,该方法在使 TAR 置位的同时也使 IDx 与 MCx 复位;另一种就是直接对 TAR 赋初值,即 TAR＝0x0000。

2. 增计数模式

当 MC1＝0,MC0＝1 时,定时器工作在增计数模式,这种模式适用于定时周期小于 65 536 的连续计数情况。Timer_A 增计数模式的周期寄存器是 16 位的捕获/比较寄存器 TACCR0,如图 5-3 所示。计数器 TAR 可以增计数到 TACCR0 的值,当计数值与 CCR0 的值相等(或定时器的值大于 CCR0 的值)时定时器复位并从 0 开始重新计数。

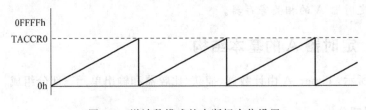

图 5-3　增计数模式的中断标志位设置

在定时器工作时,如果改变 TACCR0 的值,会使情况发生变化。这种变化在各种模式下是不同的。在增计数模式下,当新周期大于旧周期时,定时器会在等于旧周期之前计数到新周期,当新周期小于旧周期时,如果改变 TACCR0 的值,定时器的时钟相位会影响定时器响应新周期的情况。时钟为高时改变 CCR0 的值,则定时器会在下一个时钟上升沿返回到 0;如果时钟为低时改变 CCR0 的值,则定时器接受新周期并在返回到 0 之前,继续增加一个时钟周期。

在增计数方式中,定时计数可引起两个中断标志位置位,分别是 TAIFG 和 TACCR0 CCIFG。TAIFG 为定时器溢出中断标志位,当定时/计数器 TAR 计满溢出时可引起该标志位置位;TACCR0 CCIFG 为比较/捕获中断标志位,当 TAR＝TACCR0 时该标志位置位。由此可见,两者置位的时刻是不同的,如图 5-4 所示。可见,TACCR0 CCIFG 置位的时刻要比 TAIFG 提前一个时钟周期。当然含义也不同。TAIFG 置位表示定时/计数器 TAR 再也无法容纳新的值,于是发生了溢出。TACCR0 CCIFG 置位表示 TAR 与 TACCR0 中的值相等。

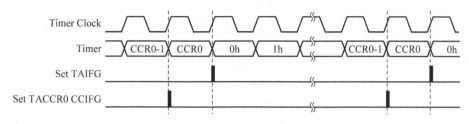

图 5-4　增计数方式下中断标志位置位时序示意图

5.2.4　定时器 A 相关寄存器

MSP430 系列单片机不同系列包含不同数目的捕获/比较器,含有三个捕获/比较器。Timer_A 的寄存器(比如 MSP430×13×)如表 5-2 所示。用户对 Timer_A 的所有操作都是通过操作该模块的寄存器完成的。

表 5-2　Timer_A 的寄存器

寄存器	缩写	读写类型	地址	初始状态
Timer_A 控制寄存器	TACTL	读写	160H	POR 复位
Timer_A 计数器	TAR	读写	170H	POR 复位
捕获/比较控制寄存器 0	CCTL0	读写	162H	POR 复位
捕获/比较寄存器 0	CCR0	读写	172H	POR 复位
捕获/比较控制寄存器 1	CCTL1	读写	164H	POR 复位
捕获/比较寄存器 1	CCR1	读写	174H	POR 复位
捕获/比较控制寄存器 2	CCTL2	读写	166H	POR 复位
捕获/比较寄存器 2	CCR2	读写	176H	POR 复位
中断向量寄存器	TAIV	读写	12EH	POR 复位

1. TACTL——控制寄存器

定时器控制寄存器 TACTL 中包含定时器及其操作的控制位。POR 信号后 TACTL 的所有位都自动复位,但在 PUC 信号后不受影响,TACTL 各位的定义如下。

15～10	9	8	7	6	5	4	3	2	1	0
未用	TASSEL1	TASSEL0	ID1	ID0	MC1	MC0	未用	TACLR	TAIE	TAIFG

bit 15～10　　　　　　　　　　未使用。

bit 9～8　　TASSEL1、TASSEL0 定时器输入分频器的时钟源选择位,如表 5-3 所示。

表 5-3   Timer_A 时钟源

TASSEL1	TASSEL0	输入时钟源	说　明
0	0	TACLK	用特定的外部引脚信号
0	1	ACLK	辅助时钟
1	0	SMCLK	系统时钟
1	1	INCLK 或 TACLK	具体见器件说明

bit 7～6	ID1,ID0	输入分频选择位。
		00：不分频；
		01：2 分频；
		10：4 分频；
		11：8 分频。
bit 5～4	MC1,MC0	计数模式控制选择位。
		00：停止模式；
		01：增计数模式；
		10：连续计数模式；
		11：增/减计数模式。
bit 3		未使用。
bit 2	TACLR	定时器清除位,该位由硬件自动复位,其读出值始终为 0。
		0：Timer_A 计数器 TAR 内容不清零；
		1：Timer_A 计数器 TAR 内容清零。
		定时器和分频器在 POR 或 TACLR 位置位时复位。 TACLR 由硬件自动复位,其读出始终为 0。定时器在下一个有效输入沿开始工作。如果不是被清除模式控制位暂停,则定时器以增计数模式开始工作。
bit 1	TAIE	定时器中断允许位。
		0：禁止定时器中断；
		1：允许定时器中断。
bit 0	TAIFG	定时器标志位,不同工作模式下,该位有不同的置位条件。
		0：无中断请求；
		1：有中断请求。

2. TAR：16 位计数器

该单元就是执行计数的单元,是计数器的主体,其内容可读可写。若要修改 Timer_A,推荐修改顺序如下。

(1) 修改控制寄存器和停止定时器。

(2) 启动定时器工作。

当计数时钟不是 MCLK 时,写入应该在计数器停止计数时进行,以免因与 CPU 不同步而引起时钟竞争。输入时钟和软件所用的系统时钟异步也可能引起时间竞争,使定时器响应出错,所以用 TACTL 控制寄存器中的控制位来改变定时器工作,尤其是修改输入选择位,输入分频器和定时器清除位时,定时器应停止。

5.3 任务 3 定时器 A 的基本应用——连续计数模式

5.3.1 案例介绍与分析

任务要求:

设 ACLK=n/a,MCLK=SMCLK=DCO^800kHz,利用连续计数模式,将 P5.1 电平定时反转。

程序示例:

```
# include < msp430x14x. h>
void main(void)
{
  WDTCTL = WDTPW + WDTHOLD;          //停止 WDT
  P5DIR | = 0x02;                    //P5.1 输出
  TACTL = TASSEL1 + TACLR + TAIE;    //时钟源为 SMCLK + 清 TAR + 中断开放
  TACTL | = MC1;                     //启动 Timer_A 连续计数
  _EINT();                           //总系统开中断
  for (;;)
  {
  _BIS_SR(CPUOFF);
  _NOP();
  }
}
//Timer_ A 中断服务程序
# pragma vector = TIMERA1_VECTOR
__ interrupt void Timer_A (void)
{
switch(TAIV)
{
case 2: break;
  case 4: break;
  case 10: P5OUT ^ = BIT2;
  break;
}
}
```

问题及知识点引入

(1) 连续计数模式的工作方式是什么?

(2) 连续计数模式下的中断怎么应用?

5.3.2 连续工作模式的工作方式

当 MC1=1,MC0=0 时,定时器工作在连续计数模式。连续计数模式一般用于需要 65 536 个时钟周期的定时场合。在该模式下,定时器从当前值计数到 0FFFFH 后,又从 0000H 开始重新计数,如图 5-5 所示。当定时器从 0FFFFH 计数到 0000H 时,中断标志位

TAIFG 置位。

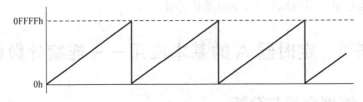

图 5-5　连续计数模式下计数过程

（1）时计数周期：在该计数方式下，由于处于该计数方式下周期是固定的，所以就不需要周期寄存器了。因此，在该方式下 TACCR0 作为一般的捕获/比较寄存器使用。

（2）中断标志。由于 TACCR0 作为普通寄存器使用，所以在该计数方式下定时/计数器只会触发定时器计数溢出中断。定时/计数器从 0xFFFF 变化到 0x0000 时，将引起 TAIFG 置位，如图 5-6 所示。

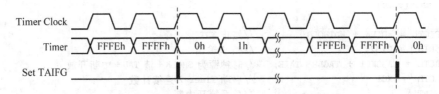

图 5-6　连续计数模式的中断标志位的设置

5.3.3　定时/计数器的中断

Timer_A 中断可由计数器溢出引起，也可以来自捕获/比较寄存器。每个捕获/比较模块可独立编程，由捕获/比较外部信号以产生中断。外部信号可以是上升沿，也可以是下降沿，亦可两者都有。

Timer_A 模块使用两个中断向量，一个单独分配给捕获/比较寄存器 CCR0（中断向量为 TIMERA0_VRCTOR），另一个作为共用中断向量用于定时器和其他的捕获/比较寄存器（中断向量为 TIMERA1_VRCTOR）。它们的中断标志位分别为 TACCR0 CCIFG 和 TAIFG。为了有效区分共源中断的中断源，专门设置了一个中断向量寄存器（TAIV）。该寄存器共 16 位，位 15～4 与位 0 全为 0，位 3～1 的数据由相应的中断标志 CCIFG1～CCIFGx 和 TAIFG1 产生。具体数据如表 5-4 所示。

表 5-4　TAIV 的值与各个中断源的对应表

中断优先级		中断源	缩　　写	TAIV 的内容
最高		没有中断		00H
最低	f	捕获/比较器 1	TACCR1 CCIFG	02H
		捕获/比较器 2	TACCR2 CCIFG	04H
		捕获/比较器 3	TACCR3 CCIFG	08H(Timer1_A5 有)
		捕获/比较器 x	TACCR4 CCIFG	0AH(Timer1_A5 有)
		定时器溢出	TAIFG1	0AH
		保留		0CH、0EH

对应 Timer_A 的多源中断标志 CCIFG1~CCIFGx 和 TAIFG1 在读中断向量字 TAIV 后自动复位。如果不访问 TAIV 寄存器,则不能自动复位,须用软件清除;如果相应的中断允许复位(不允许中断),则将不会产生中断请求,但中断标志仍存在,仍须用软件清除。

如果有 Timer_A 中断标志位置位,则 TAIV 为相应的数据。该数据与 PC(程序计数器)的值相加,可使系统自动进入相应的中断服务程序。如果 Timer_A 有多个中断标志位置位,则系统先判断优先级,再响应相应的中断。

5.4 任务 4 定时器 A 的基本应用——增减计数模式

5.4.1 案例介绍与分析

任务要求:

若 SMCLK=MCLK=2MHz 作为定时计数时钟,采用增减计数方式,使 P3.0 引脚输出周期为 1s 的方波。

程序示例:

```
include < msp430x14x.h >
void main( void)
{
    WDTCTL = WDTPW + WDTHOLD;
    P3DIR| = BIT0;                  //P3.0 口设置为输出
    TACCTL0 = CCIE;                 //开 TACCR0 中断
    TACCR0 = 62500;
    TACTL = TASSEL_2 + ID_3 + MC_3; //SMCLK、8 分频、增减计数
    _BIS_SR(LPM0_bits + GIE);       //开总中断,进入 LPM0
}
# pragma vector = TIMERA0_VECTOR
__ interrupt void Timer_A (void)
{
    P3OUT ^ = BIT0;                 //P3.0 翻转
}
```

问题及知识点引入

(1) 增减计数模式的工作方式是什么?

(2) 增减计数模式与增计数模式有何异同?

5.4.2 增/减计数模式的工作方式

当 MC1=1,MC0=0 时,定时器工作在增/减计数模式。在该模式下,定时器先增计数到 TACCR0 的值,然后反向减计数到 0。计数周期仍由 TACCR0 定义,它是 TACCR0 计数器值的二倍,所以该模式常用于需要生成对称波形的场合。增/减计数模式时计数器中数值的变化情况如图 5-7 所示。

1. 计数周期

在该模式下 TACCR0 同样作为周期寄存器使用,但计数周期为 2×TACCR0+1,而不

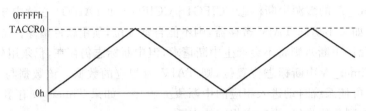

图 5-7　增减计数方式示意图

是之前的 TACCR0 + 1。这一点在使用时要特别注意。该定时计数方式的特点是利用它并配合比较功能可以产生对称波形。这一特点将在输出单元部分介绍。

　　通过改变 TACCR0 值,可重置计数周期。但在计数过程修改 TACCR0 的值,会有以下两种情况:如果正处于减计数的情况,定时器会继续减到 0,新的周期在减到 0 后开始;如果正处于增计数状态,新周期不小于原来的周期,或比当前计数值要大,定时器会增计数到新的周期;如果正处于增计数状态,新周期小于原来的周期,定时器立刻开始减计数。但是,在定时器开始减计数之前会多计一个数。

2. 中断标志

　　与增计数方式类似,增减计数过程中可分别使中断标志位 TAIFG 与 TACCR0 CCIFG置位。但它们置位的时刻不同。TACCR0 CCIFG 置位则发生在 TAR 从 TACCR0−1 变化到 TACCR0 时,即 TAR = TACCR0 时;TAIFG 置位发生在减计数过程中 TAR 从0x0001 变化到 0x0000 的时刻,如图 5-8 所示。在每个周期内,TAIFG 与 TACCR0 CCIFG均会置位一次。若相应中断使能位置位,就可以向 CPU 提出中断请求。

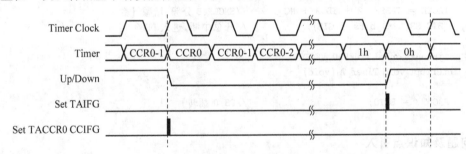

图 5-8　增减计数模式的中断标志位的设置

　　与增计数和连续计数方式相比,增减计数方式最明显的特点是定时计数周期长,因此它可以实现更长的定时长度。例如,增计数方式和连续计数方式的计数周期最大只能是65 536 个计数时钟周期,而增减计数方式的计数周期为 131 071。

5.5　任务 5　捕获/比较部件

5.5.1　案例介绍与分析

Timer_A 有多个相同的捕获/比较模块,为实时处理提供灵活的手段,每个模块都可用于捕获事件发生的时间或产生定时间隔,当捕获事件发生或定时时间到达时都将引起中断。捕获/比较模块的结构如图 5-9 所示。可以通过 CCMx1 和 CCMx0 选择捕获的条件,捕获/比较寄存器与定时器总线相连,可在满足捕获条件时,将 TAR 的值写入捕获寄存器;也可在 TAR 的值与比较器值相等时,设置标志位。捕获的输入信号源可以来自外部引脚,也可来自内部信号,还可暂存在一个触发器中由 SCCIx 信号输出。

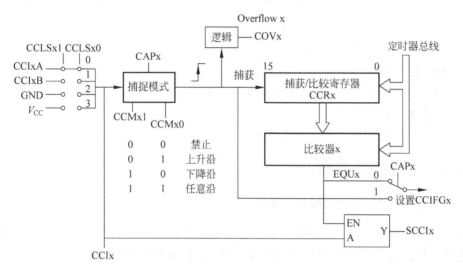

图 5-9 捕获/比较模块的逻辑结构

任务要求:

利用定时器 A 的捕获模式测量信号的频率。

程序示例:

```
# include < msp430x14x. h >
unsigned int Overflow_Cnt = 0;
unsigned long period = 0;                 //周期数
void main()
{
  WDTCTL = WDTPW + WDTHOLD;
  P1SEL | = BIT2;                         //选择 PI.2 作为捕获的输入端子
  TACCTL1 = CM_1 + SCS + CCIS_0 + CAP + CCIE;  //上升沿触发,同步模式,使能中断
  TACTL = TASSEL_2 + MC_2 + TACLR + TAIE; //连续计数、SMCLK、清零、开溢出中断
  _EINT();
  LPM0;
}
# pragma vector = TIMERA1_VECTOR
__ interrupt void Timer_A( void)
{
switch(TAIV)
{
case 2:
{
    period = TAR + 65536 * Overflow_Cnt;  //计算周期值
    TACTL | = TACLR;                      //TAR 清零
    Overflow_Cnt = 0;                     //溢出次数清零
    break;
```

```
        }
    case 4:
        break;
    case 10:
        {
            Overflow_Cnt++;                        //溢出次数计数
            break;
        }
    }
}
```

问题及知识点引入：

(1) 了解定时器 A 比较/捕获模式的工作方式。

(2) 了解相关的寄存器。

(3) 捕获输入与 I/O 引脚是如何对应的？

5.5.2　相关寄存器

1. TACCTLx：捕获/比较控制寄存器

Timer_A 有多个捕获/比较模块，每个模块都有自己的控制字 CCTLx，这里 x 为捕获/比较模块序号。该寄存器在 POR 信号后全部复位，但在 PUC 信号后不影响。该寄存器中各位的定义如下。

15~14	13	12	11	10	9	8	7~5	4	3	2	1	0
CMX	CCIS1	CCIS0	SCS	SCCI	未用	CAP	OUTMODx	CCIE	CCI	OUT	COV	CCIFG

bit 15~14　　CM1~0　　捕获模式：选择捕获模式。

00：禁止捕获模式；

01：上升沿捕获；

10：下降沿捕获；

11：上升沿与下降沿都捕获。

bit 13~12　　CCIS1~0　　捕获/比较输入选择位：选择捕获事件的输入端。

00：CCIxA；

01：CCIxB；

10：GND；

11：V_{CC}。

bit 11~10　　SCS　　同步捕获信号：捕获信号与定时器时钟同步选择位。

0：异步捕获；

1：同步捕获。

异步捕获模式允许在请求时立即将 CCIFG 置位且捕获定时器值，适用于捕获信号的周期远大于定时器时钟周期的情况。但是，如果定时器时钟和捕获信号发生时间竞争，则捕获寄存器可能出错。实际中经常使用同步捕获模式，而且捕获总是有效的。

	SCCI	同步比较/捕获输入,比较相等信号 EQUx 将选定的捕获/比较输入信号 CCIx(CCIxA,CCIxB,VCC 和 GND)进行锁存,可由 SCCIx 读出。
bit 9		未使用。
bit 8	CAP	工作模式选择位。 0:比较模式; 1:捕获模式。 如果通过捕获/比较寄存器 CCTLx 中的 CAP 使工作模式从比较模式变为捕获模式,那么不应同时进行捕获,否则,在捕获/比较寄存器中的值是不可预料的,操作顺序一般如下。 (1) 修改控制寄存器,由比较模式切换到捕获模式。 (2) 捕获。
bit 7～5	OUTMODx	输出模式选择位。 000:输出; 001:置位; 010:翻转/复位; 011:置位/复位; 100:翻转; 101:复位; 110:翻转/置位; 111:复位/置位。
bit 4	CCIE	捕获/比较模块中断允许位。 0:禁止中断; 1:允许中断。
bit 3	CCI	捕获/比较模块的输入信号。 捕获模式:由 CCIS0 和 CCIS1 选择的输入信号可通过该位读出。 比较模式:CCIx 复位。
bit 2	OUT	输出信号。 0:输出低电平; 1:输出高电平。 如果 OUTMODx 选择输出模式 0,该位直接控制输出的状态。
bit 1	COV	捕获溢出标志。 0:没有捕获溢出; 1:发生捕获溢出。 当 CAP=0 时,选择比较模式,捕获信号发生复位,捕获事件不会使 COV 置位。当 CAP=1 时,选择捕获模式,如果

捕获寄存器的值被读出前再次发生捕获事件,则 COV 置位。程序可通过检测 COV 来判断原值读出前是否发生捕获事件。读捕获寄存器时不会使溢出标志复位,须用软件复位。

bit 0　　　　CCIFG　　　　捕获/比较中断标志位。

0:没有中断请求;

1:有中断请求。

捕获模式时,寄存器 CCRx 捕获了定时器 TAR 值时,CCIFGx 置位。比较模式时,定时器 TAR 值等于寄存器 CCRx 值时,CCIFGx 置位。

2. TACCRx:捕获/比较寄存器

在捕获方式,当满足捕获条件时,硬件自动将计数器 TAR 中的数据写入该寄存器。如果测量某窄脉冲(高电平)的脉冲长度,可定义上升沿和下降沿都捕获。在上升沿时,捕获一个定时器数据,这个数据在捕获寄存器中读出,再等待下降沿到来,在下降沿到来时又捕获一个定时器数据,那么两次捕获的定时器数据差就是窄脉冲的高电平宽度。其中,CCR0 经常作周期寄存器,其他 CCRx 相同。

在比较方式时,用户程序根据需定时时间长短,配合定时器工作方式及定时器输入信号,写入该寄存器相应的数据。如要定时 1s,定时器工作在模式 1,输入信号为 ACLK(32 768Hz),那么写入比较寄存器的数据为 32 768。

5.5.3　比较单元

比较功能是定时器的默认工作模式。比较功能由比较单元实现,比较单元结构简单,它由定时计数寄存器(TAR)、捕获/比较寄存器(TACCR0)和比较器(Comparator n)构成。比较单元的工作原理是,当控制位 CAP=0 时表示捕获/比较部件工作在比较功能状态;CAP=1 时表示捕获/比较部件工作在捕获功能状态。当处于比较功能时,比较器(Comparator n)不断地比较 TAR 与 TACCRn 的值,当 TAR = TACCRn 时将使 CCIFG 置位。若此时 CCIE=1,GIE=1 则会向 CPU 发送中断请求。

捕获/比较寄存器(TACCRn)为 16 位寄存器,用于存放比较值或捕获值 TACCRx。在比较功能下,TACCRx 与定时器中当前计数器 TARx 进行比较。在捕获模式下,在捕获事件发生时,TAR 的当前值 TARx 就被复制到 TACCRn 中。

5.5.4　捕获单元

当 CCTLx 中的 CAPx=1 时,该模块工作在捕获模式。这时如果在选定的引脚上发生设定的脉冲触发沿(上升沿、下降沿或任意跳变),则 TAR 中的值将写入到 CCRX 中。所以捕获/比较寄存器常用于确定事件发生的时间,如时间的测量和频率的测量等。

每一个捕获功能部件可以接收两路外部输入信号(CCIxA 和 CCIxB)和两路内部信号(V_{cc} 和 GND),控制位 CCISx 决定捕获功能部件的输入信号。CCISx = 00 表示输入信号

CCIxA；CCISx＝01 表示输入信号为 CCIxB；CCISx＝10 表示输入信号为 GND；CCISx＝11 表示输入信号为 V_cc。外部待捕获信号需要经过引脚到捕获功能部件中。对于MSP430F149×而言。CCIxA 和 CCIxB 的单片机引脚对照如表 5-5 所示。

表 5-5　输入通道与单片机引脚对应

捕获输入通道	单片机引脚	捕获输入通道	单片机引脚
CCI0A	P1.1	CCI2A	P1.3
CCI1A	P1.2	CCI0B	P2.1

当有输入捕获信号时，捕获部件可以选择不捕获，也可以选择边沿捕获，具体由捕获方式控制位 CMx 决定。CMx＝00 表示不捕获；CMx＝01 表示上升沿捕获；CMx＝10 表示下降沿捕获；CMx＝11 表示双边沿捕获。不同捕获方式的用途也不同，需要根据具体情况确定。例如，单边沿（上升沿或下降沿）可用于测量数字信号频率；双边沿捕获方式用于测量脉冲的宽度。

处于捕获功能状态时，可以设定捕获时刻与定时器时钟的同步、异步关系，具体由控制位 SCS 决定。SCS＝0 表示异步捕获；SCS＝1 表示同步捕获。异步捕获可以很快地对捕获信号做出反应。例如，当捕获到信号时会立即使 CCIFG 置位，并将定时器中的值存入捕获寄存器（TACCR）中。使用异步模式时通常要求输入的信号周期远大于定时计数的时钟周期；否则易导致捕获出错。因此，通常使用同步捕获模式，如图 5-10 所示，该模式下捕获结果总是有效的。

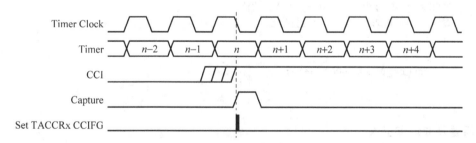

图 5-10　同步捕获信号时序图

至此，整个捕获单元的工作过程已基本清晰。待捕获信号经 CCISx 选择后，根据 CMx确定的捕获模式对其进行捕获。若发生捕获，则将此时的 TAR 值存入 TACCRx 中，并使CCIFG 置位。若此时 CCIE＝1、GIE＝1，则会向 CPU 发送中断请求。

由此，可见捕获/比较部件共用中断标志位 CCIFG 和中断使能位 CCIE。处于比较功能时 CCIFG 和 CCIE 分别代表比较中断标志位和比较中断使能位。处于捕获功能状态时CCIFG 和 CCIE 分别代表捕获中断标志位和捕获中断使能位；由于同一个捕获/比较部件只能在捕获功能与比较功能中选择一个，所以不会发生混淆。

在捕获功能下，一般发生捕获事件即 CCIFG＝1，应该及时读取相应 TACCRx 中的值，以免发生前一次捕获的数据被下一次捕获的数据覆盖的情况。通过查询溢出状态位 COV的值，就可以判断捕获数据读出前是否发生过捕获数据被覆盖的事件。COV＝0 表示未发生捕获溢出；COV＝1 表示已发生捕获溢出。注意，读捕获寄存器时不会使溢出标志复位，在比较功能下该位复位。

在一些应用场合不但需要知道捕获信号的时刻信息,还需要知道捕获信号自身,这时就需要显示状态位的控制位 SCCI 和 CCI,这两位都是只读属性。CCI 表示捕获通道的输入信号。在捕获功能下由 CCISx 选择的输入信号可通过该位读出,在比较功能下该位复位。SCCI 表示同步的捕获输入通道。由于 CCI 输入信号被 EQUx 锁存,所以通过该位可以读出同步输入信号。

5.6　任务6　单片机输出单元应用一

5.6.1　案例介绍与分析

任务要求:

利用 TA 的 OUT 位直接输出控制波形。

程序示例:

```
# include < msp430x14x. h>
void main(void)
{
    unsigned int i;
    WDTCTL = WDTPW + WDTHOLD;
    P1DIRb| = BIT2;          //P1.2 输出
    P1SELb| = BIT2;          //P1.2 第二功能
    TACCTL1 | = OUT;         //设置输出
    while (1)
    {
        for(i = 0; i < 60000; i++);
    }
}
```

问题及知识点引入

(1) 输出单元的结构组成。

(2) 输出单元中有哪些输出方式?

5.6.2　输出单元的基本结构

每个捕获/比较器模块都包含一个输出单元,用于产生输出信号。输出模式是由模式控制位 OUTMOD2、OUTMOD1 和 OUTMOD0 决定的,每个输出单元有 8 种工作模式。这些模式与 TAR、CCRx、CCR0 的值有关,可产生基于 EQUx 的多种信号。

如图 5-11 所示,输出控制模块的三个输入信号(EQU0、EQU1(或 EQU2)和 OUTx)经模式控制位 OUTMOD2、OUTMOD1 和 OUTMOD0 运算后再输出到 D 触发器。D 触发器的输出就是输出信号源。D 触发器以定时器时钟为时钟信号,当时钟信号为低电平时采样 EQU0 和 EQU1(或 EQU2),在紧随其后的下一个上升沿锁存采样值。除模式 0 外,其他的输出都在定时器时钟上升沿时发生变化。

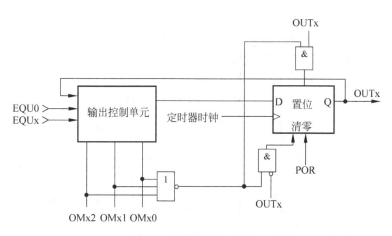

图 5-11 输出单元的结构

5.6.3 输出单元的工作方式

(1) 输出模式 0：输出模式，输出信号 OUTx 由每个捕获/比较模块的控制寄存器 CCTLx 中的 OUTx 位定义，并在 OUTx 位写入位信息后立即更新。

(2) 输出模式 1：置位模式，输出信号在 TAR 等于 CCRx 时置位，并保持置位到定时器复位或选择另一种输出模式为止。

(3) 输出模式 2：翻转/复位模式，输出在 TAR 的值等于 CCRx 时翻转，当 TAR 的值等于 CCR0 时复位。

(4) 输出模式 3：置位/复位模式，输出在 TAR 的值等于 CCRx 时置位，当 TAR 的值等于 CCR0 时复位。

(5) 输出模式 4：翻转模式，输出在 TAR 的值等于 CCRx 时翻转，输出信号周期是定时器周期的二倍。

(6) 输出模式 5：复位模式，输出在 TAR 的值等于 CCRx 时复位，并保持复位直到选择另一种输出模式。

(7) 输出模式 6：翻转/置位模式，输出在 TAR 的值等于 CCRx 时翻转，当 TAR 的值等于 CCR0 时置位。

(8) 输出模式 7：复位/置位模式，输出电平在 TAR 的值等于 CCRx 时复位，当 TAR 的值等于 CCR0 时置位。

Timer_A 提供了三种计数模式，在增计数模式下，当 TAR 增加到 CCRx 或从 CCR0 计数到 0 时，OUTx 信号按选择的输出模式发生变化，如图 5-12 所示。

连续计数模式下的输出波形与增计数模式一样，只是计数器在增计数到 CCR0 后还要继续增计数到 0FFFFH，这样就延长了计数器计数到 CCR1 的数值后的时间，也就改变了输出信号的周期。

在增/减计数模式下的输出实例如图 5-13 所示，这时的各种输出波形与定时器增计数模式或连续计数模式不同。当定时器在任意计数方向上等于 CCRx 时，OUTx 信号都按选择的输出模式发生改变。

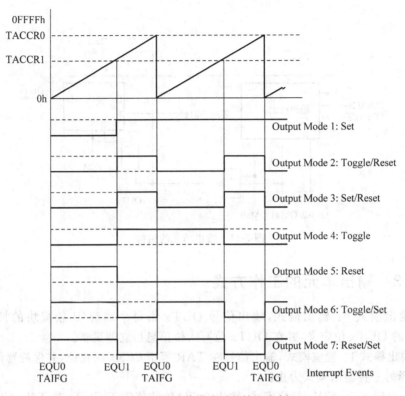

图 5-12   增计数模式时的输出实例

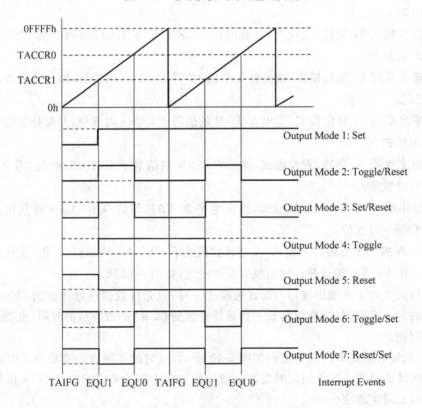

图 5-13   增/减计数模式时的输出实例

5.7 任务7 单片机输出单元应用二

程序要求：

利用方式 1 在单片机启动后延时一段时间使 P1.2 产生高电平。

程序示例：

```
# include <msp430x14x.h>
void main(void)
{
  WDTCTL = WDTPW + WDTHOLD;
  P1DIR | = BIT2;                        //P1.2 输出
  P1OUT &= ~BIT2;
  P1SEL| = BIT2;                         //选择 OUT1 输出
  TACCR1 = 10000;                        //PWM 周期
  TACCTL1 = OUTMOD_1;                    //选择输出方式 1
  TACTL = TASSEL0 + MC_2 + ID_3 + TACLR; //清零 TAR
}
```

5.8 任务8 单片机输出单元应用三

在增计数和连续计数方式下可以产生普通的脉宽调制(PWM)信号,通常用于调整设备的输入功率。在增减计数方式下可以产生带死区的 PWM 信号,其广泛用于半桥、推挽驱动、H 桥等电路中。

程序要求：

利用增计数方式,使 P1.2 和 P1.3 分别输出占空比为 75% 和 25% 的 PWM 波形。

程序示例：

```
# include <msp430x14x.h>
void main(void)
{
  WDTCTL = WDTPW + WDTHOLD;
  P1DIR| = BIT2 + BIT3;                  //PI.2 & PI.3 设为输出方向
  P1SEL| = BIT2 + BIT3;                  //OUT1、OUT2 输出
  TACCR0 = 660 - 1;                      //PWM 周期
  TACCTL1 = OUTMOD_2;                    //设置输出方式 2
  TACCR1 = 495;                          //输出 75 % PWM
  TACCTL2 = OUTMOD_2;                    //设置输出方式 2
  TACCR2 = 165;                          //输出 75 % PWM
  TACTL = TASSEL0 + MC_1 + TACLR;        //ACLK,清零 TAR
}
```

5.9 任务9 定时器B

5.9.1 案例介绍与分析

16 位定时器 B(Timer_B)和 Timer_A 一样是 MSP430 系列单片机的重要部件。

MSP430F13/14/15/15×和 MSP430F43/44×系列中都具有 Timer_B。不同器件中，Timer_B
所带的捕获/比较模块也不一样，根据 Timer_B 所带捕获/比较模块的数目有 Timer_B3 和
Timer_B7 两种。

任务要求：

连续计数方式，P1.0 输出矩阵波。Timer_B 的结构如图 5-14 所示。

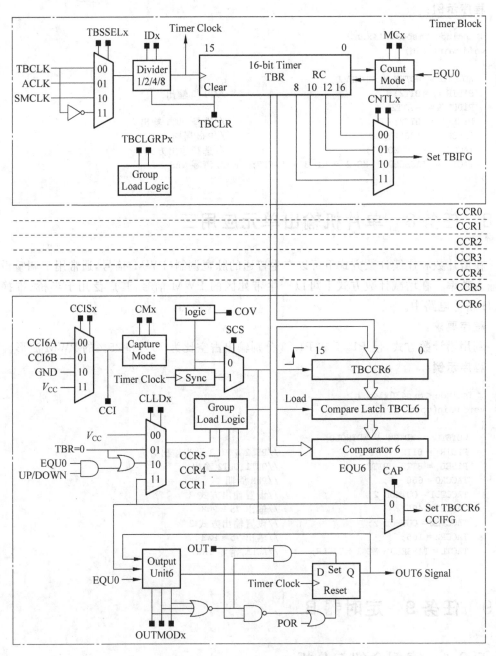

图 5-14　Timer_B 的结构原理图

程序示例：

```
# include < msp430x14x. h>
void main(void)
{
    WDTCTL = WDTPW + WDTHOLD;
    P1DIR| = BIT0;                   //设 P1.0 为输出方向
    TBCTL = TBSSEL1 + MC_2 + CNTL_3 + TBIE;   //SMCLK,连续计数,开中断,8 位计数
    _BIS_SR(LPM0_bits + GIE);        //开 GIE,进入 LMP0
}
# pragma vector = TIMERB1_VECTOR
__ interrupt void Timer_B( void)
{
    if(TBIV == 14)                   //溢出中断
    P1OUT ^ = BIT0;
}
```

问题及知识点引入

（1）定时器 B 的基本结构特点。

（2）定时器 B 与定时器 A 有何异同？

5.9.2　定时器 B 的基本结构和特点

如图 5-14 所示,除了在捕获/比较模块中 Timer_B 比 Timer_A 增加了比较锁存器外,Timer_B 和 Timer_A 的结构几乎相同。

Timer_B 中的比较锁存器可以使用户更灵活地控制比较数据更新的时机,多个比较锁存器也可以成组工作,以达到同步更新比较数据的目的。这一功能在实际中很有用途,例如,可以同步更新 PWM 信号的周期和占空比。需要指出的是,Timer_B 在默认状态下,当比较数据被写入捕获/比较寄存器后,将立即传送到比较锁存器。这样,Timer_B 和 Timer_A 的比较模式就完全相同了。

Timer_B 和 Timer_A 的不同之处如下。

（1）Timer_B 计数长度为 8 位、10 位、12 位和 16 位可编程,而 Timer_A 的计数长度是 16 位。

（2）Timer_B 中没有实现 Timer_A 中的 SCCI 寄存器位的功能。

（3）Timer_B 在比较模式下的捕获/比较寄存器功能与 Timer_A 不同,增加了比较锁存器。

（4）有些型号芯片中的 Timer_B 输出实现了高阻输出。

（5）比较模式的原理稍有不同。在 Timer_A 中,CCRx 寄存器中保存与 TAR 相比较的数据;而在 Timer_B 中,CCRx 寄存器中保存的是要比较的数据,但并不直接与定时器 TBR 相比较,而是将 CCRx 送到与之相对应的锁存器之后,由锁存器与定时器 TBR 相比较。从捕获/比较寄存器向比较锁存器传输数据的时机也是可以编程的,可以是在写入捕

获/比较寄存器后立即传输,也可以由一个定时事件来触发。

(6) Timer_B 支持多重的、同步的定时功能,多重的捕获/比较功能和多重的波形输出功能(比如 PWM 信号)。而且,通过对比较数据的两级缓冲,可以实现多个 PWM 信号周期的同步更新。

(7) Timer_B 可支持多个同时进行的时序控制、多个捕获/比较功能、多种输出波形(PWM 波形),也可以是上述功能的组合。另外,由于具有数据的双缓存能力,多个 PWM 周期可以同步更新。

(8) Timer_B 具有中断功能。中断可以由计数器溢出引起,也可以来自捕获/比较寄存器。每个捕获/比较模块可以独立编程,由比较或捕获外部信号来产生中断。外部信号可以是信号的上升沿、下降沿或所有跳变。

由于定时器 B 与定时器 A 相似,这里不再赘述,请读者参考数据手册。

5.9.3　比较/捕获部件

图 5-14 为 TB 捕获/比较部件的结构示意图。最突出的表现是 TB 在每个捕获/比较部件中增加了一个比较锁存器以及相应的数据锁存电路。增加这一部分电路后,比较单元的工作步骤就发生了一些改变。例如,在 TA 中 TACCRx 寄存器中保存与 TAR 相比较的数据;而在 TB 中,TBCCRx 寄存器中保存的是要比较的数据,但数据并不直接与定时器 TBR 相比较,而是当锁存条件满足时,将 TBCCRx 载入到锁存器(TBCLx)中,再由锁存器引入锁存器比较。如果把 TA 中 TACCRx 称为一个缓冲区的话,TB 中的 TBCCRx 和 TBCLx 锁存器称为双缓冲区。

引入锁存器之后,首先要关注的就是锁存条件的设置。位于 TBCCTLx 中的控制位 CLLDx 负责捕获/比较部件锁存条件的管理。CLLDx=00 表示 TBCCRx 直接载入至 TBCLx 中。此时锁存器就没有起到缓冲的作用。因此,默认情况下,TA 与 TB 的比较原理是一致的;CLLDx=01 表示当 TBR 中的值计数至 0 时,TBCCRx 载入到 TBCLx 中;当 CLLDx=10 时有两种情况需要区分:若用增计数或连续计数方式,当 TBR 中的值计数至 0 时 TBCCRx 载入到 TBCLx 中;若用增减计数方式,则当 TBR 中的值计数至 TBCL0 或 0 时 TBCCRx 载入到 TBCLx 中;CLLDx=11 表示当 TBR 中的值计数至 TBCLx 时,TBCCRx 载入到 TBCLx 中。

此外,TB 拥有 7 个捕获/比较部件,并且它们可以进行分组控制以实现多输出通道数据的同步更新。所以分组控制是 TB 的另一特点。

分组控制是由控制位 TBCLGRPx 管理的,TB 的捕获/比较部件共有 4 种组合方式,具体见表 5-6。默认情况下,TBCLGRPx=00 表示 TB 中的各个捕获/比较部件独立工作,不进行分组;当 TBCLGRPx=01 表示对 TB 中的各个捕获/比较部件进行两两分组,其中,TBCL0 独立工作、不参与分组;当 TBCLGRPx=10 表示对 TB 中的各个捕获/比较部件进行三三分组,其中,TBCL0 单独工作,不参与分组;当 TBCLGRPx=11 表示对 TB 中的各个捕获/比较部件作为一组。

表 5-6 Timer_B 成组加载比较锁存器

TBCLGRPx	组 合		更新控制
00	单独加载		由各自的 CCTLx 寄存器的 CLLD 位定义
01	选择分三组加载	TBCL1＋TBCL2	TBCCR1
		TBCL3＋TBCL4	TBCCR3
		TBCL5＋TBCL6	TBCCR5
10	选择分两组加载	TBCL1＋TBCL2＋TBCL3	TBCCR1
		TBCL4＋TBCL5＋TBCL6	TBCCR4
11	TBCL0＋TBCL1＋TBCL2＋TBCL3＋TBCL4＋TBCL5＋TBCL6		TBCCR1

第6章 单片机的串行通信

串口是单片机系统与外界联系的重要手段,在嵌入式系统开发和应用中,经常需要使用上位机实现系统调试及现场数据的采集和控制。一般是通过上位机本身配置的串行口,通过串行通信技术和嵌入式系统进行连接通信。

6.1 任务1 通用串行异步通信 UART 的应用一

MSP430 系列的串口通信模块都是 3.3V 电平的,在大多数的应用场合,都需要单片机系统提供 RS232、RS485 等串行通信接口。本任务针对 MSP430 系列单片机的 RS232 串行通信做简单介绍。

6.1.1 案例介绍与实现

任务要求:

通过 RS232 串口向 PC 发送数据。RS232 串口原理图如图 6-1 所示。

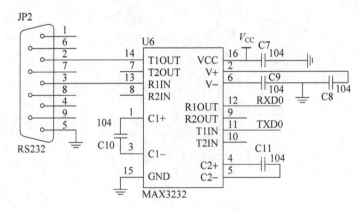

图 6-1　RS232 串口原理图

程序示例:

```
# include "includes.h"
# include "sys.h"
void Uart0PortInit()
{
  P3SEL| = 0x30;          //P3.4,5 选择为 UART 收发端口
```

```
    P4SEL = 0X00;
    P4DIR = 0XFF;
    P4OUT = 0X00;
}
/* ----------------------------
    UART0 初始化
---------------------------- */
void Uart0Init(void)            //9600b/s@18.432MHz
{
    ME1 | = UTXE0 + URXE0;      //使能 USART0 TXD/RXD
    UCTL0 | = CHAR;             //8 位数据位,SWRST = 1
    UTCTL0 | = SSEL0;           //UCLK = ACLK
    UBR00 = 0X03;               //9600Hz～1MHz 波特率发生器的频率
    UBR10 = 0X00;
UMCTL0 = 0X4A;                  //波特率调整
UCTL0& = ～SWRST;               //初始化 USART 状态
    IE1 | = URXIE0 + UTXIE0;    //使能 USART0 RX/TX 中断
IFG1& = ～UTXIFG0;              //清除 POR 造成的 UTXIFG0
    _EINT();
}
/* ----------------------------
UART0 发送中断
---------------------------- */
#pragma vector = UART0TX_VECTOR
__interrupt void usart0_tx(void)
{
        if(!(IFG1&UTXIFG0))
         {
            busy& = ～0x00;
         }
}
/* ----------------------------
发送串口数据
---------------------------- */
void SendData(uchar dat)
{
    while (busy);               //等待前面的数据发送完成
    busy | = 0xff;
    TXBUF0 = dat;               //写数据到 UART 数据寄存器
}
/* ----------------------------
发送字符串
---------------------------- */
void SendString(uchar * s)
{
    while (* s)                 //检测字符串结束标志
    {
        SendData(* s++);        //发送当前字符
    }
}
```

```
/ ************************************************************************
*      主程序
************************************************************************ /
void main()
{
    WDTInit();              //看门狗设置
    ClockInit();            //系统时钟设置
    Uart0PortInit();        //串口端口设置
    Uart0Init();            //串口初始化
    while(1)
    {
        SendData(0xfb);
        DelayMs(300);
    }
}
```

问题及知识点引入

(1) 串行通信的基本概念。

(2) UART 的工作原理是什么?

(3) 串行发送和接收的标准时钟是如何产生的?

(4) 发送部件的工作步骤是什么?

(5) UART 发送部分的特殊功能寄存器是如何配置的?

(6) UART 发送中断的产生。

6.1.2　串行通信的基本概念

1. 异步通信的结构

MSP430 系列的每一种型号都可以实现串行通信功能:USART 硬件直接实现;通过定时器软件实现。

MSP430F12/13/14/15/16××系列及 MSP430F42/43/44××系列大部分产品片内具有硬件 USART 模块,系列不同片内可以包含一个 USART 模块(USART0),还可以包含两个 USART 模块(USART0 和 USART1)。USART 模块可以从任何一种低功耗模式 LPMx 开始自动工作。所有 USART0 和 USART1 都可以实现两种通信方式:UART 异步通信和 SPI 同步通信。另外,MSP430×15/16×系列单片机的 USART0 还可以实现 I²C 通信。其中,UART 异步通信是通用的,经过适当的软件设计,这两种通信方式可以交替使用。图 6-2 为 USART 模块结构图。该模块包含以下 4 个部分。

(1) 波特率部分:控制串行通信数据接收和发送的速度。

(2) 接收部分:接收串行输入的数据。

(3) 发送部分:发送串行输出的数据。

(4) 接口部分:完成并/串、串/并转换。

2. 串口通信的传输速率

在数字通信中常用比特率来描述数据传输的速度。比特率为每秒传输二进制代码位

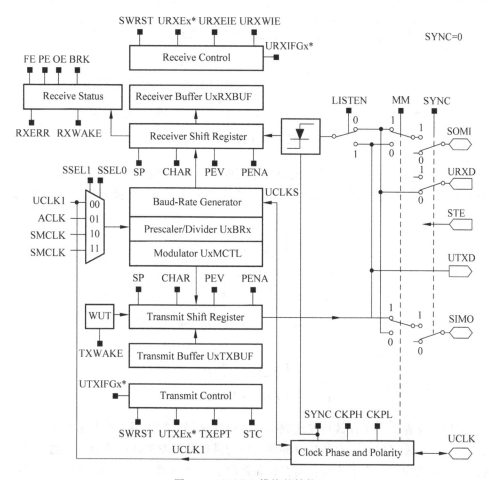

图 6-2　USART 模块的结构

数,单位是 b/s。而串行通信中经常用波特率来衡量传输数据的快慢。波特率是对符号传输速率的一种度量,1 波特即指每秒传输一个符号,单位为波特(Baud)。波特率与比特率之间存在以下关系:比特率＝波特率×一个字符的二进制编码位数。例如,每秒传送 240 个字符而每个字符格式包含 10 位(1 个起始位、1 个停止位、8 个数据位),则此时通信的波特率为 240 Baud;比特率为 $10 \times 240 = 2.4 \text{kb/s}$。

6.1.3　UART 的工作原理

UART 是一种通用串行数据总线,用于异步通信。该总线双向通信可以实现全双工传输和接收。

UART 模式可以传输 7 位或 8 位数据,采用(奇或偶)或不采用校验位;具有分立的发送、接收缓存寄存器;从最低位或最高位开始发送和接收;多机模式下线路空闲/地址位通信协议;LMPx 模式接收起始位触发沿检测自动唤醒 MSP430;可编程实现分频因子为整数或小数的波特率;状态标志错误检测和抑制;具有独立发送、接收中断的能力。

每种串行通信方式都有特定的帧信息结构,MSP430 USART 模块 UART 的字符帧格式,如图 6-3 所示。

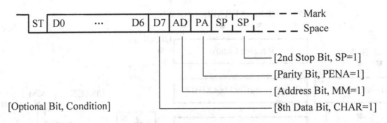

图 6-3　USART 模块 UART 模式的字符帧格式

UART 模式下整个串行通信系统的简化结构如图 6-4 所示,整个系统主要包括 5 大部分,分别是波特率发生器、发送缓冲寄存器、串行发送部件、串行接收部件和接收缓冲寄存器。

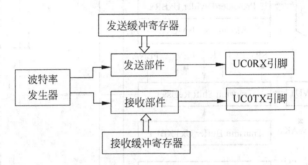

图 6-4　UART 模式下的结构框图

发送缓冲寄存器用于存放待发送数据。串行发送部件的作用是将发送缓冲寄存器中的数据一位一位地发送出去。串行接收部件的作用是将外部数据线中的串行数据一位一位地接收进来。接收完一个字节后就将其存放在接收缓冲寄存器中,所以接收缓冲寄存器的作用是暂存串行接收部件接收的数据,等待用户处理。上述过程都是在波特率时钟的节拍下完成的。波特率发生器的作用就是为发送部件和接收部件提供合适的时钟节拍。当波特率发生器、发送部件和接收部件配置好后,就可以进行串行传输。待发送的数据存放到发送缓冲寄存器中,接收的数据则从接收缓冲寄存器中读取。一旦配置好后,整个工作过程比较简单。

1. 波特率发生器

在异步串行通信中,波特率是很重要的指标,其定义为每秒钟传送二进制数码的位数。波特率反映了异步串行通信的速度。所以在进行异步通信时,波特率的产生是必需的。波特率发生器产生同步信号表明各位的位置。波特率部分由时钟输入选择和分频、波特率发生器、调整器和波特率寄存器等组成。串行通信时,数据接收和发送的速率就由这些构件控制。图 6-5 为波特率发生器较为详细的结构。

(1) 时钟源。整个模块的时钟源来自内部三个时钟或外部输入时钟,由 SSEL1 和 SSEL0 选择,以决定最终进入模块的时钟信号 BRCLK 的频率。时钟信号 BRCLK 送入一个 15 位的分频器,通过一系列的硬件控制,最终输出移位寄存器使用的移位位时钟 BITCLK 信号。该信号的产生,是分频器在起作用。当计数器减计数到 0 时,输出触发器翻

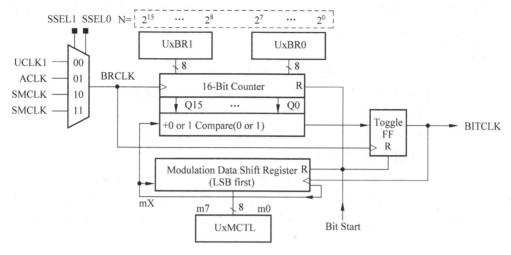

图 6-5　波特率发生器的结构

转,送给 BITCLK 信号周期的一半就是定时器(分频计数器)的定时时间。

（2）波特率的设定。下面介绍波特率的设置与计算。采集数据的时候,在每位数据的中间都要进行三次采样并按照多数表决的原则进行数据标定和移位接收操作,如此依次采集。由此看出,分频因子要么很大,要么是整数,否则,由于采集点的积累偏移,会导致每帧后面的几位数据采样点不在其数据的有效范围内。表 6-1 为波特率常用数值表。

表 6-1　波特率常用数值

波特率	BRCLK＝32.768kHz					BRCLK＝1048.576kHz				
	UxBR1	UxBR0	UxMCTL	发送误差	最大发送误差	UxBR1	UxBR0	UxMCTL	发送误差	最大发送误差
1200	0	1B	03	−4/3	−4/3	03	69	FF	0/0.3	±2
2400	0	0D03	6B	−6/3	−6/3	01	B4	FF	0/0.3	±2
4800	0	06	6F	−9/11	−9/11	0	DA	55	0/0.4	±2
9600	0	03	4A	−21/12	−21/12	0	6D	03	−0.4/1	±2
19 200						0	36	6B	−0.2/2	±2
38 400						0	1B	03	−4/3	±2
76 800						0	0D	6B	−6/3	±4
115 200						0	09	08	−5/7	±7

MSP430 的波特率发生器使用一个分频计数器和一个调整器,能够用低时钟频率实现高速通信,从而能够在系统低功耗的情况下实现高性能的串行通信。使用分频因子加调整的方法可以实现每一帧内的各位有不同的分频因子,从而保证每个数据中的三个采样状态都处于有效的范围内。

分频因子 N 由送到分频计数器的时钟(BRCLK)频率和所需的波特率来决定:

$$N＝BRCLK/波特率$$

如果使用常用的波特率与常用晶体产生的 BRCLK,则一般得不到整数的 N,还会有小数部分。分频计数器实现分频因子的整数部分,调整器使小数部分尽可能准确。分频因子的定义如下:

$$N=UBR+(M7 + M6 +\cdots+ M0)/8$$

其中,N 为目标分频因子;UBR 为 UxBR0 中的 16 位数据值;Mx 为调整器寄存器(UxMTCL)中的各数据位。

波特率可由下式计算:

$$波特率= BRCLK/N$$
$$= BRCLK/(UBR + (M7 + M6 +\cdots+ M0)/8)$$

波特率发生器可以简化为如图 6-6 所示,由分频器与调整器组成。分频器完成分频功能,调整器的数据按每一位计算,将对应位的数据(0 或 1)加到每一次分频计数器的分频值上。

2. 发送部件

该部件主要负责数据的串行发送。当启动数据发送时该部件自动从发送缓冲寄存器 U0TXBUF 中取出数据存入发送移位寄存器中。移位寄存器在发送时钟的控制下逐位输出,进而实现了串行数据的发送。与发送的数据帧格式直接相关的配置如下。

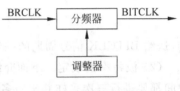

图 6-6　波特率简化图

(1) 数据位长度设置。当 CHAR=1 时,即 8 位有效数据位;当 CHAR=0 时有效数据位为 7 个。

(2) 奇偶校验设置。默认情况下 PENA=0,即禁用奇偶校验功能。若启用该功能可令 PENA=1。在启用奇偶校验功能的情况下,通过设置 PEV 确定具体的校验方式。其中,PEV=1 为奇校验;PEV=0 为偶校验。

(3) 停止位的选择。当 SPB=0 时表示只有一个停止位,这也是默认设置。当 SPB=1 时表示具有两个停止位。以前一般使用两个停止位作为数据帧的结束,但现在大多使用一个停止位。

上述设置完成后,信息帧的格式也就确定下来了。需要注意,接收时的信息帧格式应与发送时的信息帧格式严格一致;否则将导致数据接收错误。

数据发送状态有关的设置如下。

(1) 软件复位控制。SWRST 是软件复位使能控制位。当该位为 1 时 USART 模块一直处于复位状态。此时 USART 模块被禁用。若要 USART 模块工作必须使 SWRST=0。此时 USART 模块脱离复位状态进入工作状态。

(2) 同步模式选择。默认为异步通信模式,即 SYNC=0;若 SYNC=1 则表示工作在同步模式。在进行 UART 通信时 SYNC 控制位必须为 0。

(3) 工作方式设置。多机模式选择位。当 MM=0,表示工作在线路空闲多机协议;当 MM=1 时,表示工作在地址位多机协议。

(4) 位 TXWAKE 标识下一帧数据是不是目标地址。若 TXWAKE=1 表示下一帧数据是目标设备地址;反之,若 TXWAKE=0 则表示下一帧数据是待传数据。

（5）中断标志。当发送部件发送完一个字节数据后，就会自动将与之对应的中断标志 IFG1 位置 1。如果对应中断使能位 IE1 与 GIE 均置 1，那么就触发中断。

UART 模式下发送数据的流程为：首先通过清除 SWRST 位使 USART 模块进入工作状态，此时发送部件准备好并处于空闲状态。发送波特率发生器保持在准备状态，但不计时也不输出发送时钟。当有数据写到 UTxBUF 中时比特率发生器开始输出发送时钟。随即 UTxBUF 中的数据被移入发送移位寄存器。然后在发送时钟的节拍下将配置好的数据帧依次串行地发送出去。每次发送完毕后相应中断标志位就会置 1。如果在一次数据发送结束时 UTxBUF 中又被写入新的有效数据，则随即开始下一次发送。若在一次数据发送结束时 UTxBUF 中没有写入新数据，那么发送部件将返回到空闲状态，并且关闭波特率发生器。

3. USART 发送中断

USART 模块有接收和发送两个独立的中断源。使用两个独立的中断向量，一个用于接收中断事件，一个用于发送中断事件。USART 模块的中断控制位在特殊功能寄存器中，MSP430 的 USART 异步方式中断控制位如表 6-2 和表 6-3 所示。

表 6-2　USART0 异步方式中断控制位

特殊功能寄存器	接收中断控制位	发送中断控制位
IFG1	接收中断标志 URXIFG0	发送中断标志 UTXIFG0
IE1	接收中断使能 URXIE0	发送中断允许 UTXIE0
ME1	接收允许 URXE0	发送允许 UTXE0

表 6-3　USART1 异步方式中断控制位

特殊功能寄存器	接收中断控制位	发送中断控制位
IFG2	接收中断标志 URXIFG1	发送中断标志 UTXIFG1
IE2	接收中断使能 URXIE1	发送中断允许 UTX1E1
ME2	接收允许 URXE1	发送允许 UTXE1

注意：MSP430 的异步收发器是完全独立操作的，但若使用同一个波特率发生器，则接收器和发送器使用相同的波特率。

当 UxTXBUF 准备好接收新的数据时，UTXIFGx 中断标志被置位，如果总中断允许 GIF 和 USART 发送中断均被允许则会产生中断请求。当中断请求被响应或者有新的数据写入 UxTXBUF 时，UTXIFGx 被自动复位。当发生 PUC 或 SWRST＝1 时，UTXIFGx 被复位，UTXIEx 被复位，如图 6-7 所示。

6.1.4　USART 相关的控制寄存器

硬件 USART 方式实现串行通信时，允许 7 位或 8 位串行位流以预先编程的速率或外部时钟确定的速率输入/输出 MSP430。用户对 USART 的使用是通过对相关寄存器设置之后，由硬件自动实现数据的输入/输出。

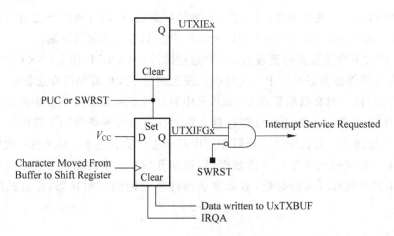

图 6-7　USART 发送中断

MSP430 有 USART0 和 USART1 两个通信硬件模块，如表 6-4 和表 6-5 所示。

表 6-4　USART0 的寄存器

寄存器	缩写	读写类型	地址	初始状态
控制寄存器	U0CTL	读/写	070H	PUC 后 001H
发送控制寄存器	U0TCTL	读/写	071H	PUC 后 001H
接收控制寄存器	U0RCTL	读/写	072H	PUC 后 000H
波特率调整控制寄存器	U0MCTL	读/写	073H	不变
波特率控制寄存器 0	U0BR0	读/写	074H	不变
波特串控制寄存器 1	U0BR1	读/写	075H	不变
接收缓冲寄存器	U0RXBUF	读	076H	不变
发送缓冲寄存器	U0TXBUF	读/写	077H	不变
SFR 模块使能寄存器 1	ME1	读/写	004 H	PUC 后 000H
SFR 中断使能寄存器 1	IE1	读/写	000H	PUC 后 000H
SFE 中断标志寄存器 1	IFG1	读/写	002 H	PUC 后 082H

表 6-5　USART1 的寄存器

寄存器	缩写	读写类型	地址	初始状态
控制寄存器	U1CTL	读/写	078H	PUC 后 001H
发送控制寄存器	U1TCTL	读/写	079H	PUC 后 001H
接收控制寄存器	U1RCTL	读/写	07AH	PUC 后 000H
波特率调整控制寄存器	U1MCTL	读/写	07BH	不变
波特率控制寄存器 0	U1BR0	读/写	07CH	不变
波特率控制寄存器 1	U1BR1	读/写	07DH	不变
接收缓冲寄存器	U1RXBUF	读	07EH	不变
发送缓冲寄存器	U1TXBUF	读/写	07FH	不变
SFR 模块使能寄存器 2	ME2	读/写	005 H	PUC 后 000H
SFR 中断使能寄存器 2	IE2	读/写	001H	PUC 后 000H
SFE 中断标志寄存器 2	IFG2	读/写	003 H	PUC 后 020H

下面依次介绍各寄存器(x 表示 0 和 1)。

1. UxCTL 控制寄存器

USART 模块的基本操作由此寄存器的控制位决定。各位定义如下。

7	6	5	4	3	2	1	0
PENA	PEV	SPB	CHAR	LISTEN	SYNC	MM	SWRST
rw-0	rw-0	rw-0	rw-0	rw-0	rw-0	rw-0	rw-0

bit 7　PENA　校验允许位。

0：校验禁止；

1：校验允许。

校验允许时,发送端发送校验,接收端接收该校验。地址位多机
模式中,地址位包含校验操作。

bit 6　PEV　奇偶校验位,该位在校验允许时有效。

0：偶校验；

1：奇校验。

bit 5　SPB　停止选择位,发送停止位位数。

0：1 位停止位；

1：2 位停止位。

bit 4　CHAR　数据长度选择位。

0：7 位数据；

1：8 位数据。

bit 3　LISTEN　反馈选择。选择是否将发送数据由内部反馈给接收器。

0：无反馈；

1：有反馈,发送信号由内部反馈给接收器。

bit 2　SYNC　USART 模块的选择模式。

0：UART 模式(异步)；

1：SPI 模式(同步)。

bit 1　MM　多机模式选择位。

0：线路空闲多机模式；

1：地址位多机模式。

bit 0　SWRST　软件复位。

0：正常工作方式；

1：复位状态。

SWRST 控制位。该位的状态影响着其他一些控制位和状态位的状态。在串行口的使
用过程中,这一位是比较重要的控制位。一次正确的 USART 模块初始化应该是这样的顺
序：先在 SWRST＝1 的情况下设置串口；然后设置 SWRST＝0;最后如果需要中断,则设
置相应的中断使能。

2. UxTCTL 发送控制寄存器

该寄存器的各位定义如下(BIT 1 和 BIT 7 两位在 UART 模式下没有用到)。

7	6	5	4	3	2	1	0
Unused	CKPL	SSRELx		URXSE	TXWAKE	Unused	TXEPT
rw-0	rw-0	rw-0	rw-0	rw-0	rw-0	rw-0	rw-0

bit 6　　CKPL　　　　　时钟极性控制位。

　　　　　　　　　　　　0：UCLKI 信号与 UCLK 信号极性相同；

　　　　　　　　　　　　1：UCLKI 信号与 UCLK 信号极性相反。

bit 5～4 SSRELx　　　　SSREL1,SSREL0 确定波特率发生器的时钟源。

　　　　　　　　　　　　0：外部时钟 UCLK；

　　　　　　　　　　　　1：辅助时钟 ACLK；

　　　　　　　　　　　　2：子系统时钟 SMCLK；

　　　　　　　　　　　　3：子系统时钟 SMCLK。

bit 3　　URXSE　　　　 URXSE 接收触发沿控制位。

　　　　　　　　　　　　0：没有接收触发沿检测；

　　　　　　　　　　　　1：有接收触发沿检测。

bit 2　　TXWAKE　　　 TXWAKE 传输唤醒控制。

　　　　　　　　　　　　0：下一个要传输的字符为数据；

　　　　　　　　　　　　1：下一个要传输的字符是地址。

bit 0　　TXEPT　　　　 TXEPT 发送器空标志。在异步模式与同步模式时不一样。

　　　　　　　　　　　　0：正在传输数据或者发送缓冲器(UTXBUF)有数据；

　　　　　　　　　　　　1：发送移位寄存器和 UTXBUF 空或者 SWRST=1。

3. UxBR0 波特率选择寄存器 0

各位定义如下。

7	6	5	4	3	2	1	0
2^7	2^6	2^5	2^4	2^3	2^2	2^1	2^0
rw	rw	rw	rw	rw	rw	rw	rw

4. UxBR1 波特率选择寄存器 1

各位定义如下。

7	6	5	4	3	2	1	0
2^{15}	2^{14}	2^{13}	2^{12}	2^{11}	2^{10}	2^9	2^8
rw	rw	rw	rw	rw	rw	rw	rw

5. UxMCTL 波特率调整控制寄存器

各位定义如下。

7	6	5	4	3	2	1	0
m7	m6	m5	m4	m3	m2	m1	m0
rw	rw	rw	rw	rw	rw	rw	rw

如果波特率发生器的输入频率 BRCLK 不是所需波特率的整数倍,而是带有一个小数,则整数部分写入 UBR 寄存器,小数部分由调整控制寄存器 UxMCTL 的内容反映。波特率由以下公式计算:

$$波特率 = BRCLK/(UBR + (M7 + M6 + \cdots + M0)/8)$$

其中,M0、M1、…、M6 及 M7 为调整控制寄存器 UxMCTL 中的各位。调整寄存器的 8 位分别对应 8 次分频,如果 M1=1,则相应次的分频增加一个时钟周期;如果 M1=0,则分频计数值不变。

6. URXBUF 接收数据缓存

各位定义如下。

7	6	5	4	3	2	1	0
2^7	2^6	2^5	2^4	2^3	2^2	2^1	2^0
r	r	r	r	r	r	r	r

接收缓存存放从接收移位寄存器到最后接收的字符,可由用户访问。读接收缓存可以复位接收时产生的各种错误标志、RXWAKE 位和 URXIFGx 位。如果传输 7 位数据,接收缓存的内容右对齐,最高位为 0。

当接收和控制条件为真时,接收缓存装入当前接收到的字符,如表 6-6 所示。

表 6-6 接收和控制条件为真时接收数据缓存结果

条 件		结 果			
URXEIE	URXWIE	装入 URXBUF	PE	FE	BRK
0	1	无差错地址字符	0	0	0
1	1	所有地址字符	×	×	×
0	0	无差错字符	0	0	0
1	0	所有字符	×	×	×

7. ME1 模块使能寄存器 1

各位定义如下。

7	6	5	4	3	2	1	0
UTXE0	URXE0,USPIE0						
rw-0	rw-0						

bit 7	UTXE0		USART0:USART 发送使能。
bit 6	URXE0		USART0:USART 接收使能。
	USPIE0		USART0:SPI(同步外设接口)发送和接收使能。

8. ME2 模块使能寄存器 2

各位定义如下。

7	6	5	4	3	2	1	0
		UTXE1	URXE1,USPIE1				
		rw-0	rw-0				

bit 5	UTXE1	USART1：USART 发送使能。
bit 4	URXE1	USART1：USART 接收使能。
	USPIE1	USART1：SPI(同步外设接口)发送和接收使能。

9. IE1 寄存器

IE1 寄存器是一个 8 位寄存器,用于对 MSP430F1×× 中 USART0 的中断进行设置。IE1 寄存器的各位定义如下。

7	6	5	4	3	2	1	0
UTXIE0	URXIE0						
rw-0	rw-0						

bit 7	UTXIE0	USART0 发送中断使能位。
		0：不允许；
		1：允许。
bit 6	URXIE0	USART0 接收中断使能位。
		0：不允许；
		1：允许。

10. IE2 寄存器

IE2 寄存器是一个 8 位寄存器,用于对 MSP430F1×× 中 USART1 的中断进行设置。IE2 寄存器的各位定义如下。

7	6	5	4	3	2	1	0
		UTXIE1	URXIE1				
		rw-0	rw-0				

bit 5	UTXIE1	USART1 发送中断使能位。
		0：不允许；
		1：允许。
bit 4	URXIE1	USART1 接收中断使能位。
		0：不允许；
		1：允许。

11. IFG1 寄存器

IFG1 寄存器是一个 8 位寄存器,用来设置 MSP430F1×× 中 USART0 的中断标志位。

IFG1 寄存器的各位定义如下。

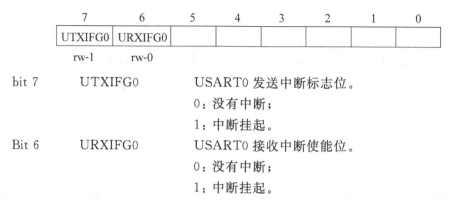

bit 7   UTXIFG0   USART0 发送中断标志位。

0：没有中断；

1：中断挂起。

Bit 6   URXIFG0   USART0 接收中断使能位。

0：没有中断；

1：中断挂起。

12. IFG2 寄存器

IFG2 寄存器是一个 8 位寄存器,用来设置 MSP430F1×× 中 USART1 的中断标志位。
IFG2 寄存器的各位定义如下。

bit 5   UTXIFG1   USART1 发送中断标志位。

0：没有中断；

1：中断挂起。

bit 4   URXIFG1   USART1 接收中断使能位。

0：没有中断；

1：中断挂起。

6.1.5 多机通信模式

在异步模式下,USART 支持两种多机通信模式,即线路空闲和地址位多机模式。信息以一个多帧数据块,从一个指定的源传送到一个或多个目的位置。在同一个串行链路上,多个处理机之间可以用这些格式来交换信息,实现了在多处理机通信系统间的有效数据传输。它们也用于使系统的激活状态压缩到最低,以节省电流消耗或处理所用资源。控制寄存器的 MM 位用来确定这两种模式,这两种模式采用唤醒发送、地址特性(TXWake 位)和激活(RXWake 位)等功能。URXWIE 和 URXIE 位控制这些模式的发送和接收。USART 可以识别数据块的起始,并能制止接收端处理中断和状态信息,直到数据块的起始被识别。在两种多处理机模式下,USART 数据交换过程可以用数据查询方式也可以用中断方式来实现。

1. 线路空闲多机模式

在这种模式下,数据块被空闲时间分隔。在字符的第一个停止位之后,收到 10 个以上的 1,则表示检测到接收线路空闲,如图 6-8 所示。

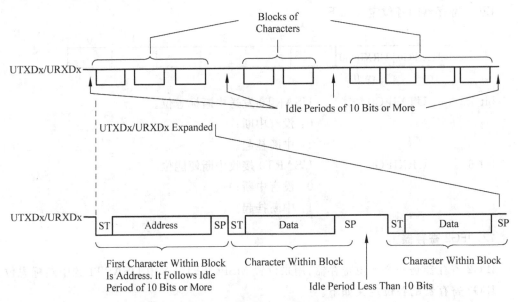

图 6-8　线路空闲多机模式

如果采用两位停止位,则第二个停止位被认为是空闲周期的第一个标志。空闲周期后的第一个字符是地址字符。RXWAKE 位可用于地址字符的标志。当接收到的字符是地址字符时,RXWAKE 被置位,并送入接收缓存。

通常,如果接收控制寄存器的 URXWIE 置位,则字符在接收端以通常的方法组成字节,但并不将该字符移送接收缓存,也不产生中断;只有当接收到地址字符时,接收器才被激活,字符才被送达接收缓存,同时产生中断标志 URXIFG＝1,相应的错误标志也会被置位。应用软件可以收到地址,如果匹配,则处理;如果不匹配,则继续等待下一个地址字符的到来。

用发送空闲帧来识别地址字符的步骤如下。

TXWAKE＝1,将任意数据写入 UTXBUF(UTXIFG＝1)。当发送移位寄存器空时(TXEPT＝1),UTXBUF 的内容将被送入发送移位寄存器,同时 TXWAKE 的值移入 WUT。

如果此时 WUT＝1,则要发送的起始位、数据位及校验位等被抑制,发送一个正好 11 位的空闲周期。

在地址字符识别空闲周期后移出串行口的下一个数据是 TXWAKE 置位后写入 UTXBUF 中的第二个字符。当地址识别被发送后,写入 UTXBUF 中的第一个字符被抑制,并在以后被忽略。这时需要向 UTXBUF 中写入任意一个字符,以便能将 TXWAKE 的值移入 WUF 中。

当有多机进行通信时,应该充分利用线路空闲多机模式,使用此模式可以使多机通信的 CPU 在接收数据之前首先判断地址。如果地址与自己软件中设定的一致,则 CPU 被激活接收下面的数据;如果不一致,则保持休眠状态。这样可以最大限度地降低 UART 的消耗。

2. 地址位多机模式

地址位多机模式的格式如图 6-9 所示。在这种模式下，字符包含一个附加的位作为地址标志。数据块的第一个字符带有一个置位的地址位，用以表明该字符是一个地址。当接收字符是地址时，RXWAKE 置位，并且将接收的字符送入接收缓存 URXBUF（当接收被允许时）。

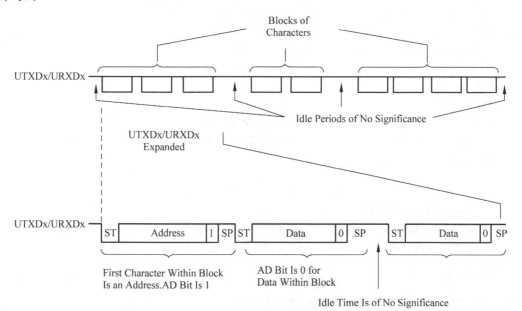

图 6-9 地址位多机模式

在 USART 的 URXWIE＝1 时，数据字符在通常方式的接收器内拼装成字节，但它们不会被送入接收缓存，也不产生中断。只有当接收到一个地址位为 1 的字符时，接收器才被激活，接收到的字符被送往 URXBUF，同时 URXIFG 被置位。如果有错误，则相应的错误标志被设置。应用软件在判断后做出相应的处理。在地址位多机模式下，通过写 TXWAKE 位控制字符的地址位。每当字符由 UTXBUF 传送到发送器时，TXWAKE 位装入字符的地址位，再由 USART 将 TXWAKE 位清除。

6.2 任务 2 通用串行异步通信 UART 的应用二

6.2.1 案例介绍与实现

程序要求：

接收来自 PC 的字符，然后重新发送给 PC。原理图如图 6-1 所示。

程序示例：

```
# include < msp430x14x.h >
# include "includes.h"
```

```
# include "sys.h"
/ ******************* 主函数 ******************* /
void main(void)
{
WDTInit();                        //看门狗设置
ClockInit();                      //系统时钟设置
P3SEL | = 0x30;                   //选择 P3.4 和 P3.5 作 UART 通信端口
ME1 | = UTXE0 + URXE0;            //使能 USART0 的发送和接收
U0CTL | = CHAR;                   //选择 8 位字符
U0TCTL | = SSEL0;                 //UCLK = ACLK
U0BR0 = 0x03;                     //波特率 9600
U0BR1 = 0x00;
UMCTL0 = 0x4A;                    //Modulation
U0CTL& = ~SWRST;                  //初始化 UART 状态机
    IE1 | = URXIE0;               //使能 USART0 的接收中断
while(1)
{
    _EINT();                      //打开全局中断
    LPM1; //进入 LPM1 模式
    while (!(IFG1 & UTXIFG0));     //等待以前的字符发送完毕
    TXBUF0 = RXBUF0;              //将收到的字符发送出去
}
}
/ ***********************************************
函数名称: UART0_RXISR
功能    : UART0 的接收中断服务函数,在这里唤醒
          CPU,使它退出低功耗模式
参数    : 无
返回值  : 无
*********************************************** /
# pragma vector = UART0RX_VECTOR
__ interrupt void UART0_RXISR(void)
{
  LPM1_EXIT;                      //退出低功耗模式
}
```

问题及知识点引入

(1) 接收部件的工作步骤是什么?

(2) USART 接收部分的特殊功能寄存器是如何配置的?

(3) USART 部分寄存器。

6.2.2 USART 接收部件的工作原理

1. USART 工作步骤

接收部件负责接收来自线路上的串行数据。外部的串行数据在接收时钟的节拍下直接

进入接收移位寄存器中,并将接收到的数据存放到接收缓存寄存器 URxBUF 中。接收时需要注意,收发双方字符帧格式和波特率的设置必须完全一致;否则会导致接收错位。

接收部件结构与发送部件结构基本对称。相对应地,控制位的功能也一样,这里不再重复。下面着重介绍与发送部件不同的控制位。

(1) 数据侦听位。当 LISTEN＝1 时,发送部件 UTX 的数据从内部直接输入到接收部件,即启用侦听功能。当 LISTEN＝0 时,接收部件从 URX 引脚接收外部数据。侦听功能有利于检测 UART 的工作情况。例如,在波特率发生器、发送部件和接收部件都配置无误的情况下,若接收部件侦听不到发送部件的数据,说明该模块可能出现物理损坏。若能正常接收发送的数据,则说明该模块工作正常。系统复位后,默认不启用侦听功能。

(2) 数据接收错误。USART 模块可以在接收数据时自动检测所接收的数据是否有误。当接收部件接收到错误数据时会使 RXERR 位置位,即 RXERR＝1。如果需要在检测到数据接收错误时触发中断,需要事先设置好 URXEIE。UCRXEIE＝1 表示数据接收错误,并使 URxIFG 置位;反之,URXEIE＝0 表示数据接收错误时不设置 URxIFG。常见的接收错误有帧接收错误、校验错误、数据溢出错误。

① 数据帧接收错误:当帧的停止位被检测为低电平时将发生帧接收错误,此时使标志位 FE＝1。若使用双停止位,两个停止位均被检测到低电平时才会使 FE＝1。

② 数据校验错误:在数据发送时指定的校验类型与实际接收的数据校验类型不相符时将发生校验错误。发生该错误时 PE＝1。例如,收发双方均采用奇校验对数据进行校验,但实际接收的数据不满足奇校验。此时就会提示发生校验错误,以供进行后续处理。如果传输数据时未使用校验功能,即 PENA＝0,PE＝0。

③ 数据溢出错误也称为数据覆盖错误。当接收的数据即将写入接收缓冲寄存器(URxBUF)时,缓冲寄存器中原有的数据还未被取走,新数据即将把旧数据覆盖掉,此时便会发生数据溢出错误,即 OE＝1。

由上可知,当 RXERR＝1 时,FE、PE、OE 中至少有一个被置位。当 FE、PE、OE、BRK 或 RXERR 置位时,其状态保持到用户软件复位或 URxBUF 中的数据被读出。但是这里应禁止对 RXERR 和 OE 使用软件复位操作。

当 RXEIE＝0 以及检测 PE＝1 或 UCFE＝1 时,接收的数据不写入到 URxBUF 中。但是当 RXEIE＝1 时,接收的错误数据将存放到 URxBUF 中,同时相应的错误指示位置位。

UART 模式下,接收数据的流程为:首先清除 SWRST 位 USCI 模块使能,同时接收部件准备好并处于空闲状态。波特率保持在准备状态但不计时也不输出接收时钟。当检测到下降沿时波特率发生器开始工作,同时检查是否是一个有效的数据帧起始位。如果没有检测到一个有效的起始位则返回空闲状态,同时波特率发生器再次被关闭。如果检测到一个有效的起始位则开始接收检测到的字符,接收完后使接收中断标志位 URxIFG 置位。

2. USART 接收模式中断

每当有数据被接收到并且装入到 UxRXBUF 中,USART 接收中断标志位被置位。如果总中断允许 GIE 和 USART 发送中断,且均被允许则会产生中断请求。URXIFGx 和 URXIEx 在发生 PUC 和 SWRST＝1 后均被复位。如果中断服务程序被启动或 UxRXBUF

被读出,URXIFGx 自动复位,如图 6-10 所示。

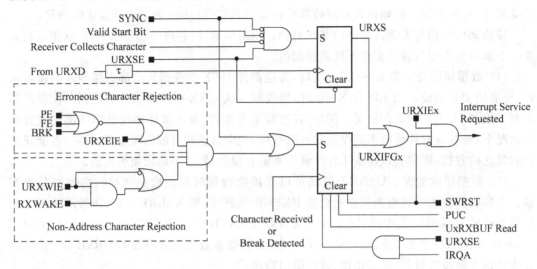

图 6-10　USART 接收中断

URXEIE 位被用来决定错误的字符是否会引起 URXIFGx 置位。当使用多机模式时,URXWIE 被用来检测合法的地址字符。USART 在每次接收到字符并将其装入接收缓存时,接收中断标志 URXIFG 置位,但以下两种情况除外。

(1) 当 URXEIE 复位时,错误字符不会使中断标志 URXIFG 置位。

(2) 当 URXWIE＝0 时,非地址字符不会使 URXIFG 置位。

6.2.3　USART 相关寄存器

1. UxRCTL 接收控制寄存器

各位定义如下。

7	6	5	4	3	2	1	0
FE	PE	OE	BRK	URXEIE	URXWIE	RXWAKE	RXERR
rw-0	rw-0	rw-0	rw-0	rw-0	rw-0	rw-0	rw-0

bit 7　　FE　　　　帧错标志位。

　　　　　　　　　　0:没有帧错;

　　　　　　　　　　1:帧错。

bit 6　　PE　　　　校验错标志位。

　　　　　　　　　　0:校验正确;

　　　　　　　　　　1:校验错。

bit 5　　OE　　　　溢出标志位。

　　　　　　　　　　0:无溢出;

　　　　　　　　　　1:有溢出。

bit 4　　BRK　　　打断检测位。

　　　　　　　　　　0:没有被打断;

1：被打断。

bit 3　URXEIE　接收出错中断允许位。

0：不允许中断,不接收出错字符并且不改变 URXIFG 标志位;

1：允许中断,出错字符接收并且能够置位 URXIFG。

bit 2　URXWIE　接收唤醒中断允许位,当接收到地址字符时,该位能够置位 URXIFG。当 URXE1E＝0,如果接收内容有错误,该位不能置位 URXIFG。

0：所有接收的字符都能够置位 URXIFG;

1：只有接收到地址字符才能置位 URXIFG。

表 6-7 说明了在各种条件下 URXEIE 和 URXWIE 对 URXIFG 的影响。

表 6-7　在各种条件下 URXEIE 和 URXWIE 对 URXIFG 的影响

URXEIE	URXWIE	字符出错	地址字符	接收字符后的标志位 URXIFG
0	×	1	×	不变
0	0	0	×	置位
0	1	0	0	不变
0	1	0	1	置位
1	0	×	×	置位（接收所有字符）
1	1	×	0	不变
1	1	×	1	置位

bit 1　RXWAKE　接收唤醒检测位。在地址位多机模式,接收字符地址位置位时,该机被唤醒;在线路空闲多机模式,在接收到字符前检测到 URXD 线路空闲时,该机被唤醒,RXWAKE 置位。

0：没有被唤醒;

1：唤醒。

bit 0　RXERR　接收错误标志位。

0：没有接收错误;

1：有接收错误。

2. UTXBUF 发送数据缓存

各位定义如下。

7	6	5	4	3	2	1	0
2^7	2^6	2^5	2^4	2^3	2^2	2^1	2^0
rw	rw	rw	rw	rw	rw	rw	rw

发送缓存内容可以传送至发送移位寄存器,然后由 UTXDx 传输。对发送缓存进行写操作可以复位 UTXIFGx。如果传输 7 位数据,发送缓存内容最高位为 0。

6.3　任务3　通用串行通信同步模式——SPI

MSP430F149有硬件支持同步串行接口(Serial Peripheral Interface,SPI),所以软件设计会相对简单,同时节省更多时间处理别的事物。SPI总线可以连接多个设备,如存储器、液晶、ADC等,电路实现比较简单。

6.3.1　案例介绍与实现

任务要求:

利用SPI实现单片机之间的通信。SPI模式原理图如图6-11所示。

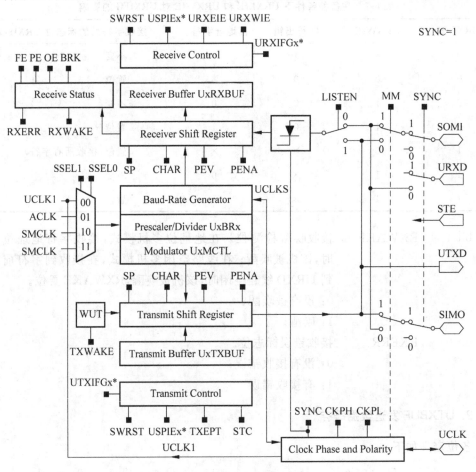

图6-11　SPI模式结构原理图

程序示例:

SPI发送设备程序:

```
# include < msp430x14x. h>
# include "includes.h"
# include "sys. h"
```

```
unsigned int i;
void main(void)
{
    WDTInit();                              //看门狗设置
    ClockInit();                            //系统时钟设置
    unsigned int i;
    P2OUT = 0xFF;                           //设置 P2.0 用于 LED 灯显示
    P2DIR | = 0x03;
    P3SEL | = 0x0e;                         //设置为 SPI 模式
    P3DIR | = BIT2 + BIT4;                  //确定 I/O 方向
    U0CTL = CHAR + SYNC + MM + SWRST;       //8 位数据位 + SPI + 主设备
    U0TCTL = CKPL + SSEL1 + STC;            //SMCLK + 三线模式
    U0BR0 = 0x002;                          //波特率为 SMCLK/2
    U0BR1 = 0x000;
    U0MCTL = 0x000;
    ME1 = USPIE0;                           //主设备使能
    U0CTL &= ~SWRST;                        //SPI 使能
    IE1 | = URXIE0;                         //接收中断使能
    _EINT();                                //开总中断
    i = 50000;                              //延时
    do (i--);
    while (i != 0);
    while (1)
    {
        TXBUF0 = 0xfd;                      //发送字节 Transmit first character
        LPM0;                               //进入低功耗模式 0
    }
}
# pragma vector = USART0RX_VECTOR
__ interrupt void SPI0_tx (void)
{
    P2OUT = RXBUF0;
}
```

SPI 发送设备程序:

```
# include "msp430x14x.h"
# include "includes.h"
# include "sys.h"
int main( void )
{
    WDTInit();                              //看门狗设置
    ClockInit();                            //系统时钟设置
    P3SEL = 0x0E;                           //设置 P3 为 SPI 模式
    U0CTL = CHAR + SYNC + SWRST;            //8 位 + SPI 模式 + 从机模式
    U0TCTL = STC;                           //UCLK + 三线模式
    ME1 = USPIE0;                           //模块使能
    U0CTL &= ~SWRST;                        //SPI 使能
    _EINT();                                //中断使能
    while (1)
    {
    while(!(IFG1&URXIFG0));
    U0TXBUF = U0RXBUF;
    }
}
```

问题及知识点引入

(1) SPI 通信的工作原理。

(2) SPI 的工作方式是什么?

(3) SPI 寄存器的配置。

6.3.2　SPI 的工作原理

1. SPI 概述

串行外围设备接口总线技术是一种同步串行接口,其硬件功能很强,与 SPI 有关的软件相当简单,CPU 有更多时间处理其他事务。SPI 总线上可以连接多个可作为主机的 MCU、装有 SPI 接口的输出设备、输入设备,如液晶驱动、A/D 转换等外设,也可以简单连接到单个 TTL 移位寄存器的芯片。总线上允许连接多个设备,但在任一瞬间只允许一个设备作为主机。其中,SPI 总线的时钟线由主机控制,另外还有数据线:主机输入/从机输出线和主机输出/从机输入线。主机和哪台从机通信,通过各从机的选通线进行选择。

应用 SPI 的系统可以简单,也可以复杂,主要有以下几种形式。

(1) 一台主机 MCU 和若干台从机 MCU。

(2) 多台 MCU 互相连接成一个多主机系统。

(3) 一台主机 MCU 和若干台从机外围设备。

SPI 的通信原理十分简单,它以主从方式工作,通常有一个主设备和一个或多个从设备。MISO 表示主设备数据输入、从设备数据输出;MOSI 表示主设备数据输出、从设备数据输入;SCLK 表示用来为数据通信提供同步时钟信号,由主设备产生。

在主设备产生的同步时钟下主设备中的移位寄存器逐位地输出至 MOSI 线中,与此同时将 MISO 线上的数据输入至移位寄存器中;同理,从设备中的移位寄存器在同步时钟的作用下,将数据依次输出至 MISO,同时将 MOSI 线上数据输入至移位寄存器中。传输时按照高位(MSB)在前、低位(LSB)在后的规律进行。每次传输主设备总是向从设备发送一个字节的数据,而从设备也总是向主设备发送一个字节数据。

需要注意,SPI 通信必须是在主、从两个设备间进行,并且主设备控制从设备。主设备和从设备的差别是主设备可以产生数据传输时的同步时钟。当有多个 SPI 从设备时,主设备可以选择从设备。SPI 传输数据时总是由主设备发起,也就是说,从设备只能在主设备发命令时才能接收或向主设备传送数据。可见,一个完整的 SPI 传送周期是 16 位,即两个字节。具体过程是,首先主设备要发送命令过去,然后从设备根据主设备的命令准备数据,主设备在下一个 8 位时钟周期才把数据读回来。

通过上述讲解可知,如果主设备只是对从设备进行写操作,那么主设备只需忽略接收到的字节即可;反过来,如果主设备要读取外设的一个字节,那么就必须发送一个字节来启动从设备传输。不难发现,SPI 通信时没有应答机制以确认是否收到数据,这是 SPI 的一个缺点。

2. 串行时钟控制

UCLK 相位和极性是独立的,由 CKPL 和 CKPH 配置,同步串行通信时序如图 6-12 所示。

在 SPI 模式下,UCLK 由主设备提供。当 MM=1 时,即处于主设备模式下,波特率由 USART 波特率发生器提供,具体应用可参考波特率产生部分章节。当 MM=0 时,即处于

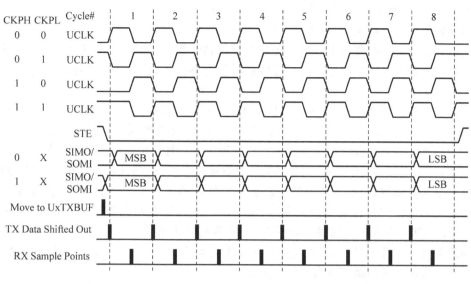

图 6-12 同步串行通信时序(UCMSB=1)

从设备状态下,时钟信号由主设备提供,波特率发生器被关闭,SSELx 不必在意。SPI 模式下波特率发生器示意图如图 6-13 所示。

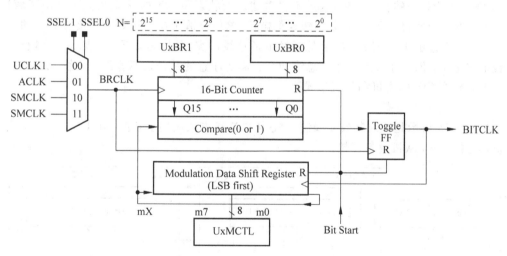

图 6-13 SPI 模式下波特率发生器

3. 数据收发

数据发送部件由发送缓冲寄存器(UxTXBUF)、发送移位寄存器和发送状态机组成;发送缓冲寄存器用于暂存待发送的数据。发送移位寄存器负责将发送缓冲寄存器的数据在位时钟节拍下按照要求逐位发送出去。

发送状态机用于设置发送中断标志位(UTXIFG),即当移位寄存器将数据逐位发送完后使发送中断标志位(UTXIFG)置位。一旦字符写入 UxTXBUF 中 UTXIFG 将自动复位。因此,UTXIFG=1 意味着 UxTXBUF 已准备好接收下一个字符。在 UTXIFG=0 的情况下向 UxTXBUF 写入数据可能导致数据传输错误。因此,建议在准备向 UxTXBUF

写入数据时,先检查发送中断标志位(UTXIFG)是否已经置位。

数据接收部件与此类似,也由接收缓冲寄存器(UxRXBUF)、接收移位寄存器和接收状态机三部分组成。接收缓冲寄存器用于暂存接收到的数据。接收移位寄存器负责将线路上的数据在位时钟节拍下按照要求逐位接收到移位寄存器中,接收完一个字符后将其暂存入UxRXBUF中。

接收状态机用于设置接收中断标志位(URXIFG)和数据溢出标志位(OE)。当位寄存器接收完一个字符后,将其送入UxRXBUF中。同时接收状态机使接收中断标志位(URXIFG)置位。当接收缓冲寄存器中的数据被读取后接收中断标志位(URXIFG)自动复位。因此,URXIFG=1意味着UxRXBUF中数据已准备好,等待用户读取。当然,如果前一个字符还未被读取,而后一个字符即将被移位寄存器写入UxRXBUF中时,就会出现前一字符被覆盖的情况。若发生该情况,则接收状态机将使数据溢出标志位(OE)置位。因此,OE=1意味着已发生数据溢出,即前一字符数据已被当前数据覆盖。OE=0则表示无数据溢出发生。当UxRXBUF被读出时OE将自动清零。因此,在读取接收字符之前,检查OE是否置位可以判断当前数据是否溢出。

为了保证数据传输的可靠性,需要查询数据传输的状态。利用USART模块进行SPI通信时一些重要状态信息可以在状态寄存器(UxRCTL)中反映出来,它们分别是帧错误标志位(FE)、数据溢出错误标志位(OE)和侦听位(LISTEN)。这里控制位LISTEN的含义与UART和I^2C中的含义一致,这里不再赘述。而状态位OE的含义在上面已做了叙述,这里着重介绍FE的含义。FE是帧错误标志位,该位只适用在4线SPI连接方式下的主设备上;它用于指示4线SPI总线上是否发生了总线冲突,具体是,FE=0表示没有帧错误,总线工作正常;FE=1表示发生了总线冲突。需要注意的是,FE不能用于3线SPI通信。

下面介绍SPI的主机和从机模式。

1) SPI的主机模式

如图6-14所示是3线制或4线制主机-从机连接方式应用示意图,MSP430单片机作为主机,与另一SPI从机设备连接。

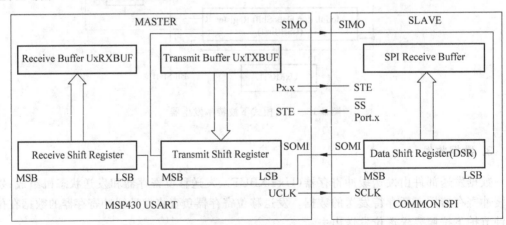

图6-14　USART模块为主机在同步模式下与其他从设备相连

当控制寄存器UxCTL中MM置位时,MSP430 USART工作在主机模式。在SPI同步串行通信主机-从机连接模式下,同步时钟由主机发出,从机的所有动作由同步时钟进行协调。主机的 SIMO 与从机的 SIMO 连接，主机的 UCLK 与从机的 SCLK 连接。USART 模块通过在 SCLK 引脚上的时钟信号控制串行通信。在第一个 SCLK 周期，数据由 SIMO 引脚移出，并在相应的 SCLK 周期的中间，在 SOMI 引脚锁存数据。每当移位寄存器为空，已写入发送缓存 UxTXBUF 的数据移入移位寄存器，并启动在 SIMO 引脚的数据发送。接收到的数据移入移位寄存器，当移完选定位数后，接收移位寄存器中的数据移入接收缓存 UxRXBUF，并设置中断标志 URXIFG，表明接收到一个数据。在接收过程中，最先收到的数据为最高有效位，数据以右对齐的方式存入接收缓存器。

STE 是从机发送/接收控制引脚，控制主从系统中的多个主机；用于 4 线 SPI 操作中，使多主机共享总线，避免发生冲突。

STE 的具体含义如下。

(1) 工作在从机模式下时：

STE＝0，允许从机接收/发送数据，SMOI 正常工作。

STE＝1，进制从机接收/发送数据，SMOI 被强制进入输入状态。

(2) 工作在主机模式下时：

STE＝0，SIMO 和 UCLK 强制进入输入状态。

STE＝1，SIMO 和 UCLK 正常工作。

2) SPI 的从机模式

如图 6-15 所示是 3 线制或 4 线制主机和从机应用连接示意图，USART 模块为从机，与另一主机设备相连。

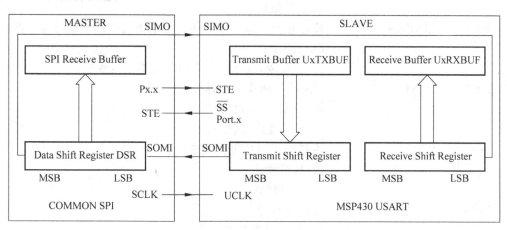

图 6-15　USART 模块为从机在同步模式下与其他从设备相连

主机的 SIMO 与从机的 SIMO 相连，主机的 SOMI 与从机的 SOMI 相连，主机的 SCLK 与从机的 UCLK 连接。如果是 4 线制，则主机的 STE 与从机的片选端相连接。图 6-15 中，MSP430 单片机作为从机，UCLK 接收主机的时钟信号 SCLK，作为从机的内部时钟发生器停止工作，数据的传输速率取决于 SCLK。

4．SPI 初始化或重新配置流程

(1) 置位 SWRST＝1。

(2) 当 SWRST＝1 时，初始化 USART 寄存器。

（3）通过 MEx、SFRs(USPIEx)使能 USART 模块。

（4）软件清零 SWRST＝0。

（5）可通过 IEx、SFRs(URXIEx、YTXIEx)使能中断。

6.3.3 同步模式寄存器

下面依次介绍各寄存器（x 表示 0 和 1）。

1. UxCTL 控制寄存器

USART 模块的基本操作由此寄存器的控制位决定。各位定义如下。

7	6	5	4	3	2	1	0
Unused	Unused	I^2C	CHAR	LISTEN	SYNC	MM	SWRST
rw-0	rw-0	rw-0	rw-0	rw-0	rw-0	rw-0	rw-0

bit 5　I^2C　　　　　模式选择位。

当 SYNC＝1 时，选择 SPI 或者 I^2C 模式。

0：SPI 模式；

1：I^2C 模式。

bit 4　CHAR　　　　　数据长度选择位。

0：7 位数据；

1：8 位数据。

bit 3　LISTEN　　　　反馈选择。选择是否将发送数据由内部反馈给接收器。

0：无反馈；

1：有反馈，发送信号由内部反馈给接收器。

bit 2　SYNC　　　　　USART 模块的选择模式。

0：UART 模式（异步）；

1：SPI 模式（同步）。

bit 1　MM　　　　　　主机模式或从机模式选择位。

0：从机模式；

1：主机模式。

bit 0　SWRST　　　　软件复位。

0：正常工作方式；

1：复位状态。

2. UxTCTL 发送控制寄存器

该寄存器的各位定义如下（bit 1 和 bit 7 两位在 UART 模式下没有用到）。

7	6	5	4	3	2	1	0
CKPH	CKPL	SSRELx		Unused	Unused	STC	TXEPT
rw-0	rw-0	rw-0		rw-0	rw-0	rw-0	rw-0

bit 7　CKPH　　　　　时钟相位控制位。

0：UCLKI 作为 SPICLK 信号；

　　　　　　　　　　　　　1：UCLKI 延长半个周期后作为 SPICLK 信号。

bit 6　　CKPL　　　　　　SPICLK 信号时钟极性控制位。

　　　　　　　　　　　　　0：信号时钟的低电平为无效电平，数据在 UCLK 上升沿输出，输入数据在 UCLK 的上升沿被锁存；

　　　　　　　　　　　　　1：信号时钟的高电平为无效电平，数据在 UCLK 下降沿输出，输入数据在 UCLK 的上升沿被锁存。

数据的输入/输出与时钟信号相位和极性之间的关系如图 6-16 所示。

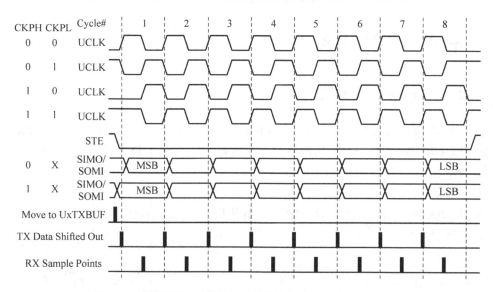

图 6-16　数据的输入/输出与时钟信号相位和极性之间的关系

bit 5～4　SSREL1,SSREL0　确定波特率发生器的时钟源。

　　　　　　　　　　　　　0：外部时钟 UCLK；

　　　　　　　　　　　　　1：辅助时钟 ACLK；

　　　　　　　　　　　　　2：子系统时钟 SMCLK；

　　　　　　　　　　　　　3：子系统时钟 SMCLK。

bit 1　　STC　　　　　　　从机发送控制位。

　　　　　　　　　　　　　0：4 线模式；

　　　　　　　　　　　　　1：3 线模式，此时 STE 不起作用。

bit 0　　TXEPT　　　　　　发送器空标志。在异步模式与同步模式时不一样。

　　　　　　　　　　　　　0：正在传输数据或者发送缓冲器(UTXBUF)有数据；

　　　　　　　　　　　　　1：发送移位寄存器和 UTXBUF 空或者 SWRST＝1。

3．UxRCTL 接收控制寄存器

各位定义如下。

7	6	5	4	3	2	1	0
FE	Unused	OE	Unused	Unused	Unused	Unused	Unused
rw-0	rw-0	rw-0	rw-0	rw-0	rw-0	rw-0	rw-0

bit 7	FE	帧错标志位。
		0：没有帧错；
		1：帧错。
bit 5	OE	溢出标志位。
		0：无溢出；
		1：有溢出。

其他寄存器与异步模式寄存器相似，此处不再赘述。

6.4 任务4 I²C总线

6.4.1 案例介绍与实现

AT24C02 内部连接如图 6-17 所示，外部连接：AT24C02 的 5 号和 6 号引脚分别与单片机的 P1.1 和 P1.0 端口相连，采用两线串行接口 I²C，简化了硬件连接，可以使用最少的线实现控制。

任务要求：

向 AT24C02 中读写数据，熟练掌握 I²C 的使用。

程序示例：

main.c:

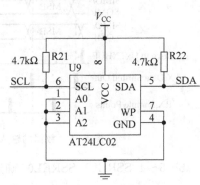

图 6-17　AT24C02 内部连接图

```c
# include "includes.h"
# include "sys.h"
# include "at24lc02.h"
void PortInit();
void main()
{
    WDTInit();
    ClockInit();
    PortInit();
    if(LC02WriteByte(0x5A,0xFE))
    {
        P4OUT = LC02ReadByte(0xFE);
    }
    else
    {
        P4OUT = 0x00;
    }
    while(1);
}


/********************************************************************
*                      PortInit()
* 功能说明：端口初始化
* 参数    ：无
* 返回值  ：无
```

```
*************************************************************************** /
void PortInit()
{
    P4SEL = 0X00;
    P4DIR = 0XFF;
    P4OUT = 0xFF;
    P1DIR |= BIT0 + BIT1;                //设置相应端口为输出状态
}
```

at24c02.c：

```
# include "includes.h"
# include "IIC.h"
# define LC02ADDR 0xa0               //AT24C02 的设备地址
/ ***************************************************************************
* LC02WriteByte(uchar dat,uchar addr)
* 功能说明：向 AT24LC02 中写入 1 字节的数据
* 参数     : dat: 1 字节数据
             addr: 字节数据存放地址
* 返回值   : 1: 写入成功
             0: 写入失败
**************************************************************************** /
uchar LC02WriteByte(uchar dat,uchar addr)
{
    IICStart();
    IICSendByte(LC02ADDR);
    if(IICCheckSAck())
        IICSendByte(addr);
    else
        return 0;
    if(IICCheckSAck())
        IICSendByte(dat);
    else
        return 0;
    if(IICCheckSAck())
        IICStop();
    else
        return 0;
    DelayMs(5);                      //等待 EEPROM 完成内部写入
    return 1;
}
/ ***************************************************************************
*       LC02WriteNBytes(uchar * buf,uchar n,uchar addr)
* 功能说明：向 AT24LC02 中连续写入多字节的数据
* 参数     : buf: 数据首地址
             n: 字节数(不超过 8)
             addr: 字节数据存放地址
* 返回值   :1: 写入成功
             0: 写入失败
**************************************************************************** /
```

```
uchar LC02WriteNBytes(uchar * buf,uchar n,uchar addr)
{
    uchar flag;
    IICStart();
    IICSendByte(LC02ADDR);              //写入器件地址
    if(IICCheckSAck() == 1)
        IICSendByte(addr);              //写入数据字地址
    else
        return 0;
    if(IICCheckSAck())
         flag = IICSendNBytes(buf,n);
    else
        return 0;
        DelayMs(5);                     //等待 EEPROM 完成内部写入
    if(flag) return 1;
    else return 0;
}
/ ****************************************************************************
 *                       LC02ReadAddrByte(void)
 * 功能说明: 从 AT24LC02 当前地址读取 1 字节的数据
 * 参数      :无
 * 返回值    :读出的数据
 **************************************************************************** /
uchar LC02ReadAddrByte(void)
{
    uchar temp;
    IICStart();
    IICSendByte((LC02ADDR|0x01));
    if(IICCheckSAck())
        temp = IICReceiveByte();
    else
        return 0;
    IICMNoAck();
    IICStop();
    return temp;
}
/ ****************************************************************************
 *                       LC02ReadAddrNBytes(uchar * buf,uchar n)
 * 功能说明: 从 AT24LC02 当前地址读取多字节的数据
 * 参数      : buf: 读出的数据存放地址
                 n: 读出的字节个数
 * 返回值    : 1: 读出成功
                 0: 读出失败
 **************************************************************************** /
uchar LC02ReadAddrNBytes(uchar * buf,uchar n)
{
IICStart();
    IICSendByte((LC02ADDR|0x01));
    if(IICCheckSAck())
        IICReceiveNBytes(buf,n);
    else
```

```
        return 0;
    return 1;
}
/ *****************************************************************************
 *                       LC02ReadByte(uchar addr)
 * 功能说明: 从 AT24LC02 指定地址读取 1 字节的数据
 * 参数     : addr: 数据读取的地址
 * 返回值   : 读出的数据
 ***************************************************************************** /
uchar LC02ReadByte(uchar addr)
{
    uchar temp;
    IICStart();
    IICSendByte(LC02ADDR);
    if(IICCheckSAck())
        IICSendByte(addr);
    else
        return 0;
    if(IICCheckSAck())
    {
        IICStart();
        IICSendByte((LC02ADDR|0x01));
    }
    else
        return 0;
    if(IICCheckSAck())
        temp = IICReceiveByte();
    else
        return 0;
    IICMNoAck();
    IICStop();
    return temp;
}
/ *****************************************************************************
 *                       LC02ReadNBytes(uchar * buf, uchar n, uchar addr)
 * 功能说明: 从 AT24LC02 指定地址读取多字节的数据
 * 参数     : buf: 数据保存地址
 *            n: 数据字节个数
 *            addr: 数据读取的地址
 * 返回值   : 1: 读出成功
 *            0: 读出失败
 ***************************************************************************** /
uchar LC02ReadNBytes(uchar * buf, uchar n, uchar addr)
{
    IICStart();
    IICSendByte(LC02ADDR);
    if(IICCheckSAck())
        IICSendByte(addr);
    else
        return 0;
    if(IICCheckSAck())
```

```
    {
        IICStart();
        IICSendByte(LC02ADDR|0x01);
    }
    else
        return 0;
    if(IICCheckSAck())
        IICReceiveNBytes(buf,n);
    else
        return 0;
    return 1;
}
```

i2c.c：

```
# include "includes.h"

# define SCL_H P1OUT |= BIT0
# define SCL_L P1OUT &= ~BIT0
# define SDA_H P1OUT |= BIT1
# define SDA_L P1OUT &= ~BIT1

# define SDA_IN P1DIR &= ~BIT1         //SDA 改成输入模式
# define SDA_OUT P1DIR |= BIT1         //SDA 变回输出模式
# define SDA_VAL P1IN&BIT1             //SDA 的位值

# define TRUE 1
# define FALSE 0

/*
*****************************************************************************
*                       I2CStart(void)
* 功能说明：启动 I²C 总线
* 参数    ：无
* 返回值  ：无
*****************************************************************************
*/
void I2CStart(void)
{
    SCL_H;
    SDA_H;
    DelayUs(5);
    SDA_L;
    DelayUs(5);
    SCL_L;
    DelayUs(5);
}
```

```
/*
************************************************************************
*                           I2CStop(void)
* 功能说明：停止 I²C 总线
* 参数    ：无
* 返回值  ：无
************************************************************************
*/
void I2CStop(void)
{
  SDA_L;
  DelayUs(5);
  SCL_H;
  DelayUs(5);
  SDA_H;
  DelayUs(5);
}


/*
************************************************************************
*                           I²CMAck(void)
* 功能说明：I²C 的主机应答
* 参数    ：无
* 返回值  ：无
************************************************************************
*/
void I2CMAck(void)
{
  SDA_L;
  _NOP(); _NOP();
  SCL_H;
  DelayUs(5);
  SCL_L;
  _NOP();_NOP();
  SDA_H;
  DelayUs(5);
}


/*
************************************************************************
*                           I2CMNAck(void)
* 功能说明：I²C 的主机无应答
* 参数    ：无
* 返回值  ：无
************************************************************************
*/
void I2CMNoAck(void)
{
  SDA_H;
  _NOP(); _NOP();
  SCL_H;
```

```
    DelayUs(5);
    SCL_L;
    _NOP(); _NOP();
    SDA_L;
    DelayUs(5);
}
/*
****************************************************************************
*                         I2CCheckSAck(void)
* 功能说明: I²C 检查从机的应答信号
* 参数      : 无
* 返回值    : TRUE: 有
                 FALSE: 无
****************************************************************************
*/
uchar I2CCheckSAck(void)
{
    uchar slaveack;

    SDA_H;
    _NOP(); _NOP();
    SCL_H;
    _NOP(); _NOP();
    SDA_IN;
    _NOP(); _NOP();
    slaveack = SDA_VAL;                   //读入 SDA 数值
    SCL_L;
    DelayUs(5);
    SDA_OUT;
    if(slaveack)
      return FALSE;
    else
      return TRUE;
}


/*
****************************************************************************
*                         I2CSendHigh(void)
* 功能说明: 向 I²C 总线发送高
* 参数      : 无
* 返回值    : 无
****************************************************************************
*/
void I2CSendHigh(void)
{
    SDA_H;
    DelayUs(5);
    SCL_H;
    DelayUs(5);
    SCL_L;
    DelayUs(5);
```

```
}

/ *
****************************************************************************
*                          I2CSendLow(void)
*  功能说明: 向 I²C 总线发送低
*  参数      : 无
*  返回值    : 无
****************************************************************************
* /
void I2CSendLow(void)
{
  SDA_L;
  DelayUs(5);
  SCL_H;
  DelayUs(5);
  SCL_L;
  DelayUs(5);
}


/ *
****************************************************************************
*                          I2CSendByte(uchar dat)
*  功能说明: 向 I²C 总线发送 1 字节的数据
*  参数      : dat: 发送的字节数据
*  返回值    : 无
****************************************************************************
* /
void I2CSendByte(uchar dat)
{
  uchar i;

  for(i = 0;i < 8;i++)
  {
    if(dat&0x80)
      I2CSendHigh();
    else
      I2CSendLow();
    dat << = 1;
  }
  SDA_H;
  _NOP();
}


/ *
****************************************************************************
*                          I2CSendNByte(uchar * buf,uchar n)
*  功能说明: 向 I²C 总线连续发送多字节的数据
*  参数      : buf: 发送的数据地址
               n: 发送的字节数
*  返回值    : TRUE: 发送成功
```

```
                    FALSE: 发送失败
****************************************************************************
*/
uchar I2CSendNBytes(uchar * buf,uchar n)
{
  uchar i;

  for(i = 0;i < n;i++)
  {
    I2CSendByte( * buf);
    if(I2CCheckSAck())
    {
      buf++;
    }
    else
    {
      I2CStop();
      return FALSE;
    }
  }
  I2CStop();
  return TRUE;
}


/*
****************************************************************************
*                       I2CReceiveByte(void)
* 功能说明: 从 I²C 总线读取 1 字节
* 参数     : 无
* 返回值   : 读取的一字节数据
****************************************************************************
*/
uchar I2CReceiveByte(void)
{
  uchar rdata = 0x00,i;
  uchar flag;

  for(i = 0;i < 8;i++)
  {
    SDA_H;
    DelayUs(5);
    SCL_H;
    SDA_IN;
    DelayUs(5);
    flag = SDA_VAL;
    rdata <<= 1;
    if(flag)
      rdata |= 0x01;
    SDA_OUT;
    SCL_L;
    DelayUs(5);
```

```
    }

    return rdata;
}

/*
 *****************************************************************************
 *                    I2CReceiveNByte(uchar * buf,uchar n)
 * 功能说明：从 I²C 总线连续读取多字节
 * 参数      : buf: 数据存储地址
              n: 读取的字节个数
 * 返回值   : 无
 *****************************************************************************
 */
void I2CReceiveNBytes(uchar * buf,uchar n)
{
    uchar i;

    for(i = 0;i < n;i++)
    {
        buf[i] = I2CReceiveByte();
        if(i < (n - 1))
            I2CMAck();
        else
            I2CMNoAck();
    }
    I2CStop();
}
```

i2c. h：

```
# ifndef __I2C_H__
# define __I2C_H__
# include "includes. h"

extern void I2CStart(void);
extern void I2CStop(void);
extern void I2CMAck(void);
extern void I2CMNoAck(void);
extern uchar I2CCheckSAck(void);
extern void I2CSendHigh(void);
extern void I2CSendLow(void);
extern void I2CSendByte(uchar dat);
extern uchar I2CSendNBytes(uchar * buf,uchar n);
extern uchar I2CReceiveByte(void);
extern void I2CReceiveNBytes(uchar * buf,uchar n);

# endif
```

at24lc02. h：

```
# ifndef __AT24LC02_H__
# define __AT24LC02_H__
```

```
# include "includes.h"

extern uchar LC02WriteByte(uchar dat,uchar addr);
extern uchar LC02WriteNBytes(uchar * buf,uchar n,uchar addr);
extern uchar LC02ReadAddrByte(void);
extern uchar LC02ReadAddrNBytes(uchar * buf,uchar n);
extern uchar LC02ReadByte(uchar addr);
extern uchar LC02ReadNBytes(uchar * buf,uchar n,uchar addr);

# endif
```

问题及知识点引入

(1) AT24C02D 的基本特性和引脚说明。

(2) I^2C 协议的内容是什么,如何应用? 主设备、从设备之间是以何种机制进行应答的?

(3) AT24C02 的具体操作流程。

6.4.2　24C02 的基本特性和引脚说明

1. 基本特性

(1) 与 400kHz I^2C 总线兼容。

(2) 1.8~6.0V 工作电压范围。

(3) 低功耗 CMOS 技术。

(4) 写保护功能。

(5) 当 WP 为高电平时进入写保护状态。

(6) 页写缓冲器。

(7) 自定时擦写周期。

(8) 1 00 000 编程/擦除周期。

(9) 可保存数据 100 年。

(10) 8 脚 DIP、SOIC 或 TSSOP 封装。

(11) 温度范围:商业级、工业级和汽车级。

2. 管脚描述

24C02 的引脚封装如图 6-18 所示。

1) SCL:串行时钟

24WC01/02/04/08/16 串行时钟输入管脚,用于产生器件所有数据发送或接收的时钟,这是一个输入管脚。

2) SDA:串行数据/地址

24WC01/02/04/08/16 双向串行数据/地址管脚用于器件

图 6-18　24C02 引脚封装图

所有数据的发送或接收,SDA 是一个开漏输出管脚,可与其他开漏输出或集电极开路输出进行线或(Wire-OR)。

3) A0、A1、A2:器件地址输入端

当这些输入脚用于多个器件级联时设置器件地址,当这些脚悬空时默认值为 0(24C01

除外)。

当使用 24C01 或 24C02 时最大可级联 8 个器件,如果只有一个 24C02 被总线寻址,这三个地址输入脚 A0、A1、A2 可悬空或连接到 V_{ss}。如果只有一个 24C01 被总线寻址,这三个地址输入脚 A0、A1、A2 必须连接到 V_{ss}。

当使用 24WC04 时最多可连接 4 个器件,该器件仅使用 A1、A2 地址管脚,A0 管脚未用,可以连接到 V_{ss} 或悬空。如果只有一个 24C04 被总线寻址 A1 和 A2 地址管脚可悬空或连接到 V_{ss}。

当使用 24C08 时最多可连接两个器件且仅使用地址管脚 A2,A0、A1 管脚未用,可以连接到 V_{ss} 或悬空。如果只有一个 24C08 被总线寻址,A2 管脚可悬空或连接到 V_{ss}。

当使用 24C16 时最多只可连接一个器件,所有地址管脚 A0、A1、A2 都未用,管脚可以连接到 V_{ss} 或悬空。

4)WP:写保护

如果 WP 管脚连接到 V_{cc},所有的内容都被写保护,只能读。当 WP 管脚连接到 V_{ss} 或悬空,允许器件进行正常的读/写操作。

6.4.3 I^2C 总线协议简介

I^2C 总线接口的电气结构如图 6-19 所示,I^2C 总线的串行数据线 SDA 和串行时钟线 SCL 必须经过上拉电阻 Rp 接到正电源上。当总线空闲时,SDA 和 SCL 必须保持高电平。为了使总线上所有电路的输出能完成"线与"的功能,连接到总线上的器件的输出级必须为"开漏"或"开集"的形式,所以总线上需加上拉电阻。

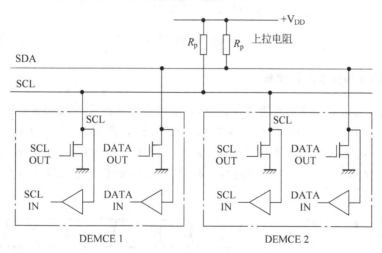

图 6-19 I^2C 总线接口

1. I^2C 总线协议定义

(1)只有在总线空闲时才允许启动数据传送。

(2)在数据传送过程中,当时钟线为高电平时,数据线必须保持稳定状态,不允许有跳变。时钟线为高电平时,数据线的任何电平变化将被看作总线的起始或停止信号。

2. 起始和终止信号

对 I^2C 器件的操作总是从一个规定的"启动(Start)"时序开始,即 SCL 为高电平时,SDA 由高电平向低电平跳变,开始传送数据;信息传输完成后总是以一个规定的"停止(Stop)"时序结束,即 SCL 为高电平时,SDA 由低电平向高电平跳变,结束传送数据。时序图如图 6-20 所示。

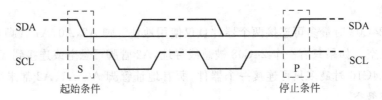

图 6-20　起始/停止时序

起始信号和终止信号都是由主机发出的,在起始信号产生后,总线就处于被占用的状态;在终止信号产生一段时间后,总线就处于空闲状态。

在进行数据传输时,SDA 线上的数据必须在时钟的高电平周期保持稳定,数据线的高或低电平状态只有在 SCL 线的时钟信号是低电平时才能改变,如图 6-21 所示。

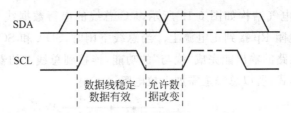

图 6-21　数据传输时序

3. 字节数据传送及应答信号

I^2C 总线传送的每个字节均为 8 位,每次传输可以发送的字节数量不受限制,每个字节后必须跟一个应答信号。首先传输的是数据的最高位,如图 6-22 所示,主控器件发送时钟脉冲信号,并在时钟信号的高电平期间保持数据线(SDA)的稳定。由最高位开始一位一位地发送完一个字节后,在第 9 个时钟高脉冲时,从机输出低电平作为应答信号,表示对接收

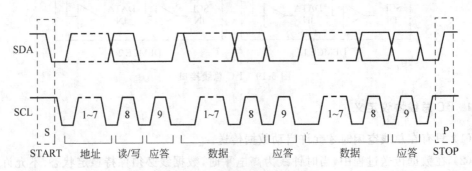

图 6-22　数据传送时序图

数据的认可,应答信号用 ACK 表示。如果从机要完成一些其他功能,例如,一个内部中断服务程序,可以使时钟线 SCL 保持低电平,迫使主机进入等待状态,当从机准备好接收下一个数据字节并释放时钟线 SCL 后,数据传输继续。

4. 完整的数据传送

I^2C 数据的传输遵循如图 6-23 所示的格式。先由主控器发送一个启动信号(S),随后发送一个带读/写(R/W)标记的从地址字节,从机地址只有 7 位长,第 8 位是"读/写(R/W)",用来确定数据传送的方向。

(1) 写格式。I^2C 总线数据的写格式,如图 6-23 所示。

S	SLAVE ADDRESS	R/$\overline{W}$	A	DATA	A	DATA	A/$\overline{A}$	P

□ 主机到从机   A=ACK(SDA LOW)
□ 从机到主机 $\overline{A}$=N ACK(SDA HIGH)
                   S=START
                   P=STOP

图 6-23 写数据格式

对于写格式,从机地址中第 8 位 R/W 应为 0,表示主机控制器将发送数据给从机,从机发送应答信号(A)表示接收到地址和读写信息,接着主机发送若干个字节,每个字节后从机发送一个应答位(A)。注意根据具体的芯片功能,传送的数据格式也有所不同。主机发送完数据后,最后发送一个停止信号(P),表示本次传送结束。

(2) 读格式。I^2C 总线数据的读格式,如图 6-24 所示。

S	SLAVE ADDRESS	R/$\overline{W}$	A	DATA	A	DATA	$\overline{A}$	P

读   接收n个字节数据

图 6-24 读数据格式

主机发送从机地址时将 R/W 设为 1,则表示主机将读取数据,从机接收到这个信号后,将数据传送到数据线上(SDA),主机每接收到一个字节数据后,发送一个应答信号(A)。当主机接收完数据后,发送一个非应答信号(/A),通知从机表示接收完成,然后再发送一个停止信号。

6.4.4 24C02 的具体操作

主器件通过发送一个起始信号启动发送过程,然后发送它所要寻址的从器件的地址。8 位从器件地址的高 4 位固定为 1010,如图 6-25 所示。接下来的 3 位 A2 A1 A0 为器件的地址位,用来定义哪个器件以及器件的哪个部分被主器件访问。上述 8 个 CAT 24WC01/02、4 个 CAT24WC04、两个 CAT24WC08、一个 CAT24WC16 可单独被系统寻址。从器件 8 位地址的最低位作为读写控制位,1 表示对从器件进行读操作,0 表示对从器件进行写操作。在主器件发送起始信号和从器件地址字节后 CAT24WC02 监视总线,并当其地址与发送的从地址相符时响应一个应答信号通过 SDA 线,24C02 再根据读写控制位 R/W 的状态进行读或写操作。

24WC01/02	1	0	1	0	A2	A1	A0	R/W̄

图 6-25　24C02 的地址信息

ADC12/DAC12转换模块

将模拟信号转换成数字信号的电路,称为模数转换器(Analog To Digital Converter, ADC)。A/D转换的作用是将时间连续、幅值也连续的模拟量转换为时间离散、幅值也离散的数字信号,如温度、压力、流量、速度等物理量,利用传感器把各种物理量测量出来,转换成数字量。因此,这样模拟量才能被MSP430处理和控制。A/D转换一般要经过取样、保持、量化及编码4个过程。

7.1 任务1 ADC单通道单次转换模式

7.1.1 案例介绍与实现

任务要求:

单通道单次转换。选用AV_{CC}为参考电压。检测P6.0引脚电压,如果引脚电压大于$0.5 \times AV_{CC}$,则点亮连接至P1.0口的LED,否则LED灭。采用中断方式。

程序示例:

```
# include < msp430x14x.h>
void main (void)
{
WDTCTL = WDTPW + WDTHOLD;              //关闭WDT
ADC12CTL0 = SHTO_2 + ADC12ON;         //设定采样时间,打开ADC12, n = 4
ADC12CTL1 = SHP;                      //单通道单次转换,SAMPCON信号来时采样定时器
//ADC12SC,ADC12内部时钟源
ADC12IE = 0x01;                       //使能转换中断
ADC12CTL0 |= ENC;                     //使能转换器
P6SEL |= 0x01;                        //选取P6.0为A/D通道AD0
P1DIR |= 0x01;                        //P1.0输出
while (1)
{
ADC12CTL0 |= ADC12SC;                 //开启采样
}
}
# pragma vector = ADC_VECTOR
__ interrupt void ADC12_deal (void)
```

```
{
if (ADC12MEM0 < 0x7FF)
P1OUT & = ～0x01;                          //清 P1.0LED,灭
else
P1OUT | = 0x01;                            //置位 P1.0LED,亮
}
```

知识点及问题引入

(1) 了解 ADC12 的基本结构和工作原理。

(2) 掌握 ADC12 的采样模式。

(3) 掌握基本程序的设计方式,能够进行简单的应用。

(4) 了解 ADC12 是如何控制与实现的。

(5) 了解 ADC12 寄存器是如何配置的。

7.1.2 ADC12 的基本结构与工作原理

ADC12 模数转换的基本结构如图 7-1 所示。

ADC12 模块是由以下部分组成的:输入的 16 路模拟开关,ADC 内部电压参考源,ADC12 内核,ADC 时钟源部分,采集与保持/触发源部分,ADC 数据输出部分,ADC 控制寄存器等。

1. 性能指标

(1) 分辨率。分辨率也称分解度,反映了一个模数转换器对模拟信号的分辨能力,通常以输出二进制代码的位数来表示分辨率的高低。一般来说,ADC 的位数越多,说明量化误差越小,则转换的精度越高。实际的 ADC 通常为 8 位、10 位、12 位、16 位、24 位等。例如,一个 8 位 ADC 满量程输入模拟电压为 3V,则该 ADC 能分辨的输入电压为 $3/2^8 \approx 11.72\text{mV}$;12 位 ADC 可以分辨的最小电压 $3/2^{12} \approx 0.73\text{mV}$。可见,在最大输入电压相同的情况下,ADC 的位数越多,所能分辨的电压越小,分辨率越高。

(2) 量化误差。在模数转换过程中由于整数量化处理而产生的固有误差,即为量化误差。它是量化结果和被量化模拟量的差值。显然,量化级数越多量化的相对误差越小。量化级数指的是将最大值均等的级数,每一个均等值的大小称为一个量化单位。例如,一个 10 位的 ADC 把输入的最高电压分成 $2^{10} = 1024$ 级。若它的量程为 $0 \sim 3\text{V}$,则量化单位 q 为 $\text{Vmax}/2^n = 3/1024 \approx 2.93\text{mV}$。

(3) 转换时间。转换时间是完成一次模数转换所需要的时间,即从接到转换控制信号开始,到输出端得到稳定的数字输出信号所需要的时间。通常用转换时间表示转换速度,一般转换速度越快越好。例如,某 ADC 的转换时间为 0.1ms,则该 ADC 的转换速度为 $1/T = 10\,000$ 次/秒。

(4) 转换误差。转换误差又称转换精度,是指产生一个给定的数字量输出所需模拟电压的理论值与实际值之间的误差。转换误差包括量化误差、零点误差及非线性误差等,也称绝对误差。

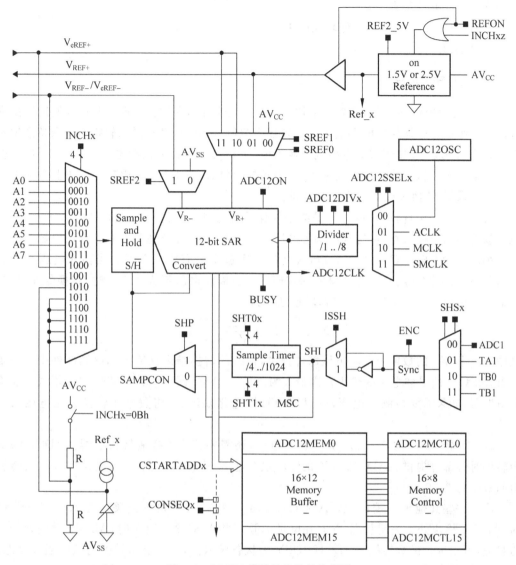

图 7-1　ADC12 模数转换的结构框图

2. ADC12 的特点

(1) 转换速率快,最高可达 200Kbps。

(2) 12 位单调转换器,1 位非线性微分误差,1 位非线性积分误差。

(3) 采样与保持周期软件可控。

(4) ADC12 模块多种时钟源选择,且模块内置时钟发生器。

(5) 内置温度传感器。

(6) 定时器 A/定时器 B 硬件触发器。

(7) 8 路独立可配置转换通道,4 种采样模式可供选择。

(8) 内置参考电源,1.2V/2.5V 片上参考电压软件可选,片内参考电压软件可选。

（9）16 个转换缓存。

（10）ADC12 内核支持超低功耗应用。

（11）DMA 使能。

3．采样-转换内核

采样-转换内核部件是 ADC12 模块的核心。它实际由采样保持电路和逐次逼近转换内核两部分组成。采样保持电路负责采集外部模拟信号的电压并在模数转换期间保持数据不变。转换内核为 12 位逐次逼近模数转换内核，主要负责对输入模拟电压转换为 12 位精度的数字量。该内核完成一次转换需要 13 个转换时钟（ADC12CLK）周期。再加上采样时间即为一次采样-转换过程所需要的总时间。

转换内核的设置较为简单，只要给采样保持电路加上合适的采样时钟即可正常工作。该内核需要两个可编程/可选择的参考电压（V_{r+} 和 V_{r-}）来定义进行模数转换的电压最大值与最小值。参考电压（V_{r+} 和 V_{r-}）与最终的数字输出量有密切关系。当输入电压不小于 V_{r+} 时，转换结果（N_{ADC}）为满量程值（0x0FFF），当输入电压不大于 V_{r-} 时，转换结果为 0。当输入电压位于 V_{r+} 和 V_{r-} 之间时，转换结果为

$$N_{ADC} = 2^{12} \times \frac{V_{r+} - V_{r-}}{V_{r+} + V_{r-}}$$

其中，V_{r+} 和 V_{r-} 的数值由参考电压部件提供，最终的转换结果被输入到存储部件中。需要注意，ADC12 的采样电压的输入范围最大为 $AV_{SS} \sim AV_{CC}$ 即 0～3.3V。ADC12 模块不能检测负电压，如果需要检测负电压，可以使用转换电路如运放，将负电压转换为正电压后再检测。

若要使转换内核正常工作，除了参考电压，还需要转换器控制转换节奏。ADC12CLK 由转换时钟部件提供。ADC12CLK 的频率最高达 6.3MHz，也就是说，内核完成一次转换时间最短为 2.06μs。

还有一些其他辅助控制位。ADC12ON 用于 ADC12 模块的开关。若 ADC12ON＝0 时，ADC12 模块处于关闭状态，此时耗电量最低。当 ADC12ON＝1 时，ADC12 模块处于开启状态，可以进行模数转换。ADC12BUSY 为状态显示位，用于显示转换内核的当前状态。若正在进行模数转换，ADC12BUSY＝1；若处于空闲状态，则 ADC12BUSY＝0。

4．参考电压部件

参考电压部件是 ADC 中必不可少的重要组成部件，其作用是为 ADC12 的转换内核提供精准的基准电压信号。参考电压部件可以提供 5 种不同的基准电压，其中三种正基准电压分别是 AV_{CC}、V_{eREF} 和 V_{REF}，两种负基准电压分别是 V_{eREF-}/V_{REF-} 和 AV_{SS}。正、负基准电压之间可以灵活组合以满足各种应用场合。

这 5 种参考电压中，AV_{CC}、V_{eREF-}、V_{REF-}/V_{REF} 和 AV_{SS} 是由外部电路提供，V_{REF} 是由内部参考电压发生器提供的。该内部电压发生器只能提供 1.5V 和 2.5V 两种固定的参考电压。该发生器的输出电压是由控制位 REFON 和 REF2_5 决定的，REFON＝1 开启内部参考电压发生器；REFON＝0 关闭电压发生器。REF2_5＝1 时输出 2.5V 电压，REF2_5＝0 时输出 1.5V 电压。除了 REFON 以外，当 INCHx＝0x0A 时将开启内部电压发生器为内

部温度传感器提供正常工作所必需的电压 Ref_x。

默认情况下各控制位为零,即 $R_+ = AV_{CC}$、$R_- = AV_{SS}$,内部参考电压源处于关闭状态。

由上可知,MSP430 单片机通过寄存器设置确定使用内部参考电压(1.5V 或 2.5V)还是使用外部的参考电压(0~3.3V)。使用内部与外部参考电压的区别是外部电压作为参考电压时稳定性稍差一些,但精度高;使用内部参考电压时稳定性高但可选用的电压值比较少,在应用设计中要视具体情况进行选择,见表 7-1。

表 7-1 各种参考电压的组合

SREF2	SREF1	SREF0	YR+	VR−
0	0	0	AV_{CC}	AV_{SS}
0	0	1	V_{REF+}	AV_{SS}
0	1	0	V_{eREF+}	AV_{SS}
0	1	1	V_{eREF+}	AV_{SS}
1	0	0	AV_{CC}	V_{eREF-}/V_{REF-}
1	0	1	V_{REF+}	V_{eREF-}/V_{REF-}
1	1	0	V_{eREF+}	V_{eREF-}/V_{REF-}
1	1	1	V_{eREF+}	V_{eREF-}/V_{REF-}

内部参考电压发生器打开后有一个稳定时间 t_{REFON},该值与 V_{REF+} 引脚和 AV_{SS} 引脚之间的外加电容 C_{VREF+} 有关。具体的计算公式为 $t_{REFON} \approx 0.66 \times C_{VREF+}$;式中,$t_{REFON}$ 的单位为 ms,C_{VREF+} 的单位为 μF。若 $C_{VREF+} = 10\mu F$ 时,t_{REFON} 等于 6.6ms。由于这个时间相对于主时钟周期较大,所以在程序设计时应对此做相应处理,如在程序设计中用软件延时等待一段时间再开始采样。

5. 输入选择通道

它是由一个 16 选 1 的多通道选择模拟开关构成,但实际上只使用了 12 个。所以 ADC12 支持 12 个通道输入,其中 A0、A1、…、A7 为 8 个外界输入通道,4 个为内部通道。由于 12 个通道均由同一多通道选择开关控制,因此此通道之间是通过多时复用的方式实现多通道模数转换。当需要将模拟信号进行模数转换时,模拟多路器分时地接通不同转换通道,每次对一个信号进行采样转换,这样便可实现对多路模拟信号的模数转换。模拟信号接入引脚后,信号将首先经过一个静电保护装置以确保内部电路不会受到外部静电的破坏,然后就是模拟开关。为减少模拟开关接通时引入噪声,开关采用"先短后开"的工作方式,并采用 T 形开关以尽可能减少通道间的耦合作用。在使用外界输入信号进行模数转换时,需要注意输入信号的电压变化范围不要过大或过小。过大易导致信号丢失,过小则会降低转换精度,最好是信号范围等于或略小于正负参考电压的范围。实际输入信号不满足这一要求时需要对信号进行适当减小。

ADC12 可使用的 4 路内部模拟信号分别是正外部参考电压(V_{eREF+})、负参考电压(V_{eREF-}/V_{REF-})、内部温度传感器和($AV_{CC} - AV_{SS}$)/2。除内部传感器以外,其他 3 路模拟电压一般用于自身的校准。默认情况下,使用 A0 为输入信号通道。

6. 时钟转换部件

转换时钟部件的主要作用是为转换内核提供所需要的转换时钟。ADC12 的转换时钟可以使用 4 种时钟源,分别是 ADC12 模块的内部时钟源 ADC12OSC、辅助时钟 ACLK、主时钟 MCLK 和子时钟 SMCLK。至于使用哪个时钟源则由控制位 ADC12SSELx 确定。

需要注意的是,ADC12 模块的内部时钟源所能提供的频率为 5MHz(设计时以实测为准)。

ADC12 的转换时钟部件不但配置了 4 种时钟源,还有 8 种分频选择使时钟频率的确定更具有灵活性。分频系数由控制位 ADC12DIVx 决定,其取值分别为 1 分频、2 分频、……、8 分频。使用时首先要根据转换要求确定时钟源,然后再使用分频系数调节转换时钟的频率以达到最佳转换效果。设计时还应注意,转换时钟 ADCUCLK 的典型频率是 5MHz,可用范围在 0.45~6.3MHz 之间。

默认情况下,时钟源是 ADC12 的内部时钟源为 ADC12OSC。分频系数为 1,即不分频。

7. 采样时钟部件

采样时钟部件用来为采样保持电路提供时钟信号。时钟信号频率越大采样速度就越快。采样时钟部件有两种采样模式,分别是扩展采样模式和脉冲采样模式,采样模式由控制位 SHP 决定。

扩展采样模式下 SHP=0,此时采样时钟来自定时器模块 Timer_A 或 Timer_B。ADC12 可以使用 TA1(Timer_A. OUT1)、TB0(Timer_B. OUT0)、TB1(Timer_B. OUT1)的输出时钟作为采样时钟源,具体由控制位 SHSx 决定使用哪个时钟源。在模数转换时有时需要将时钟源的时钟信号倒相(状态取反),这时可使控制位 ISSH=1。若不需要时钟信号取反,则使 ISSH=0 即可。控制位 ENC 为转换使能位,当 ENC=0 时 ADC12 因无法产生采样时钟信号而无法进行有效的转换。当 ENC=1 时 ADC12 可以进行转换。

在该模式下 SHI 处的时钟信号与采样时钟完全一致,SHI 信号的脉冲宽度就是采样信号 SAMPCON 的脉冲宽度。也就是说,可以通过调节 SHI 的脉冲宽度来控制采样时间的长短,如图 7-2 所示。具体过程为,ADC12 的采样保持电路在遇到采样时钟 SAMPCON 的上升沿时开始采样,当遇到下降沿时就结束采样,随后进入保持状态。转换内核在转换时钟 ADC12CLK 的上升沿到来时启动模数转换直至本次转换结束。可见,采样完成后并非立即开始模数转换,而是在采样完成后遇到时钟信号的上升沿时才启动转换的。因此,停止采样与开始转换之间存在一定的同步时间。该时间不会长于一个转换时钟的周期。转换内核转换一次需要 13 个 ADC12CLK 周期。

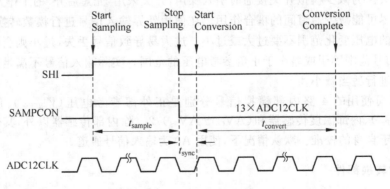

图 7-2　扩展采样模式

脉冲采样模式(图 7-3)下 SHP＝1,此时采样信号由 ADC12 内部的采样定时器产生。但是采样时钟 SAMPCON 的产生是由 SHI 处的上升沿触发,因此在该模式下外部时钟信号只起到触发采样的作用。采样定时器主要负责控制采样脉冲宽度,即采样时间的长短。采样时间的长短通过控制位 SHTx 设置完成,具体数值见表 7-2。需要指出的是,表中的采样时间是以一个 ADC12CLK 周期为基准的。例如,若 SHTx＝0000,则采样时间为 4 个 ADC12CLK 周期。

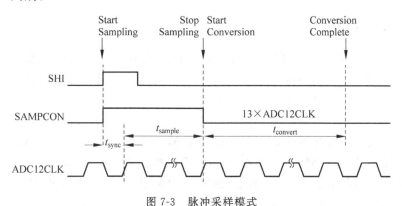

图 7-3　脉冲采样模式

表 7-2　采样定时器采样时间的设置

SHTx	采样时间	SHTx	采样时间	SHTx	采样时间	SHTx	采样时间
0000	4×	0100	464×	1000	256×	1100	1024×
0001	8×	0101	96×	1001	384×	1101	1024×
0010	16×	0110	128×	1010	512×	1110	1024×
0011	32×	0111	192×	1011	768×	1111	1024×

由于 ADC12 模块通道较多,特将 SHTx 分成 SHT0x 和 SHT1x 两个相同的控制位。其中,SHT0x 用于对寄存器 ADC12MEM0～ADC12MEM7 中所对应转换通道的采样时间进行设置;SHT1x 用于对寄存器 ADC12MEM8～ADC12MEM15 中所对应转换通道的采样时间进行设置。

控制位 MSC 用于多次连续转换中,在序列通道多次重复转换中有效,MSC＝0 时采样定时器需要 SHI 信号的上升沿触发每次转换。MSC＝1 时首次转换需要 SHI 信号的上升沿触发采样定时器,产生采样信号开始转换,而后续的多次转换采样定时器会自动产生采样信号进行转换,直至转换完成。

关于采样时间设置的进一步讨论,当采样时钟 SAMPCONAx 为高阻状态,外部信号无

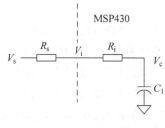

MSP430

图 7-4　模拟信号输入等效电路

法通过 Ax 进入到采样电路中。当 SAMPCON＝1 时所选通道打开,外部模拟信号被接到采样电路中。如图 7-4 所示为模拟信号采样时的等效电路,其中,V_s 为外部信号源电压,V_i 为单片机引脚电压,V_c 为充电电容的电压。R_i 为外部信号源等效电阻,R_s 为 MSP430 单片机引脚内部等效电阻。

由图 7-4 可见,采样电路实际上是一个 RC 低通滤波

器。抽样的过程就是电容 C_1 充电的过程。当电容电压 $V_c = V_s$ 时即完成了抽样。所以为了准确地采集到外部信号的电压值,抽样时间不能小于电容充电的时间,即

$$t_{sample} > (R_s + R_i) \times \ln(2^{13}) \times Q + 800ns$$

可见,影响充电时间的因素包括电阻值 R_s、R_i 和电容值 C_1。对于 ADC12 而言,$C_1 \leqslant 40pF$ 和 $R_i \leqslant 2k\Omega$,则抽样时间应满足 $t_{sample} > (R_s + 2k\Omega) \times 9.011 \times 40pF + 800ns$。若 $R_s = 10k\Omega$,则 $t_{sample} > 5.13\mu s$。

8. ADC12 的中断源

ADC12 模块具有 18 个中断源,它们分别是 16 个存储寄存器中断、存储寄存器溢出中断和转换时间溢出中断,这些都是可屏蔽中断。当转换结果存入相应寄存器 ADC12MEMx 时,相应的 ADC12IFGx 位就会置 1,若 ADC12IEx 位和 GIE 位已被置 1,则会产生中断请求。

ADC12 中断使能寄存器的 15~0 位分别为 ADC12MEM15~ADC12MEM0 的中断使能位,即每个存储寄存器 ADC12MEMx 对应一个中断使能位 ADC12IEx。只有当相应中断使能位和 GIE 位同时置 1 时,中断源触发的中断请求信号才能得到 CPU 的响应。ADC12IEx=0 表示禁止相应转换存储寄存器中断标志位 ADC12IFGx 置位时发生的中断请求服务;ADC12IEx=1 表示允许相应转换存储寄存器中断标志位 ADC12IFGx 置位时发生的中断请求服务。

ADC12 中断标志寄存器的 15~0 位分别为 ADC12MEM15~ADC12MEM0 的中断标志位。当转换结果存入 ADC12MEMx 时,相应的 ADC12IFGx 被置位,当 ADC12MEMx 中的转换结果被读取时,相应的 ADC121FGX 被自动复位。用户也可以利用软件复位 ADC12IFGx。ADC12IFGx=0 表示没有缓冲存储寄存器中断请求;ADC12IFGx=1 表示有转换存储寄存器中断请求。

当存储寄存器已存入数据但该数据还未被读取时,若再往该寄存器存放数据就会引发存储寄存器溢出中断,即 ADC12OVIE 为 1。为了避免该情况发生,应在转换结果放入存储器后立即将其取走。当本次转换还未完成下次转换就会触发转换时间溢出中断,即 ADC12OVIE 置 1。为了避免该情况出现,应注意给采样-转换过程留出充足的时间。

对于 ADC12 模块来说,尽管拥有众多中断源,它们却拥有相同的中断入口向量,所以它们属于共源中断。对于共源中断而言,确定引起中断的具体中断源通常是通过查询中断标志位的方式实现。但是 ADC12 模块中的存储寄存器溢出中断和转换时间溢出中断只有中断使能位,并没有相应的中断标志位。考虑到 ADC12 模块中断过多,出于便于管理的目的,ADC12 模块由专门的中断向量寄存器 ADC12IV 统一管理模块中所涉及的 18 个中断。

ADC12IV 为只读寄存器,有效位为第 1~5 位,其余位全为零。ADC12IV 的值只用 19 个值有效,其具体含义如表 7-3 所示。表中上部的存储寄存器溢出中断优先级最高,其次是转换时间溢出中断,优先级依次向下逐次降低。若 ADC12IV=0 则表明当前没有中断被触发;若 ADC12IV=2 则表明当前的中断是寄存器溢出中断。所以当有 ADC12 模块的中断时,只要判断 ADC12IV 的值就可以确定出具体的中断源,因此,在某种程度上 ADC12IV 起到的是中断标志的作用。

表 7-3 ADC12IV 中断向量值的含义

ADC12IV 的内容	中 断 源	中断标志	优先级
0x000H	无中断发生	—	
0x002H	ADC12MEMx 溢出	—	最高级
0x004H	转换时间溢出	—	
0x006H	ADC12MEM0 中断标志	ADC12IFG0	
0x008H	ADC12MEM1 中断标志	ADC12IFG1	
0x00AH	ADC12MEM2 中断标志	ADC12IFG2	
0x00CH	ADC12MEM3 中断标志	ADC12IFG3	
0x00EH	ADC12MEM4 中断标志	ADC12IFG4	
0x010H	ADC12MEM5 中断标志	ADC12IFG5	
0x012H	ADC12MEM6 中断标志	ADC12IFG6	
0x014H	ADC12MEM7 中断标志	ADC12IFG7	
0x016H	ADC12MEM8 中断标志	ADC12IFG8	
0x018H	ADC12MEM9 中断标志	ADC12IFG9	
0x01AH	ADC12MEM10 中断标志	ADC12IFG10	
0x01CH	ADC12MEM11 中断标志	ADC12IFG11	
0x01EH	ADC12MEM12 中断标志	ADC12IFG12	
0x020H	ADC12MEM13 中断标志	ADC12IFG13	
0x022H	ADC12MEM14 中断标志	ADC12IFG14	
10x024H	ADC12MEM15 中断标志	ADC12IFG15	最低级

ADC12 中断需要注意以下几个问题。

(1) 当 ADC12MEMEx 溢出中断(ADC12OV)的中断允许位使能且中断来临时,对 AC12IV 的访问会自动复位二者的中断条件(两者没有相对应的可访问的中断标志)。

(2) 访问 ADC12IV 后,ADC12IFGx 标志不自动复位,对相应的 ADC12MEMx 进行访问操作可以复位 ADC12IFGx 标志,也可自动复位。

(3) 当一个中断响应完成后,另一个挂起的中断可产生一个新的中断。例如,当中断服务程序访问 ADC12IV 寄存器时,ADC12OV 和 ADC12IFG3 中断同时来临,ADC12OV 中断条件被自动复位。当中断返回时(RETI),ADC12IFG3 将产生新的中断。

7.1.3 ADC12 寄存器

1. 控制寄存器 0——ADC12CTL0

各位定义如下。

15~12	11~8	7	6	5	4	3	2	1	0
SHT1x	SHT0x	MSC	REF2~5V	REFON	ADC12ON	ADC12OVIE	ADC12TOVIE	ENC	ADC12SC
rw-0	rw-0	rw-0	rw-0	rw-0	rw-0	rw-0	rw-0	rw-0	rw-0

bit 15～12　SHT1x　　　　　　　　定义了 ADC12MEM8～15 中转换采样时序与采样时钟的关系。保持时间越短,采样速度越快,反映电压波动明显。

bit 11~8	SHT0x	定义了 ADC12MEM0~7 中转换采样时序与采样时钟的关系。保持时间越短,采样速度越快,反映电压波动明显。

bit 7	MSC	多次采样/转换控制位。当 SHP=1,CONSEQ≠0 时,MSC 位才能生效。

0:每次转换需要 SHI 信号的上升沿触发采样定时器;

1:首次转换需要 SHI 信号的上升沿触发采样定时器,以后每次转换在前一次转换结束后立即进行。

bit 6	REF2~5V	内部基准电压选择位。

0:选择 1.5V 内部参考电压;

1:选择 2.5V 内部参考电压。

bit 5	REFON	内部基准电压发生器控制选择位。

0:关闭内部基准电压发生器;

1:开启内部基准电压发生器。

bit 4	ADC12ON	ADC12 内核控制选择位。

0:关闭 ADC12 内核实现低功耗;

1:开启 ADC12 内核。

bit 3	ADC12OVIE	溢出中断允许位(ADC12MEMx 多次写入)。

当 ADC12MEMx 还没有被读出的时候,而又有新的数据要求写入 ADC12MEMx 时,如果允许则会产生中断。

0:允许溢出中断;

1:禁止溢出中断。

bit 2	ADC12TOVIE	转换时间溢出中断允许位(多次采样请求)。

当前转换还没有完成时,又得到一次采样请求,如果 ADC12TVIE 允许的话,会产生中断。

0:允许发生转换时间溢出产生中断;

1:禁止发生转换时间溢出产生中断。

bit 1	ENC	转换允许位。

0:ADC12 为初始状态,不能启动 A/D 转换;

1:首次转换由 SAMPCON 的上升沿启动。

注意:

(1) 在 CONSEQ=0(单通道单次转换)的情况下,当 ADC12BUSY=1 时,ENC=0 则会结束转换进程,并且得到错误结果。

(2) 在 CONSEQ≠0(非单通道单次转换)的情况下,当 ADC12BUSY=1 时,ENC=0 则转换正常结束,得到正确结果。

bit 0	ADC12SC	采样、转换控制位。软件控制才使转换开始。

0:没有开始采样或转换;

1:开始采用转换。

2. 转换控制寄存器 1——ADC12CTL1

各位定义如下。

15~12	11~10	9	8	7~5	4~3	2~1	0
CSTARTADDx	SHSx	SHP	ISSH	ADC12DIVx	ADC12SSELx	CONSEQx	ADC12BUSY
rw-0	rw-0	rw-0	rw-0	rw-0	rw-0	rw-0	rw-0

bit 15~12　CSTARTADDx　转换存储器地址位。

单通道模式转换通道/多通道模式转换通道。定义单次转换的起始地址或者序列通道转换的首地址。

bit 11~10　SHSx　采样触发源选择位。

00：ADC12SC；

01：TimerA. OUT1；

10：TimerB. OUT0；

11：TimerB. OUT1。

bit 9　SHP　采样信号 SAMPCON 选择位。

0：SAMPCON 信号来自采样触发输入信号 SHI，上升沿开始转换；

1：SAMPCON 信号来自采样定时器，由采样输入信号的上升沿触发。

bit 8　ISSH　采样输入信号方向控制位。

0：采样信号为同相输入；

1：采样信号为反相输入。

bit 7~5　ADC12DIVx　ADC12 时钟源分频因子选择位。其分频因子数实际为位值加 1。ADC12 所代表的分频数如表 7-4 所示。

表 7-4　ADC12IV 分频因子

7~5 位值	111	110	101	100	011	010	001	000
分频因子	8	7	6	5	4	3	2	1

bit 4~3　ADC12SSELx　ADC12 内核时钟源选择位。

0：ADC12OSC（ADC12 内部时钟源）；

1：ACLK；

2：MCLK；

3：SMCLK。

bit 2~1　CONSEQx　转换模式选择位。

0：单通道单次转换；

1：序列通道单次转换；

2：单通道多次转换；

3：序列通道多次转换。

bit 0　　　　　ADC12BUSY　　　ADC12 忙标志。

　　　　　　　　　　　　　　　　0：表示 ADC12 没有活动的操作；

　　　　　　　　　　　　　　　　1：ADC12 正在采样/转换期间。

3. 转换存储控制寄存器——ADC12MCTLx

　　每个转换寄存器有一个对应的转换存储控制寄存器，所以在进行 CSTARTADD 转换存储器地址位设置的同时，也确定了 ADC12MCTLx。只有在 ENC＝0 时才能对寄存器的内容进行修改，该寄存器各位定义如下。

7	6~4	3~0
EOS	SREFx	INCHx
rw-0	rw-0	rw-0

bit 7　　　　　EOS　　　　　　序列结束控制位。ADC12 忙标志。

　　　　　　　　　　　　　　　　0：序列没有结束；

　　　　　　　　　　　　　　　　1：该序列中最后一次转换。

bit 6～4　　　SREFx　　　　　参考电压源选择位。

bit 3～0　　　INCHx　　　　　模拟通道输入选择位。

　　　　　　　　　　　　　　　　0～7：A0～A7；

　　　　　　　　　　　　　　　　8：VEREF＋；

　　　　　　　　　　　　　　　　9：VREF＋/VEREF－；

　　　　　　　　　　　　　　　　10：片内温度传感器的输出；

　　　　　　　　　　　　　　　　11～15：（AVCC－AVSS）/2。

7.2　任务2　ADC 单通道多次转换模式

7.2.1　案例介绍与分析

程序要求：

将 ADC 对 P6.0 端口电压的转换结果按转换数据和对应的模拟电压的形式通过串口发送到 PC 屏幕上显示。

程序示例：

main.c：

```
# include < msp430.h>
# include "allfunc.h"
# include "UART0_Func.c"
# include "ADC_Func.c"

# define Num_of_Results 32
uint results[Num_of_Results];              //保存 ADC 转换结果的数组
uint average;
uchar tcnt = 0;
```

```
/ *********************** 主函数 *********************** /
void main( void )
{
    uchar i;
    uchar buffer[5];

    WDTCTL = WDTPW + WDTHOLD;           //关狗
    P6DIR | = BIT2;P6OUT | = BIT2;      //关闭电平转换
    P6DIR| = BIT6;P6OUT& = ～BIT6;       //关闭数码管显示

    InitUART();
    Init_ADC();
    _EINT();

    buffer[4] = '\0';
    while(1)
    {
        LPM1;
        Hex2Dec(average,buffer);
        for(i = 0; i < 4; i++)
            buffer[i] += 0x30;
        PutString0("The digital value is: ");
        PutString(buffer);


        Trans_val(average,buffer);
        buffer[3] = buffer[2];
        buffer[2] = buffer[1];
        buffer[1] = 0x2e - 0x30;
        for(i = 0; i < 4; i++)
            buffer[i] += 0x30;
        PutString0("The analog value is: ");
        PutString(buffer);
    }

}

/ *********************************************
函数名称: ADC12ISR
功能     : ADC 中断服务函数,在这里用多次平均的
           计算 P6.0 口的模拟电压数值
参数     : 无
返回值   : 无
********************************************* /
# pragma vector = ADC_VECTOR
__ interrupt void ADC12ISR(void)
{
    static uchar index = 0;

    results[index++] = ADC12MEM0;       //转换结果
    if(index == Num_of_Results)
    {
        uchar i;
```

```
        average = 0;
        for(i = 0; i < Num_of_Results; i++)
        {
            average += results[i];
        }
        average >>= 5;                    //除以 32

        index = 0;
        tcnt++;
        if(tcnt == 250)                   //主要是降低串口发送速度
        {
            LPM1_EXIT;
            tcnt = 0;
        }
    }
}
```

allfunc.h：

```
void InitUART(void);
void Send1Char(unsigned char sendchar);
void PutString(unsigned char * ptr);
void PutString0(unsigned char * ptr);
void Init_ADC(void);
void Hex2Dec(unsigned int Hex_val,unsigned char * ptr);
void Trans_val(unsigned int Hex_Val,unsigned char * ptr);
```

UART0_Func.c：

```
# include < msp430.h >
typedef unsigned char uchar;
/ *********************************************
函数名称：InitUART
功能     ：初始化 UART 端口
参数     ：无
返回值   ：无
********************************************* /
void InitUART(void)
{
    P3SEL |= 0x30;                    //P3.4,P3.5 设置为第二功能
    ME1 |= URXE0 + UTXE0;            //使能 USART0 发送接收
    UCTL0 |= CHAR;                    //8 位数据
    UTCTL0 |= SSEL0;                  //ACLK
    UBR00 = 0x03;                     //9600Hz 波特率
    UBR10 = 0x00;
    UMCTL0 = 0x4A;                    //调制
    UCTL0 &= ~SWRST;                  //设置完成
}
/ *********************************************
函数名称：Send1Char
功能     ：向 PC 发送一个字符
参数     ：sendchar 为要发送的字符
返回值   ：无
```

```
************************************************ /
void Send1Char(uchar sendchar)
{
        while (!(IFG1 & UTXIFG0));        //等待发送寄存器为空
        TXBUF0 = sendchar;

}
/ ************************************************
函数名称: PutSting
功能    : 向 PC 发送字符串并换行指令
参数    : ptr 为指向发送字符串的指针
返回值  : 无
************************************************ /
void PutString(uchar * ptr)
{
        while( * ptr != '\0')
        {
                Send1Char( * ptr++);        //发送数据
        }
        while (!(IFG1 & UTXIFG0));
        TXBUF0 = '\n';        //发送换行指令
}
/ ************************************************
函数名称: PutSting0
功能    : 向 PC 发送字符串,无换行
参数    : ptr 为指向发送字符串的指针
返回值  : 无
************************************************ /
void PutString0(uchar * ptr)
{
        while( * ptr != '\0')
        {
                Send1Char( * ptr++);        //发送数据
        }
}
```

ADC_Func. c:

```
# include < msp430.h >

typedef unsigned int uint;
/ ************************************************
函数名称: Init_ADC
功能    : 初始化 ADC
参数    : 无
返回值  : 无
************************************************ /
void Init_ADC(void)
{
    P6SEL | = 0x01;                    //使能 ADC 通道
    ADC12CTL0 = ADC12ON + SHT0_15 + MSC; //打开 ADC,设置采样时间
```

```
    ADC12CTL1 = SHP + CONSEQ_2;              //使用采样定时器
    ADC12IE = 0x01;                          //使能 ADC 中断
    ADC12CTL0 |= ENC;                        //使能转换
    ADC12CTL0 |= ADC12SC;                    //开始转换
}
/ ***********************************************
函数名称: Hex2Dec
功能      : 将十六进制 ADC 转换数据变换成十进制
            表示形式
参数      : Hex_Val——十六进制数据
            ptr——指向存放转换结果的指针
返回值    : 无
 *********************************************** /
void Hex2Dec(uint Hex_val,uchar * ptr)
{
    ptr[0] = Hex_val / 1000;
    ptr[1] = (Hex_val - ptr[0] * 1000)/100;
    ptr[2] = (Hex_val - ptr[0] * 1000 - ptr[1] * 100)/10;
    ptr[3] = (Hex_val - ptr[0] * 1000 - ptr[1] * 100 - ptr[2] * 10);
}
/ ***********************************************
函数名称: Trans_val
功能      : 将十六进制 ADC 转换数据变换成三位十进制
              真实的模拟电压数据,并在液晶上显示
参数      : Hex_Val——十六进制数据
返回值    : 无
 *********************************************** /
void Trans_val(uint Hex_Val,uchar * ptr)
{
    unsigned long caltmp;
    uint Curr_Volt;
    uchar t1;

    caltmp = Hex_Val;
    caltmp = (caltmp << 5) + Hex_Val;           //caltmp = Hex_Val * 33
    caltmp = (caltmp << 3) + (caltmp << 1);     //caltmp = caltmp * 10
    Curr_Volt = caltmp >> 12;                   //Curr_Volt = caltmp / 2 ^ n
    ptr[0] = Curr_Volt / 100;                   //Hex→Dec 变换
    t1 = Curr_Volt - (ptr[0] * 100);
    ptr[1] = t1 / 10;
    ptr[2] = t1 - (ptr[1] * 10);
}
```

知识点及问题引入

(1) 了解 ADC12 的 4 种转换模式。

(2) 掌握 ADC12 的转换模式的原理与使用。

(3) 掌握基本程序的设计方式,能够进行简单的应用。

7.2.2　ADC12 的 4 种转换模式与使用

ADC12 模块有单通道单次转换模式、单通道多次转换模式、序列通道单次转换模式、序列通道多次转换模式等 4 种转换模式,以支持多种使用场合。

1. 单通道单次转换模式

在此模式下,ADC12 模块实现对单通道输入模拟信号的一次采样-转换过程。转换结果写入由 CSTARTADDx 定义的转换存储寄存器 ADC12MEMx 中,整个过程如图 7-5 所示。需要注意 ENC 的变化对转换结果的影响。简单地说,在内核转换开始前改变 ENC 的状态(使 ENC=0),由于内核还未开始转换,所以对转换结果不产生影响。但当内核已经开始转换时再改变 ENC 的状态将会导致转换结果不可预测。转换完成后,转换结果存入指定的转换存储寄存器 ADC12MEMx 中,相应的中断标志位 ADC12IFGX 被置位。若使能中断则执行相应的中断服务程序。当转换存储寄存器 ADC12MEMx 中的转换结果被读出时,相应的中断标志位 ADC12IFGx 会自动清零,当然也可以手动对其清零。在该模式完成后使 ENC=0,ADC12 的状态将返回到状态 1 处。若需要启动下一次的转换,则需要通过程序使 ENC 置位(产生上升沿)。

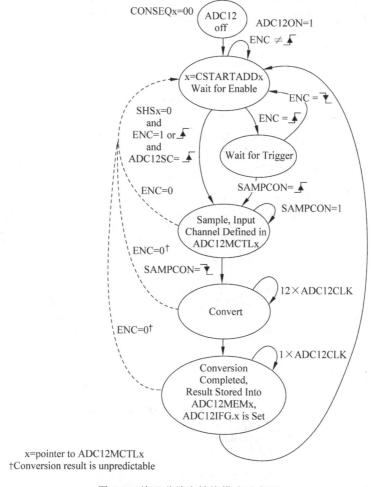

图 7-5 单通道单次转换模式示意图

单通道单次转换模式比较适合短时间内只进行一次转换的场合,如测量室温、湿度等。这些信号的共同特点是输入信号变化缓慢,短时间内信号几乎不变。这样连续两次采样的间隔可以长一些,以有利于降低能耗。

2.单通道多次转换模式

上面模式中每次只能进行一次转换,适合不需要频繁转换的场合。若要对某个通道进行连续多次采样-转换,基于单通道单次转换模式的程序设计就需要采用循环方式,占用较多 CPU 资源。这时单通道多次转换模式是最好的选择。在此模式下,ADC12 模块实现对选定通道的模拟信号进行连续多次采样-转换。转换通道和参考电压由转换存储控制寄存器 ADC12MCTLx 控制,转换结果写入由 CSTARTADDx 定义的 ADC12MEMx 中。需要注意的是,每个输入通道只对应一个数据存储寄存器。所以每次转换完成后必须将对应数据存储器 ADC12MEMx 中的转换结果读出。若不及时读取,下一次的转换结果会将当前转换结果覆盖,进而触发数据溢出中断。单通道多次转换是否完成是由 ENC 信号控制的。若 ENC=1 则直接进行采样-转换。若检测 ENC=0 则进行完本次转换后停止,如图 7-6 所示。实际应用中,对外界输入信号进行采样-转换中经常会受到外界噪声的干扰。在程序设计时通常使用多次连续采样求平均的方式减少脉冲噪声的干扰。

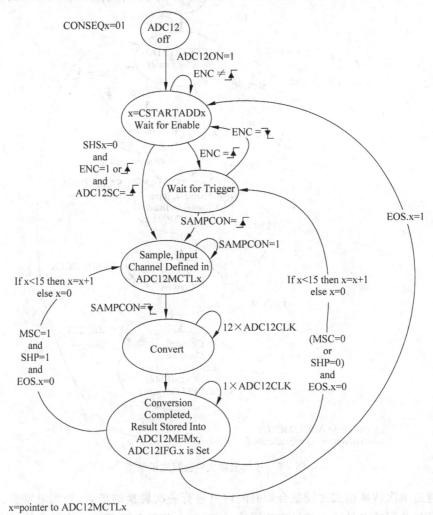

图 7-6　单通道多次转换模式示意图

3. 序列通道单次转换模式

序列通道单次转换模式是对单通道单次转换的扩展。在此模式下,ADC12模块可实现对序列通道依次进行一次采样-转换过程,如图7-7所示。每个通道的转换参数由相应的转换存储控制寄存器ADC12MCTLx分别独立控制。CSTARTADDx定义了存放转换结果的第一个转换存储寄存器ADC12MEMX的地址,随后的转换结果依次存放。序列通道单次转换的结束是以存储控制寄存器ADC12MCTLx中的EOS位来识别的。若遇到EOS=1,则序列通道单次转换在完成该通道转换后自动停止。在软件控制模式,即由ADC12SC触发转换时,后续通道的转换可以通过设置ADC12SC位来启动,此时通道的转换是软件控制的。但当使用其他触发源触发转换时,通道间的转换是自动完成的。在序列通道转换之间ENC必须固定。由于ENC从复位至置位之间的采样输入信号被忽略,所以序列通道单次转换一旦开始就可将ENC复位,而转换会正常完成。转换完成后,序列通道的转换结果分别存入指定的转换存储寄存器ADC12MEMx中,相应的中断标志位ADC12IFGx被置位。

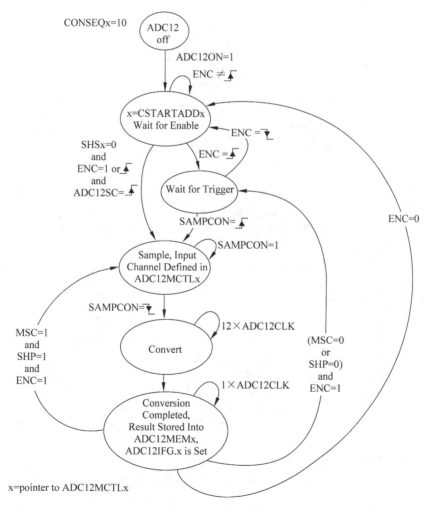

图7-7 序列通道单次转换模式示意图

4. 序列通道多次转换模式

在该模式下可实现对序列通道输入模拟信号的连续采样-转换。每一个转换通道的转换参数由相应的转换存储控制寄存器 ADC12MCTLx 分别独立控制,CSTARTADDx 定义了第一个转换存储寄存器 ADC12MEMx 的地址,转换存储控制寄存器 ADC12MCTLx 中的 EOS 位用来标识序列通道的最后一个通道。转换完成后,序列通道的转换结果分别存入指定的转换存储寄存器 ADC12MEMx 中,相应的中断标志位 ADC12IFGx 被置位,整个流程如图 7-8 所示。序列通道的多次转换是对序列通道单次转换模式的扩展,即它采集数据的顺序是首先对序列通道依次完成一次采集,然后再重复此过程,直至满足结束条件时才结束。每次转换完成均会使相应中断标志位置 1,若中断使能打开,均可产生中断请求。

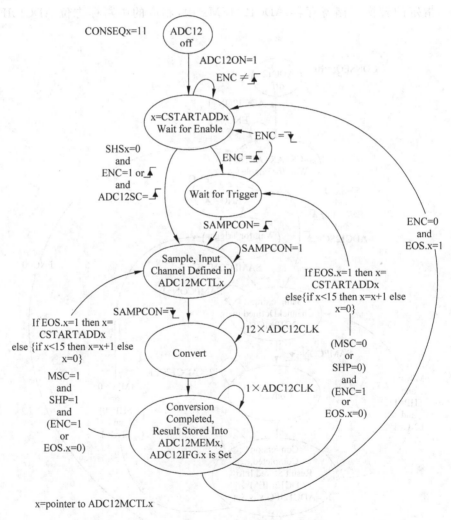

图 7-8　序列通道多次转换模式示意图

7.2.3　ADC12 的操作步骤

对控制寄存器有所了解之后，这里列出进行 ADC12 模块编程设计所要进行的步骤。

(1) 设置 ADC12ON 以打开 ADC12 模块。

(2) 设置转换结果存放的起始地址 x=CSTARTADDx 和转换模式 CONSEQx。

(3) 在对应的 ADC12MCTLx 寄存器中设置参考电压(SREF)和输入通道(INCH)。

(4) 设置转换时钟源及转换频率。

(5) 设置采样时钟源及采样时间。

(6) ADC12IFGx 清零。

(7) 设置 ENC=1 启动转换。

(8) 转换结束后读取转换结果。

上面 8 个步骤并非都要逐一进行设置，但作为程序设计者对上面每一个步骤都应该心中有数。例如，若采用默认的转换时钟配置，就不需要进行第(3)步的设置。一般情况下，步骤(1)、(2)、(5)、(6)、(7)都需用户设置。

转换结束后要立即读取转换结果以保证结果不会被覆盖。读取转换结果的方式可采用查询方式或中断方式。若采用查询方式，需要不断查询 ADC12BUSY 的状态。当 ADC12BUSY=0 时即可根据中断标志位读取转换结果。若采用中断方式，则需要在第(5)步后开启 ADC12 的相应存储寄存器的中断使能和总中断使能(GIE)以确保中断得到响应。转换结果存入数据缓冲存储器后会触发 ADC12 中断。根据中断标志位即可从相应的缓冲存储器中读取转换结果。

7.3　任务3　ADC 序列通道单次转换模式

任务要求：

编写实现对 A8、A9 两通道的同时采样-转换，选择模拟电压正端和负端分别作为转换电压最大值和最小值。在语句"_NOP()"处设置断点，运行程序使其停在断点处。要观察转换结果只需在 C-SPY 里打开一个 SFR 窗口查看 ADC12MEM8 及 ADC12MEM9 即可。

程序示例：

```
# include < msp430x14x.h>
void main(void)
{
  WDTCTL = WDTPW + WDTHOLD;              //关闭看门狗
ADC12CTL0 = ADC12ON + MSC + SHT0_15;    //打开 ADC12 模块,设置采样保持时间,第一次采样转换
                                        //需要 SHI 信号的上升沿触发采样定时器,后续的采样转
                                        //换在前一次转换完成后立即开始
  ADC12CTL1 = SHP + CONSEQ_1;           //选择 SAMPON 信号源自采样定时器,设置为序列通道单
                                        //次转换模式
  ADC12MCTL0 = INCH_8;                  //选择 A8 通道,VR += AVCC,VR -= AVSS
  ADC12MCTL1 = INCH_9 + EOS;            //选择 A9 作为最后通道,VR += AVCC,VR -= AVSS
  ADC12IE = 0x02;                       //使能 ADC12IFG1
  ADC12CTL0 | = ENC;                    //使能转换
```

```
    while(1)
    {
        ADC12CTL0 | = ADC12SC;                //开始转换
while((ADC12IFG & ADC12BUSY) == 0);
        _NOP();
    }
}
```

7.4 任务4 ADC 序列通道多次转换模式

任务要求：

利用序列通道多次转换模式实现对 A0～A3 这 4 个通道的数据采集。转换结果依次存入 ADC12MEM0、ADC12MEM1、ADC12MEM2、ADC12MEM3 中。当序列通道转换完成后，将转换结果转存到变量 A0_results、A1_results、A2_results、A3_results。要观察转换结果只需在 C-SPY 里打开一个 SFR 窗口查看 ADC12MEM0、ADC12MEM1、ADC12MEM2、ADC12MEM3 即可。

程序示例：

```
# include < msp430x14x. h>
# define Num_of_Results 8
volatile unsigned int A0_results[Num_of_Results];
volatile unsigned int A1_results[Num_of_Results];
volatile unsigned int A2_results[Num_of_Results];
volatile unsigned int A3_results[Num_of_Results];
int main(void)
{
    WDTCTL = WDTPW + WDTHOLD;              //关闭看门狗
    P6SEL = 0x0F;                         //将引脚设置成模数转换功能
    ADC12CTL0 = ADC12ON + MSC + SHT0_8;   //打开 ADC12,使用外部扩展抽样定时模式
    ADC12CTL1 = SHP + CONSEQ_3;           //使用内部定时采样
    ADC12MCTL0 = INCH_0;                  //通道 A0,VR += AVCC
    ADC12MCTL1 = INCH_1;                  //通道 A1,VR += AVCC
    ADC12MCTL2 = INCH_2;                  //通道 A2,VR += AVCC
    ADC12MCTL3 = INCH_3 + EOS;            //通道 A3,VR += AVCC
    ADC12IE = 0x08;                       //开始 ADC12IE3 中断使能
    ADC12CTL0 | = ENC;                    //使能转换
    ADC12CTL0 | = ADC12SC;                //软触发启动转换
    _BIS_SR(LPM0_bits + GIE);             //进入 LPM0,开启总中断使能
}
# pragma vector = ADC12_VECTOR
__ interrupt void ADC12_ISR(void)
{
    static unsigned int index = 0;
    A0_results[index] = ADC12MEM0;
    A1_results[index] = ADC12MEM1;
    A2_results[index] = ADC12MEM2;
    A3_results[index] = ADC12MEM3;
```

```
        index = (index + 1) % Num_of_Results;
    }
```

7.5　任务5　DAC12 的芯片

7.5.1　案例介绍与分析

MSP430F149 中没有集成 DA 接口,因此使用芯片 TLC5615。下面以 TLC5615 为基础进行讲述。TLC5615 电路图如图 7-9 所示,DIN 连接 P3.1,SCK 连接 P3.3,CS 连接 P2.6。

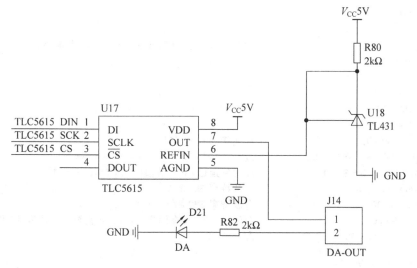

图 7-9　TLC5615 电路图

任务要求:

DA 转换输出波形,通过示波器观察波形或观察 LED 亮暗。

按下 KEY1 不放,输出三角波。

按下 KEY2 不放,输出锯齿波。

按下 KEY3 不放,输出正弦波。

程序示例:

```
# include "includes.h"
# include "sys.h"
# include "key.h"

//# define DIN BIT1              //数字信号输入端 P31
//# define SCLK BIT3             //时钟信号输入端 P33
# define CS BIT7                 //DAC 片选端 P27
# define Enable P2OUT& = ~CS;    //低电平有效,数据进入寄存器
# define Disable P2OUT| = CS;
```

```
//uint i;
ulong i = 0x00;
uint table[100] = {0x00,0x00,0x00,0x01,0x01,0x02,0x03,0x04,0x05,0x06,
0x07,0x08,0x09,0x0a,0x0b,0x0c,0x0d,0x0e,0x0f,0x10,
0x11,0x13,0x15,0x16,0x18,0x1a,0x1c,0x1e,0x20,0x22,
0x25,0x27,0x29,0x2a,0x2b,0x2c,0x2d,0x2e,0x2f,0x30,
0x31,0x32,0x33,0x34,0x35,0x35,0x36,0x36,0x37,0x37,
0x38,0x38,0x38,0x37,0x37,0x36,0x36,0x35,0x35,0x34,
0x33,0x32,0x31,0x30,0x2f,0x2e,0x2d,0x2c,0x2b,0x2a,
0x29,0x27,0x25,0x22,0x20,0x1e,0x1c,0x1a,0x18,0x16,
0x15,0x13,0x11,0x10,0x0f,0x0e,0x0d,0x0c,0x0b,0x0a,
0x09,0x08,0x07,0x06,0x05,0x04,0x03,0x02,0x01,0x01
};

void Init_Spi()
{
  P3SEL| = 0X0A;                    //P3.1第二功能SIMO,P3.3第二功能UCLK
  P3DIR| = 0XFF;

  P2SEL = 0X00;
  P2DIR| = 0XFF;
  P2OUT = 0Xff;
  ME1| = USPIE0;                    //使能USART0 SPI
  U0CTL| = CHAR + SYNC + MM;        //8位+SPI模式+主机 **SWRT**
  U0TCTL| = CKPL + SSEL1 + STC;     //时钟延迟,下降沿输出,SMCLK,3线模式
  U0BR0 = 0X02;                     //波特率SMCLK/2
  U0BR1 = 0X00;                     //波特率SMCLK/2
  U0MCTL = 0X00;                    //清除U0MCTL,在同步通信时,不需要进行调整,使用时全部写0
  U0CTL& = ~SWRST;                  //复位USART
}

void write_byte(uchar byte)
{
  U0TXBUF = byte;
  while(!(IFG1&UTXIFG0));
    IFG1& = ~UTXIFG0;
}

void DAC_OUT(uint temp)
{
  temp = temp << 2;
  Enable;
  write_byte(temp >> 4);
  write_byte((temp&0x00f) << 4);
  Disable;
}

void sanjiao()                      //输出三角波
{
  for(i = 0;i < 0x38;i++)
    DAC_OUT(i);
```

```
    for(i = 0x38;i > 0;i -- )
      DAC_OUT(i);
}

void juchi()                      //输出锯齿波
{
  for(i = 0x00;i < 0x3ff;i++)
  {
    DAC_OUT(i);
    DelayMs(1);
  }
}

void zhengxian()                  //输出正弦波
{
  uchar temp;
  for(i = 0;i < 100;i++)
  {
    temp = table[i];
    DAC_OUT(temp);
    DelayMs(5);
  }
}
void main()
{
  ClockInit();
  WDTInit();
  Init_Spi();
  KeyPortInit();
  Disable;
  P3OUT| = BIT1;
  while(1)
  {
    if(KeyScan() == 1)
      sanjiao();
    else if(KeyScan() == 2)
      juchi();
    else if(KeyScan() == 3)
      zhengxian();
  }
}
```

Key 程序：

```
/*
***************************************************************************
* 程序功能：按键检测
***************************************************************************
*/
# include "includes.h"
```

```c
#define KeyPort          P6IN

/*
************************************************************************
*                    KeyPortInit()
* 功能说明: 按键端口初始化
* 参数      : 无
* 返回值    : 无
************************************************************************
*/
void KeyPortInit()
{
  P6SEL = 0x00;                    //P6 设置为普通功能
  P6DIR = 0x0F;                    //P6 高 4 位设置为输入
}


/*
************************************************************************
*                    KeyScan()
* 功能说明: 按键检测
* 参数      : 无
* 返回值    : 按下的按键值
************************************************************************
*/
uchar KeyScan(void)
{
  uchar KeyCheck,KeyCheckin,KeyNum;

  KeyCheckin = KeyPort;            //读取 I/O 口状态,判断是否有键按下
  KeyCheckin &= 0xF0;              //取高 4 位
  if(KeyCheckin!= 0xF0){           //I/O 口值发生变化则表示有键按下
      DelayMs(20);                 //键盘消抖,延时 10ms
      KeyCheckin = KeyPort;
      if(KeyCheckin!= 0xF1){
          KeyCheck = KeyPort;
          switch(KeyCheck & 0xF0){
              case 0xE0:
              KeyNum = 1;          //按键 KEY1 按下
              break;
              case 0xD0:           //按键 KEY2 按下
              KeyNum = 2;
              break;
              case 0xB0:           //按键 KEY3 按下
              KeyNum = 3;
              break;
              case 0x70:           //按键 KEY4 按下
              KeyNum = 4;
              break;
              default:
              break;
          }
```

```
    }
  } else{
    KeyNum = 0xFF;                    //若无按键按下,则返回 0xFF
  }
  return KeyNum;                       //返回按键值
}
```

7.5.2　芯片 TLC5615 概述

TLC5615 是一个串行 10 位 DAC 芯片,性能上比早期电流型输出的 DAC 要好。只需要通过三根串行总线就可以完成 10 位数据的串行输入,适用于电池供电的测试仪表、移动电话,也适用于数字失调与增益调整及工业控制场合。

1. TCL5615 的主要特点

(1) 10 位 CMOS 电压输出;

(2) 5V 单电源供电;

(3) 与 CPU 三线串行接口;

(4) 最大输出电压可达基准电压的二倍;

(5) 输出电压具有和基准电压相同的极性;

(6) 建立时间 125μs;

(7) 内部上电复位;

(8) 低功耗,最大仅 175mW。

2. TLC5615 的功能框图

TLC5615 的内部功能框图如图 7-10 所示,它主要由以下几部分组成。

(1) 10 位 DAC 电路;

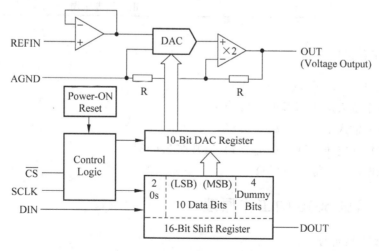

图 7-10　TLC5615 内部功能框图

(2) 一个 16 位移位寄存器,接收串行移入的二进制数,并且有一个级联的数据输出端 DOUT;

(3) 并行输入输出的 10 位 DAC 寄存器,为 10 位 DAC 电路提供待转换的二进制数据;

(4) 电压跟随器为参考电压端 REFIN 提供很高的输入阻抗,大约 $10M\Omega$;

(5) ×2 电路提供最大值为二倍于 REFIN 的输出;

(6) 上电复位电路和控制电路。

3. TLC5615 引脚说明

8 脚直插式 TLC5615 的引脚分布如图 7-11 所示,各引脚功能如表 7-5 所示。

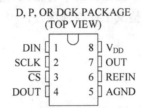

图 7-11 TLC5615 引脚分布图

表 7-5 TLC5615 引脚功能表

引脚号	名　称	功　能
1	DIN	串行二进制数输入端
2	SCLK	串行时钟输入端
3	CS	芯片选择,低电平有效
4	DOUT	用于级联的串行数据输出
5	AGND	模拟地
6	REFIN	基准电压输入端
7	OUT	模拟电压输出端
8	V_{DD}	正电源电压端

4. 推荐工作条件

(1) V_{DD}:$4.5 \sim 5.5V$,通常取 5V;

(2) 高电平输入电压不得小于 2.4V;

(3) 低电平输入电压不得高于 0.8V;

(4) 基准输入电压:$2V \sim (V_{DD}-2)$,通常取 2.048V;

(5) 负载电压:不得小于 $2k\Omega$。

7.5.3 TLC5615 的工作原理

1. TLC5615 的时序

TLC5615 工作时序如图 7-12 所示。可以看出,只有当片选 CS 为低电平时,串行输入数据才能被移入到 16 位移位寄存器。当 CS 为低电平时,在每一个 SCLK 时钟的上升沿将

DIN 的一位数据移入 16 位移位寄存器。注意,二进制最高有效位被导入前移入移位寄存器。接着,CS 的上升沿将 16 位移位寄存器的 10 位有效数据锁存于 10 位 DAC 寄存器,供 DAC 电路进行转换;当片选 CS 为高电平时,串行输入数据不能被移入 16 位移位寄存器。注意:CS 的上升和下降都必须发生在 SCLK 为低电平期间。

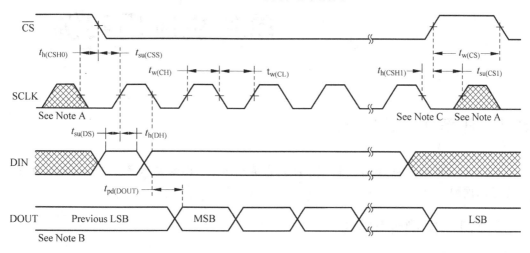

图 7-12　TLC5615 时序图

2. TLC5615 的两种工作方式

从图 7-12 可以看出,16 位移位寄存器可以分为高 4 位虚拟位、低两位填充位以及 10 位有效位。在单片机 TLC5615 工作时,只需要向 16 位移位寄存器按先后输入 10 位有效位和低两位填充位,两位填充位数据任意,这是第一种方式,即 12 位数据系列。第二种方式为级联方式,即 16 位数据系列,可以将本片的 DOUT 接到下一片的 DIN,需要向 16 位移位寄存器按先后输入高 4 位虚拟位、10 位有效位和低两位填充位,由于增加了高 4 位虚拟位,所以需要 16 个时钟脉冲。

不论工作在哪一种方式,输出电压为:

$$V_{\text{OUT}} = V_{\text{REFN}} \times N/1024$$

其中,V_{REFN} 是参考电压,N 为输入的二进制数。

第 8 章

单片机应用实例

8.1 任务 1 LCD1602

LCD1602 液晶也叫 1602 字符型液晶。它是一种专门用来显示字母、数字、符号等的点阵型液晶模块。

8.1.1 案例介绍与实现

任务要求：

利用 LCD1602 显示两行，第一行显示"Welcome to 429"，第二行显示"MSP430F149"。原理图如图 8-1 所示，LCD_RS 连接 P5.0，LCD_RW 连接 P5.1，LCD_CS 连接 P5.2，LCD_D0～LCD_D7 连接 P4.0～P4.7。

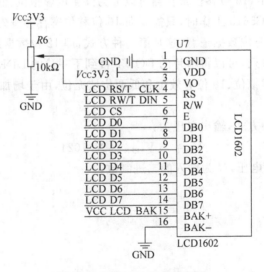

图 8-1　LCD1602 液晶原理图

程序示例：

main.c：

```
#include "includes.h"
#include "sys.h"
#include "lcd1602.h"
```

```
void main()
{
  uchar i, * p;
  WDTInit();                    //看门狗设置
  ClockInit();                  //系统时钟设置
  LCD1602PortInit();            //端口初始化,用于控制 I/O 口输入或输出
  LCD1602Init();                //液晶参数初始化设置
  while(1)
  {
    i = 4;
    p = "MSP430F149";           //字符串输出显示
    LCD1602ClrScreen();         //清屏
    LCD1602WriteStr(1,1,"Welcome to 429");
    DelayMs(250);

    while( * p)
    {
      LCD1602WriteChar(i,2, * p++);    //单个字符输出显示
      i++;
      DelayMs(250);             //延时 250ms
    }
    DelayMs(250);
  }
}
```

Lcd1602.c:

```
# include "includes.h"
//接口定义
/ * P4.0~P4.7 接 D0~D7  LCD_RS 接 P5.0  LCD_RW 接 P5.1  1602_CS 接 P5.2
* /
# define DataPort P4OUT                   //P4 口为数据口
# define LCD1602Port P5OUT                //P5 为控制口

# define RS_CLR LCD1602Port & = ~BIT0     //RS 置低
# define RS_SET LCD1602Port | = BIT0      //RS 置高

# define RW_CLR LCD1602Port & = ~BIT1     //RW 置低
# define RW_SET LCD1602Port | = BIT1      //RW 置高

# define EN_CLR LCD1602Port & = ~BIT2     //EN 置低
# define EN_SET LCD1602Port | = BIT2      //EN 置高


/ *
***********************************************************************
*                     LCD1602PortInit()
* 功能说明: 初始化 I/O 口子程序
* 参数    : 无
* 返回值  : 无
```

```
******************************************************************************
*/
void LCD1602PortInit()
{
  P4SEL = 0x00;
  P4DIR = 0xFF;
  P5SEL = 0x00;
  P5DIR| = BIT0 + BIT1 + BIT2;            //控制口设置为输出模式
}


/*
******************************************************************************
*                     LCD1602WriteCom(uchar com)
* 功能说明：显示屏写入命令函数
* 参数    ：写入的命令
* 返回值  ：无
******************************************************************************
*/
void LCD1602WriteCom(uchar com)
{
  RS_CLR;
  RW_CLR;
  EN_SET;
  DataPort = com;                        //命令写入端口
  DelayMs(5);
  EN_CLR;
}


/*
******************************************************************************
*                     LCD1602WriteData(uchar data)
* 功能说明：显示屏数据写入函数
* 参数    ：写入的数据
* 返回值  ：无
******************************************************************************
*/
void LCD1602WriteData(uchar data)
{
  RS_SET;
  RW_CLR;
  EN_SET;
  DataPort = data;                       //数据写入端口
  DelayMs(5);
  EN_CLR;
}


/*
******************************************************************************
*                     LCD1602ClrScreen(void)
* 功能说明：清屏函数
* 参数    ：无
```

```
* 返回值   : 无
****************************************************************************
*/
void LCD1602ClrScreen(void)
{
  LCD1602WriteCom(0x01);                    //清屏幕显示
  DelayMs(5);
}


/*
****************************************************************************
*                     LCD1602WriteStr(uchar x, uchar y, uchar * s)
* 功能说明: 显示屏字符串写入函数
* 参数       : x: 横坐标(1~16)
              y: 纵坐标(1~2)
               * s: 写入的字符串
* 返回值 : 无
****************************************************************************
*/
void LCD1602WriteStr(uchar x, uchar y, uchar * s)
{
  if(y == 1)
  {
    LCD1602WriteCom(0x80 + x - 1);          //第一行显示
  }
  else if(y == 2)
  {
    LCD1602WriteCom(0xC0 + x - 1);          //第二行显示
  }

  while( * s)
  {
    LCD1602WriteData( * s);
    s++;
  }
}


/*
****************************************************************************
*                     LCD1602WriteChar(uchar x, uchar y, uchar data)
* 功能说明: 显示屏单字符写入函数
* 参数       : x : 横坐标(1~16)
              y : 纵坐标(1~2)
               data: 写入的字符
* 返回值 : 无
****************************************************************************
*/
void LCD1602WriteChar(uchar x, uchar y, uchar data)
{
  if(y == 1)
  {
```

```
        LCD1602WriteCom(0x80 + x - 1);            //第一行显示
    }
    else if(y == 2)
    {
        LCD1602WriteCom(0xC0 + x - 1);            //第二行显示
    }
    LCD1602WriteData(data);
}

/*
********************************************************************************
*                          LCD1602Init(void)
* 功能说明：显示屏初始化函数
* 参数      ：无
* 返回值   ：无
********************************************************************************
*/
void LCD1602Init(void)
{
    LCD1602WriteCom(0x38);                    //显示模式设置
    DelayMs(5);
    LCD1602WriteCom(0x08);                    //显示关闭
    DelayMs(5);
    LCD1602WriteCom(0x01);                    //显示清屏
    DelayMs(5);
    LCD1602WriteCom(0x06);                    //显示光标移动设置
    DelayMs(5);
    LCD1602WriteCom(0x0C);                    //显示开及光标设置
    DelayMs(5);
}
```

8.1.2 LCD1602 概述

1. LCD1602 引脚功能

LCD1602 引脚功能如表 8-1 所示。

表 8-1 LCD1602 引脚功能表

引脚号	符号	引脚说明	引脚号	符号	引脚说明
1	V_{SS}	电源地	9	D2	数据口
2	V_{DD}	电源正极	10	D3	数据口
3	V_0	液晶显示对比度调节端	11	D4	数据口
4	RS	数据/命令选择端(H/L)	12	D5	数据口
5	R/W	读写选择端(H/L)	13	D6	数据口
6	E	使能信号	14	D7	数据口
7	D0	数据口	15	BLA	背光电源正极
8	D1	数据口	16	BLK	背光电源负极

2. LCD1602 参数

控制器内部带有 80B 的 RAM 缓冲区,对应关系如图 8-2 所示。

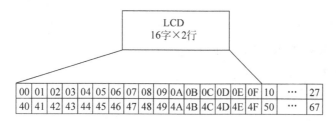

| 00 | 01 | 02 | 03 | 04 | 05 | 06 | 07 | 08 | 09 | 0A | 0B | 0C | 0D | 0E | 0F | 10 | ⋯ | 27 |
| 40 | 41 | 42 | 43 | 44 | 45 | 46 | 47 | 48 | 49 | 4A | 4B | 4C | 4D | 4E | 4F | 50 | ⋯ | 67 |

图 8-2 RAM 缓冲区

当向图中的 00～0F,40～4F 地址中的任一处写入显示数据时,液晶都可立即显示出来,当写入到 10～27 或 50～67 地址处时,必须通过移屏指令将它们移入可显示区域方可显示。指令字格式如下。

7	6	5	4	3	2	1	0
R/W	DB6	DB5	DB4	DB3	DB2	DB1	DB0

bit 7   R/W   读/写操作使能。

                                       1:禁止。

                                       0:允许。

bit 6～0   DB6～DB0   当前地址指针的数值。

LCD1602 指令如表 8-2 所示。

表 8-2 LCD1602 指令表

		指 令 码						功 能
0	0	0	0	0	0	0	1	显示清屏:1. 数据指针清零 2. 所有显示清零
0	0	0	0	0	0	1	0	显示回车:数据指针清零
0	0	1	1	1	0	0	0	设置 16×2 显示,5×7 点阵,8 位数据接口
0	0	0	0	1	D	C	B	D=1,开显示;D=0,关显示 C=1,显示光标;C=0,不显示光标 B=1,光标闪烁;B=0,光标不显示
0	0	0	0	0	1	N	S	N=1,当读或写一个字符后地址指针加1,且光标加1 N=0,当读或写一个字符后地址指针减1,且光标减1 S=1,当写一个字符时,整屏显示左移(N=1)或右移(N=0)以得到光标不移动而屏幕移动的效果 S=0,当写一个字符时,整屏显示不移动
0	0	0	1	0	0	0	0	光标左移
0	0	0	1	0	1	0	0	光标右移
0	0	0	1	1	0	0	0	整屏左移,同时光标跟随移动
0	0	0	1	1	1	0	0	整屏右移,同时光标跟随移动

8.1.3　LCD1602 的操作流程

1. 基本操作时序

读状态输入：RS＝L,R/W＝H,E＝H。

输出：D0～D7＝状态字。

读数据输入：RS＝H,R/W＝H,E＝H。

输出：无。

写指令输入：RS＝L,R/W＝L,D0～D7＝指令码,E＝高脉冲。

输出：D0～D7＝数据。

写数据输入：RS＝H,R/W＝L,D0～D7＝数据,E＝高脉冲。

输出：无。

写操作时序如图 8-3 所示。

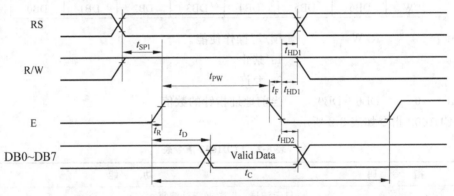

图 8-3　LCD1602 写操作时序

读操作时序如图 8-4 所示。

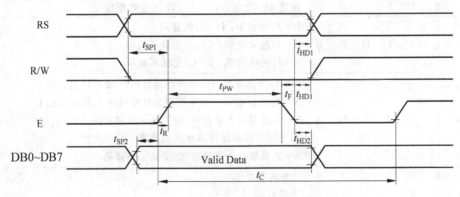

图 8-4　LCD1602 读操作时序

时序参数如表 8-3 所示。

表 8-3 时序参数

时序参数	符号	极限值			单位	测试条件
		最小值	典型值	最大值		
E 周期信号		400			ns	引脚 E
E 脉冲宽度	,	150			ns	
E 上升沿/下降沿时间	,			25	ns	
地址建立时间		30			ns	引脚 E、RS、R/W
地址保持时间		10			ns	
数据建立时间(读操作)				100	ns	引脚 DB0~DB7
数据保持时间(读操作)		20			ns	
数据建立时间(写操作)		40			ns	
数据保持时间(写操作)		10			ns	

2. LCD1602 初始化

用户所编的显示程序,开始必须进行初始化,否则模块无法正常显示。下面介绍两种初始化方法。

1) 利用内部复位电路进行初始化

下面的指令是在初始化进程中执行的。

(1) DISPLAY CLEAR 为清屏命令。

(2) FUNCTION SET 为功能设置命令。

DL＝1 为 8Bin 接口数据;N＝0 为 1 行显示;F＝0 为 5×7dot 字形。

(3) Display ON/OFF Control 为显示开/关控制命令。

D＝0 为显示关;C＝0 为光标关;B＝0 为消隐关。

(4) ENTRY MODE SET 为输入方式设置命令。

I/D＝1 为增量;S＝0 为无移位。

2) 软件实现初始化

如果电路电源不能满足复位电路的要求,那么初始化就要用软件来实现。8 位接口初始化流程图如图 8-5 所示。

3. 操作 LCD1602 基本流程

(1) 通过 RS 确定是写数据还是写命令。写命令包括数据指针的设置,清屏与否,显示模式设置,还有显示开/关及光标设置。而写数据是指写入要显示的内容。

(2) 读/写控制端设置为写模式,即低电平。

(3) 将数据或命令送到数据线上。

(4) 给 E 一个高脉冲将数据送入液晶控制器,完成写操作。

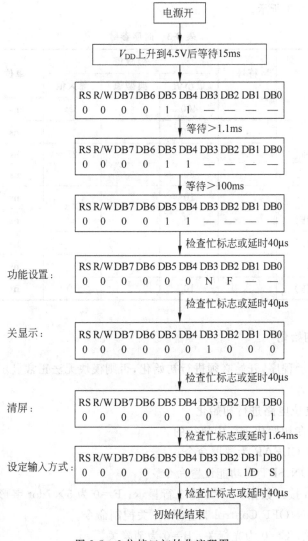

图 8-5   8 位接口初始化流程图

8.2   任务 2   LCD12864

LCD12864 液晶是一种具有 4 位/8 位并行、2 线或 3 线串行多种接口方式,内部含有国标一级、二级简体中文字库的点阵图形液晶显示模块;其显示分辨率为 128×64,内置 8192 个 16×16 点汉字和 128 个 16×8 点 ASCII 字符集。利用该模块灵活的接口方式和简单、方便的操作指令,可构成全中文人机交互图形界面。可以显示 8×4 行 16×16 点阵的汉字,也可完成图形显示。

8.2.1   案例介绍与分析

任务要求:

利用 LCD12864 第一行显示"MSP430F149";第二行显示"LCD12864";第三行显示"液

晶显示程序"；第四行显示"山东理工大学"。原理图如图 8-6 所示，P4.0～P4.7 接 D0～
D7，LCD_RS 接 P5.0，LCD_RW 接 P5.1，1602_CS 接 P5.2。

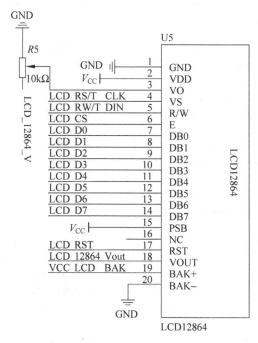

图 8-6　12864 液晶显示模块原理图

程序示例：

main.c：

```
# include < msp430x14x.h >
# include "includes.h"
# include "sys.h"
# include "lcd12864.h"

void main()
{
    WDTInit();                    //看门狗初始化
    ClockInit();                  //时钟初始化
    LCD12864PortInit();           //系统初始化,设置 I/O 口属性
    LCD12864Init();               //液晶初始化
    LCD12864ClrScreen();          //清屏
    LCD12864DisStr(1,2," MSP430F149");
    LCD12864DisStr(2,3,"LCD12864");
    LCD12864DisStr(3,2,"液晶显示程序");
    LCD12864DisStr(4,2,"山东理工大学");
    while(1);
}
```

Lcd12864.c：

```
# include "includes.h"
```

```
# define LCD12864DataPort    P4OUT                        //P4 口为数据口
# define LCD12864DataIn      P4IN
# define LCD12864CtlPort     P5OUT                        //LCD12864 控制端口


# define RS_CLR   LCD12864CtlPort & = ∼BIT0              //RS 置低
# define RS_SET   LCD12864CtlPort | = BIT0               //RS 置高


# define RW_CLR   LCD12864CtlPort & = ∼BIT1              //RW 置低
# define RW_SET   LCD12864CtlPort | = BIT1               //RW 置高


# define EN_CLR   LCD12864CtlPort & = ∼BIT2              //E 置低
# define EN_SET   LCD12864CtlPort | = BIT2               //E 置高

//# define PSB_CLR  LCD12864CtlPort & = ∼BIT3            //PSB 置低,串口方式
//# define PSB_SET  LCD12864CtlPort | = BIT3            //PSB 置高,并口方式
/ * 12864 应用指令 * /
# define CLEAR_SCREEN   0x01                            //清屏指令:清屏且 AC 值为 00H
# define AC_INIT        0x02                            //将 AC 设置为 00H.且游标移到原点位置
# define CURSE_ADD      0x06                            //设定游标移动方向及图像整体移动方向(默
                                                        //认游标右移,图像整体不动)
# define FUN_MODE       0x30                            //工作模式:8 位基本指令集
# define DISPLAY_ON     0x0C                            //显示开,显示游标,且游标位置反白
# define DISPLAY_OFF    0x08                            //显示关
# define CURSE_DIR      0x14                            //游标向右移动:AC = AC + 1
# define SET_CG_AC      0x40                            //设定 CGRAM 位址到位址计数器
# define SET_DD_AC      0x80                            //设定 DDRAM 位址到位址计数器


/ *
 ***************************************************************************
 *                    LCD12864PortInit()
 * 功能说明:LCD12864 液晶端口初始化
 * 参数      :无
 * 返回值   :无
 ***************************************************************************
 * /
void LCD12864PortInit(void)
{
  P4SEL = 0x00;
  P4DIR = 0xFF;
  P5SEL = 0x00;
  P5DIR| = BIT0 + BIT1 + BIT2 + BIT3 ;
//PSB_SET;                                               //液晶并口方式 P5SEL = 0x00;
}


/ *
 ***************************************************************************
 *                     LCD12864WriteCom(uchar com)
 * 功能说明: 向 LCD12864 液晶写入指令
 * 参数      : com: 写入的指令
 * 返回值   : 无
 ***************************************************************************
```

```
*/
void LCD12864WriteCom(uchar com)
{
  RS_CLR;
  RW_CLR;
  EN_SET;
  LCD12864DataPort = com;
  DelayMs(5);
  EN_CLR;
}


/*
*****************************************************************************
*                          LCD12864WriteData(uchar dat)
* 功能说明：向 LCD12864 液晶写入数据
* 参数      : dat: 写入的数据
* 返回值    : 无
*****************************************************************************
*/
void LCD12864WriteData(unsigned char dat)
{
  RS_SET;
  RW_CLR;
  EN_SET;
  LCD12864DataPort = dat;
  DelayMs(5);
  EN_CLR;
}


/*
*****************************************************************************
*                          LCD12864ClrScreen(void)
* 功能说明：LCD12864 液晶清屏
* 参数      : 无
* 返回值    : 无
*****************************************************************************
*/
void LCD12864ClrScreen(void)
{
  LCD12864WriteCom(CLEAR_SCREEN);
  DelayMs(5);
}


/*
*****************************************************************************
*                          LCD12864DisStr(uchar x,uchar y,uchar * s)
* 功能说明：向 LCD12864 液晶写入字符或者汉字
* 参数      : x: 写入的行(1~4)
*             y: 写入的列(1~8)
*             * s: 写入的字符编码
* 返回值    : 无
*****************************************************************************
*/
void LCD12864DisStr(uchar x,uchar y,uchar * s)
```

```
{
  if(x == 1)
  {
    x = 0x80;
  }
  else if(x == 2)
  {
    x = 0x90;
  }
  else if(x == 3)
  {
    x = 0x88;
  }
  else
  {
    x = 0x98;
  }
  LCD12864WriteCom(x + y - 1);
  DelayMs(5);
  while( * s != '\0')
  {
    LCD12864WriteData( * s);
    s++;
    DelayMs(5);
  }
}


/*
******************************************************************************
*                          LCD12864Init(void)
* 功能说明: LCD12864 液晶初始化
* 参数      : 无
* 返回值    : 无
******************************************************************************
*/
void LCD12864Init(void)
{
  LCD12864WriteCom(FUN_MODE);          //显示模式设置
  DelayMs(5);
  LCD12864WriteCom(DISPLAY_ON);        //显示开
  DelayMs(5);
  LCD12864WriteCom(CLEAR_SCREEN);      //清屏
  DelayMs(5);
}
```

8.2.2 LCD12864 概述

LCD12864 是一种具有 4 位/8 位并行、2 线或 3 线串行多种接口方式,内部含有国标一级、二级简体中文字库的点阵图形液晶显示模块;其显示分辨率为 128×64,内置 8192 个 16×16 点汉字和 128 个 16×8 点 ASCII 字符集。利用该模块灵活的接口方式和简单、方便的操作指令,可构成全中文人机交互图形界面。可以显示 8×4 行 16×16 点阵的汉字,也可完成图形显示。低电压、低功耗是其又一显著特点。由该模块构成的液晶显示方案与同类型的图形点阵液晶显示模块相比,不论硬件电路结构或显示程序都要简洁得多,且该模块的价格也略低于相同点阵的图形液晶模块。

1. LCD12864 的基本特性

(1) 低电源电压(V_{DD}:+3.0~+5.5V)。

(2) 显示分辨率:128×64 像素。

(3) 内置汉字字库,提供 8192 个 16×16 点阵汉字(简繁体可选)。

(4) 内置 128 个 16×8 点阵字符。

(5) 2MHz 时钟频率。

(6) 显示方式:STN、半透、正显。

(7) 驱动方式:1/32DUTY,1/5BIAS。

(8) 视角方向:6 点。

(9) 背光方式:侧部高亮白色 LED,功耗仅为普通 LED 的 1/5~1/10。

(10) 通信方式:串行、并口可选。

(11) 内置 DC-DC 转换电路,无须外加负压。

(12) 无须片选信号,简化软件设计。

(13) 工作温度 0~+55℃,存储温度-20~+60℃。

2. 模块接口说明

LCD12864 的框图如图 8-7 所示。

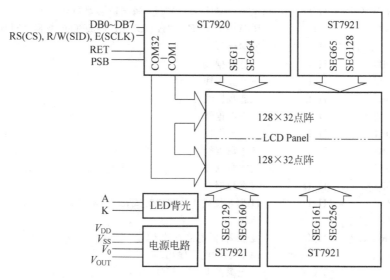

图 8-7　LCD12864 框图

1) 串行接口引脚

串行接口引脚如表 8-4 所示。

表 8-4　串行接口引脚对应表

引脚号	名　称	LEVEL	功　能
1	V_{SS}	0V	电源地
2	V_{DD}	+5V	电源正(3.0~5.5V)
3	V_0	—	对比度(亮度)调整
4	CS	H/L	模组片选端,高电平有效
5	SID	H/L	串行数据输入端
6	CLK	H/L	串行同步时钟 i:上升沿时读取 SID 数据
15	PSB	L	L:串口方式(见注释①)
17	/RESET	H/L	复位端,低电平有效(见注释②)
19	A	V_{DD}	背光源电压+5V(见注释③)
20	K	V_{SS}	背光源负端 0V(见注释③)

注:① 如在实际应用中仅使用串口通信模式,可将 PSB 接固定低电平,也可以将模块上的 J8 和"GND"用焊锡短接。
　② 模块内部接有上电复位电路,因此在不需要经常复位的场合可将该端悬空。
　③ 如背光和模块共用一个电源,可以将模块上的 JA、JK 用焊锡短接。

2) 并行接口引脚

并行接口引脚信号如表 8-5 所示。

表 8-5　并行接口引脚图信号表

引脚号	引脚名称	电平	引脚功能描述
1	V_{SS}	0V	电源地
2	V_{CC}	3.0~+5V	电源正
3	V_0	—	对比度 C(亮度)调整
4	RS (CS)	H/L	RS= "H",表示 DB7~DB0 为显示数据；RS= "L",表示 DB7~DB0 为显示指令数据
5	R/W(SID)	H/L	R/W= "H",E= "H",数据被读到 DB7~DB0 R/W= "L",E= "H—L",DB7~DB0 的数据被写到 IR 或 DR
6	E(SCLK)	H/L	使能信号
7	DB0	H/L	三态数据线
8	DB1	H/L	三态数据线
9	DB2	H/L	三态数据线
10	DB3	H/L	三态数据线
11	DB4	H/L	三态数据线
12	DB5	H/L	三态数据线
13	DB6	H/L	三态数据线
14	DB7	H/L	三态数据线
15	PSB	H/L	H 为 8 位或 4 位并口方式；L 为串口方式①
16	NC	—	空脚
17	/RESET	H/L	复位端,低电平有效②
18	V_{OUT}	—	LCD 驱动电压输出端
19	A	V_{DD}	背光源正端③(+5V)
20	K	V_{SS}	背光源负端③

注:① 如在实际应用中仅使用并口通信模式,可将 PSB 接固定高电平,也可以将模块上的 J8 和"V_{CC}"用焊锡短接。
　② 模块内部接有上电复位电路,因此在不需要经常复位的场合可将该端悬空。
　③ 如背光和模块共用一个电源,可以将模块上的 JA、JK 用焊锡短接。

3）控制信号接口说明

RS，R/W 的配合选择决定控制界面的 4 种模式如表 8-6 所示。

表 8-6 RS，R/W 的配合选择决定控制界面的 4 种模式

RS	R/W	功 能 说 明
L	L	MPU 写指令到指令暂存器(IR)
L	H	读出忙标志(BF)及地址计数器(AC)的状态
H	L	MPU 写入数据到数据暂存器(DR)
H	H	MPU 从数据暂存器(DR)中读出数据

E 信号状态说明如表 8-7 所示。

表 8-7 E 信号状态说明

E 状态	执 行 动 作	结 果
高→低	I/O 缓冲→DR	配合 R/W 进行写数据或指令
高	DR→I/O 缓冲	配合 R 进行读数据或指令
低/低→高	无动作	

（1）忙标志 BF。BF 标志提供内部工作情况。BF＝1 表示模块在进行内部操作，此时模块不接收外部指令和数据。BF＝0 时，模块为准备状态，随时可接收外部指令和数据。

利用 STATUS RD 指令，可以将 BF 读到 DB7 总线，从而检验模块的工作状态。

（2）字型产生 ROM(CGROM)。其提供 8192 个此触发器是用于模块屏幕显示开和关的控制。DFF＝1 为开显示(DISPLAY ON)，DDRAM 的内容就显示在屏幕上，DFF＝0 为关显示(DISPLAY OFF)。

DFF 的状态是由指令 DISPLAY ON/OFF 和 RST 信号控制的。

（3）显示数据 RAM(DDRAM)。模块内部显示数据 RAM 提供 64×2 个位元组的空间，最多可控制 4 行 16 字(64 个字)的中文字型显示，当写入显示数据 RAM 时，可分别显示 CGROM 与 CGRAM 的字型；此模块可显示三种字型，分别是半角英数字型(16×8)、CGRAM 字型及 CGROM 的中文字型。三种字型的选择，由在 DDRAM 中写入的编码选择，在 0000H～0006H 的编码中(其代码分别是 0000、0002、0004、0006 共 4 个)将选择 CGRAM 的自定义字型，02H～7FH 的编码中将选择半角英数字的字型，至于 A1 以上的编码将自动结合下一个位元组，组成两个位元组的编码形成中文字型的编码 BIG5(A140～D75F)，GB(A1A0～F7FFH)。

（4）字型产生 RAM(CGRAM)。其提供图像定义(造字)功能，可以提供 4 组 16×16 点的自定义图像空间，使用者可以将内部字型没有提供的图像字型自行定义到 CGRAM 中，便可和 CGROM 中的定义一样地通过 DDRAM 显示在屏幕中。

（5）地址计数器 AC。是用来储存 DDRAM/CGRAM 之一的地址。它可由设定指令暂存器来改变，之后只要读取或是写入 DDRAM/CGRAM 的值时，地址计数器的值就会自动加 1，当 RS 为"0"而 R/W 为"1"时，地址计数器的值会被读取到 DB6～DB0 中。

（6）光标/闪烁控制电路。此模块提供硬体光标及闪烁控制电路，由地址计数器的值来指定 DDRAM 中的光标或闪烁位置。

3. LCD12864 指令说明

模块控制芯片提供基本指令和扩充指令两套控制命令，如表 8-8 和表 8-9 所示。

表 8-8　基本指令表(RE＝0)

指令	指令码										功　能
	RS	R/W	D7	D6	D5	D4	D3	D2	D1	D0	
清除显示	0	0	0	0	0	0	0	0	0	1	将 DDRAM 填满"20H",并且设定 DDRAM 的地址计数器(AC)到"00H"
地址归位	0	0	0	0	0	0	0	0	1	X	设定 DD_ 的地址计数器(AC)到"00H",并且将游标移到开头原点位置;这个指令不改变 DDRM 的内容
显示状态开/关	0	0	0	0	0	0	1	D	C	B	D=1:整体显示 ON C=1:游标 ON B=1:游标位置反白允许
进入点设定	0	0	0	0	0	0	0	1	I/D	S	指定在数据的读取与写入时,设定游标的移动方向及指定显示的移位
游标或显示移位控制	0	0	0	0	0	1	S/C	R/L	X	X	设定游标的移动与显示的移位控制位;这个指令不改变 DDRAM 的内容
功能设定	0	0	0	0	1	DL	X	RE	X	X	DL=0/1:4/8 位数据 RE=1:扩充指令操作 RE=0:基本指令操作
设定 CGRAM 地址	0	0	0	1	AC5	AC4	AC3	AC2	AC1	AC0	设定 CGRAM 地址
设定 DDRAM 地址	0	0	1	0	AC5	AC4	AC3	AC2	AC1	AC0	设定 DDRAM 地址(显示位址) 第一行:80H~87H 第二行:90H~97H
读取忙标志和地址	0	1	BF	AC6	AC5	AC4	AC3	AC2	AC1	AC0	读取忙标志(BF)可以确认内部动作是否完成,同时可以读出地址计数器(AC)的值
写数据到 RAM	1	0	数据								将数据 D7~D0 写入到内部的 RAM (DDRAM/CGRAM/IRAM/GRAM)
读出 RAM 的值 1		1	数据 从内部 RAM 读取数据 D7~D0(DDRAM/CGRAM/IRAM/GRAM)								

表 8-9　扩充指令集（RE＝1）

指令	指令码										功　能
	RS	R/W	D7	D6	D5	D4	D3	D2	D1	D0	
待命模式	0	0	0	0	0	0	0	0	0	1	进入待命模式,执行其他指令都可终止待命模式
卷动地址开关开启	0	0	0	0	0	0	0	0	1	SR	SR=1:允许输入垂直卷动地址 SR=0:允许输入 IRAM 和 CGRAM 地址
反白选择	0	0	0	0	0	0	0	1	R1	R0	选择两行中的任一行做反白显示,并可决定反白与否。初始值 R1R0=00,第一次设定为反白显示,再次设定变回正常
睡眠模式	0	0	0	0	0	0	1	SL	X	X	SL=0:进入睡眠模式 SL=1:脱离睡眠模式
扩充功能设定	0	0	0	0	1	CL	X	RE	G	0	CL=0/1:4/8 位数据 RE=1:扩充指令操作 RE=0:基本指令操作 G=1/0:绘图开关
设定绘图 RAM 地址	0	0	1	0 AC6	0 AC5	0 AC4	AC3 AC2 AC1 AC0			AC0 AC0	设定绘图 RAM 先设定垂直(列)地址 AC6AC5…AC0,再设定水平(行)地址 AC3AC2AC1AC0,将以上 16 位地址连续写入即可

注:当 IC1 在接收指令前,微处理器必须先确认其内部处于非忙碌状态,即读取 BF 标志时,BF 需为零,方可接收新的指令;如果在送出一个指令前并不检查 BF 标志,那么在前一个指令和这个指令中间必须延长一段较长的时间,即等待前一个指令确实执行完成。

指令详解:

1) 清除显示

CODE:

RW	RS	DB7	DB6	DB5	DB4	DB3	DB2	DB1	DB0
L	L	L	L	L	L	L	L	L	H

功能:清除显示屏幕,把 DDRAM 位址计数器调整为 00H。

2）位址归位

CODE：

RW	RS	DB7	DB6	DB5	DB4	DB3	DB2	DB1	DB0
L	L	L	L	L	L	L	L	H	X

功能：把 DDRAM 位址计数器调整为 00H，游标回原点。该功能不影响显示 DDRAM。

3）进入点设定

CODE：

RW	RS	DB7	DB6	DB5	DB4	DB3	DB2	DB1	DB0
L	L	L	L	L	L	L	H	UD	S

功能：把 DDRAM 位址计数器调整为 00H，游标回原点。该功能不影响显示 DDRAM 功能。执行该命令后，所设置的行将显示在屏幕的第一行。显示起始行是由 Z 地址计数器控制的，该命令自动将 A0～A5 位地址送入 Z 地址计数器，起始地址可以是 0～63 范围内任意一行。Z 地址计数器具有循环计数功能，用于显示行扫描同步，当扫描完一行后自动加 1。

4）显示状态开/关

CODE：

RW	RS	DB7	DB6	DB5	DB4	DB3	DB2	DB1	DB0
L	L	L	L	L	L	H	D	C	B

功能：D=1，整体显示 ON；C=1，游标 ON；B=1，游标位置 ON。

5）游标或显示移位控制

CODE：

RW	RS	DB7	DB6	DB5	DB4	DB3	DB2	DB1	DB0
L	L	L	L	L	H	S/C	R/L	X	X

功能：设定游标的移动与显示的移位控制位。该指令并不改变 DDRAM 的内容。

6）功能设定

CODE：

RW	RS	DB7	DB6	DB5	DB4	DB3	DB2	DB1	DB0
L	L	L	L	H	DL	X	ORE	X	X

功能：DL=1（必须设为 1）且 RE=1，扩充指令集动作；RE=0，基本指令集动作。

7）设定 CGRAM 位址

CODE：

RW	RS	DB7	DB6	DB5	DB4	DB3	DB2	DB1	DB0
L	L	L	H	AC5	AC4	AC3	AC2	AC1	AC0

功能：设定 CGRAM 位址到位址计数器(AC)。

8) 设定 DDRAM 位址

CODE：

RW	RS	DB7	DB6	DB5	DB4	DB3	DB2	DB1	DB0
L	L	H	AC6	AC5	AC4	AC3	AC2	AC1	AC0

功能：设定 DDRAM 位址到位址计数器(AC)。(DDRAM 显示数据随机存储器。)

9) 读取忙碌状态(BF)和位址

CODE：

RW	RS	DB7	DB6	DB5	DB4	DB3	DB2	DB1	DB0
L	L	BF	AC6	AC5	AC4	AC3	AC2	AC1	AC0

功能：确定内部动作是否完成。

10) 写数据到 RAM

CODE：

RW	RS	DB7	DB6	DB5	DB4	DB3	DB2	DB1	DB0
L	L	D7	D6	D5	D4	D3	D2	D1	D0

功能：写入数据到内部 RAM(DDRAM/CGRAM/TRAM/GDRAM)。

11) 读出 RAM 值

CODE：

RW	RS	DB7	DB6	DB5	DB4	DB3	DB2	DB1	DB0
H	H	D7	D6	D5	D4	D3	D2	D1	D0

功能：从内部 RAM 读出数据(DDRAM/CGRAM/TRAM/GDRAM)。

12) 待命模式(12H)

CODE：

RW	RS	DB7	DB6	DB5	DB4	DB3	DB2	DB1	DB0
L	L	L	L	L	L	L	L	L	H

功能：进入待命模式,执行其他命令都可终止待命模式。

13) 卷动位址或 IRAM 位址选择(13H)

CODE：

RW	RS	DB7	DB6	DB5	DB4	DB3	DB2	DB1	DB0
L	L	L	L	L	L	L	L	H	SR

功能：SR=1,允许输入卷动位址；SR=0,允许输入 IRAM 位址。

14) 反白选择(14H)

CODE：

RW	RS	DB7	DB6	DB5	DB4	DB3	DB2	DB1	DB0
L	L	L	L	L	L	L	H	R1	R0

功能：选择4行中的任一行进行反白显示，并可决定反白与否。

15) 睡眠模式(015H)

CODE：

RW	RS	DB7	DB6	DB5	DB4	DB3	DB2	DB1	DB0
L	L	L	L	L	L	H	SL	X	X

功能：SL=1,脱离睡眠模式；SL=0,进入睡眠模式。

16) 扩充功能设定(016H)

CODE：

RW	RS	DB7	DB6	DB5	DB4	DB3	DB2	DB1	DB0
L	L	L	L	H	H	X	1 RE	G	L

功能：RE=1,扩充指令集动作；RE=0,基本指令集动作。G=1,绘图显示 ON；G=0,绘图显示 OFF。

17) 设定 IRAM 位址或卷动位址(017H)

CODE：

RW	RS	DB7	DB6	DB5	DB4	DB3	DB2	DB1	DB0
L	L	L	H	AC5	AC4	AC3	AC2	AC1	AC0

功能：SR=1,AC5～AC0 为垂直卷动位址；SR=0,AC3～AC0 写 ICONRAM 位址。

18) 设定绘图 RAM 位址(018H)

CODE：

RW	RS	DB7	DB6	DB5	DB4	DB3	DB2	DB1	DB0
L	L	H	AC6	AC5	AC4	AC3	AC2	AC1	AC0

读了以上指令后读者可能会对位址计数器(AC)、DDRAM、CGRAM、GDRAM 不太了解,下面具体介绍一下。

(1) 地址计数器(AC)。

地址计数器(AC)用来存储 DDRAM/CGRAM/GDRAM 之一的地址,可由指令改变,之后读取或写入 DDRAM/CGRAM/GDRAM 的值时地址计数器(AC)就会自动加1,当 RS=0,RW=1 和 RE=1 时,此时进行的是读状态操作,地址计数器(AC)的值就被读到 D0～D7 中。

(2) 中文字型 ROM(CGROM)和半宽字型 ROM(HCGROM)。

CGROM 里面存储了中文汉字的字模,也称中文字库,利用2字节将字型编码写入 DDRAM,对应的内容将显示出来；HCGROM 提供的是字母与数字,也就是 ASCII 码。

（3）字型产生 RAM(CGRAM)。

字型产生 RAM 提供图像定义（造字）功能，可提供 4 组 16×16 点的自定义图像空间，使用者可将内部没有提供的图像字型定义到 CGRAM 中，便可和 CGROM 中的定义一样地通过 CGRAM 显示在显示屏中。

（4）图形显示 RAM(GDRAM)。

图形显示 RAM，这一块区域用于绘图，往里面写数据，屏幕就会显示相应的图形。它与 DDRAM 的区别在于，往 DDRAM 写的数据是字符的编码，字符的显示先是在 CGROM 中找到字模，然后映射在屏幕上，而往 GDRAM 中写的数据是图形的点阵信息，每个点用 1b 来保存显示与否。

（5）显示数据 RAM(DDRAM)。

模块内部显示数据 RAM 提供 64×2 个位元组的空间，最多可控制 4 行 16 字（64 个字）的中文字型的显示，当写入显示 RAM 时，可分别显示 CGRAM 和 CGROM 的字型；模块可显示三种字型，分别是半角英数字字型（16×8），CGRAM 字型及 CGROM 的中文字型。

8.2.3 LCD12864 操作流程

1. LCD12864 的读写时序

LCD12864 的读操作时序如图 8-8 所示，写操作时序如图 8-9 所示。

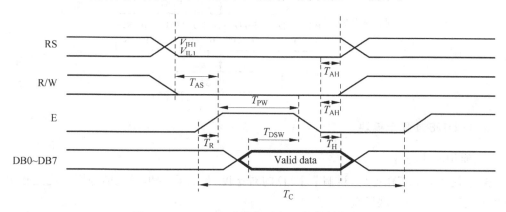

图 8-8　LCD12864 读操作时序（8 位数据线模式）

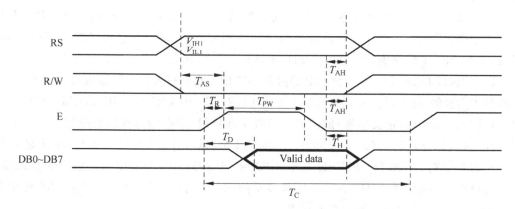

图 8-9　LCD12864 写操作时序（8 位数据线模式）

2. LCD12864 软件初始化

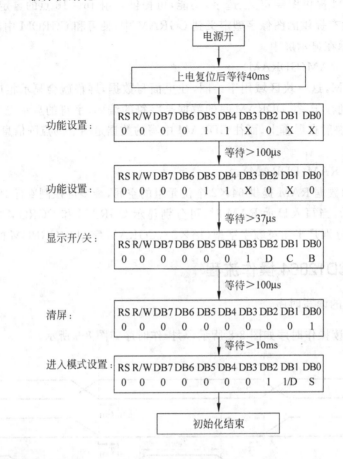

电源开

↓

上电复位后等待40ms

↓

功能设置：
| RS | R/W | DB7 | DB6 | DB5 | DB4 | DB3 | DB2 | DB1 | DB0 |
| 0 | 0 | 0 | 0 | 1 | 1 | X | 0 | X | X |

↓ 等待>100μs

功能设置：
| RS | R/W | DB7 | DB6 | DB5 | DB4 | DB3 | DB2 | DB1 | DB0 |
| 0 | 0 | 0 | 0 | 1 | 1 | X | 0 | X | 0 |

↓ 等待>37μs

显示开/关：
| RS | R/W | DB7 | DB6 | DB5 | DB4 | DB3 | DB2 | DB1 | DB0 |
| 0 | 0 | 0 | 0 | 0 | 0 | 1 | D | C | B |

↓ 等待>100μs

清屏：
| RS | R/W | DB7 | DB6 | DB5 | DB4 | DB3 | DB2 | DB1 | DB0 |
| 0 | 0 | 0 | 0 | 0 | 0 | 0 | 0 | 0 | 1 |

↓ 等待>10ms

进入模式设置：
| RS | R/W | DB7 | DB6 | DB5 | DB4 | DB3 | DB2 | DB1 | DB0 |
| 0 | 0 | 0 | 0 | 0 | 0 | 0 | 1 | 1/D | S |

↓

初始化结束

3. LCD12864 显示模块

1) 使用前的准备

先给模块加上工作电压,再调节 LCD 的对比度,使其显示出黑色的底影。此过程也可以初步检测 LCD 有无缺段现象。

2) 字符显示

FYD12864-0402B 每屏可显示 4 行 8 列共 32 个 16×16 点阵的汉字,每个显示 RAM 可显示一个中文字符或两个 16×8 点阵全高 ASCII 码字符,即每屏最多可实现 32 个中文字符或 64 个 ASCII 码字符的显示。FYD12864-0402B 内部提供 128×2 字节的字符显示 RAM 缓冲区(DDRAM)。字符显示是通过将字符显示编码写入该字符显示 RAM 实现的。根据写入内容的不同,可分别在液晶屏上显示 CGROM (中文字库)、HCGROM (ASCII 码字库)及 CGRAM (自定义字形)的内容。三种不同字符/字型的选择编码范围为:0000~0006H (其代码分别是 0000、0002、0004、0006 共 4 个)显示自定义字型;02H~7FH 显示半宽 ASCII 码字符;A1A0H~F7FFH 显示 8192 种 GB 2312 中文字库字形。字符显示 RAM 在液晶模块中的地址为 80H~9FH。字符显示的 RAM 的地址与 32 个字符显示区域有着一一对应的关系,其对应关系如图 8-10 所示。

80H	81H	82H	83H	84H	85H	86H	87H
90H	91H	92H	93H	94H	95H	96H	97H
88H	89H	8AH	8BH	8CH	8DH	8EH	8FH
98H	99H	9AH	9BH	9CH	9DH	9EH	9FH

图 8-10　RAM 的地址与 32 个字符显示区域对应表

3）图形显示

先设垂直地址再设水平地址(连续写入 2 字节的资料来完成垂直与水平的坐标地址)，垂直地址范围是 AC5～AC0，水平地址范围是 AC3～AC0。

绘图 RAM 的地址计数器(AC)只会对水平地址(X 轴)自动加 1。当水平地址＝0FH 时会重新设为 00H 但并不会对垂直地址做进位自动加 1，故当连续写入多笔资料时，程序需自行判断垂直地址是否需重新设定。GDRAM 的坐标地址与资料排列顺序如图 8-11 所示。

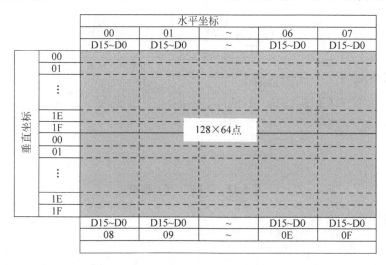

图 8-11　GDRAM 的坐标地址与资料排列顺序

4）应用说明

用 FYD12864-0402B 显示模块时应注意以下几点。

(1) 欲在某一个位置显示中文字符时，应先设定显示字符位置，即先设定显示地址，再写入中文字符编码。

(2) 显示 ASCII 字符过程与显示中文字符过程相同。不过在显示连续字符时，只须设定一次显示地址，由模块自动对地址加 1 指向下一个字符位置；否则，显示的字符中将会有一个空 ASCII 字符位置。

(3) 当字符编码为 2 字节时，应先写入高位字节，再写入低位字节。

(4) 模块在接收指令前，必须先向处理器确认模块内部处于非忙状态，即读取 BF 标志时 BF 需为"0"，方可接收新的指令。如果在送出一个指令前不检查 BF 标志，则在前一个指令和这个指令中间必须延迟一段较长的时间，即等待前一个指令确定执行完成。指令执行的时间请参考指令表中的指令执行时间说明。

(5) "RE"为基本指令集与扩充指令集的选择控制位。当变更"RE"后，以后的指令集将

维持在最后的状态,除非再次变更"RE"位;否则,使用相同指令集时,无须每次均重设
"RE"位。

8.3　任务3　时钟芯片DS1302

8.3.1　案例介绍与分析

任务要求:

LCD 显示 DS1302 的日期时间。DS1302 接口电路如图 8-12 所示,I/O 接 P1.7,CLK
接 P1.6,RST 接 P2.0。

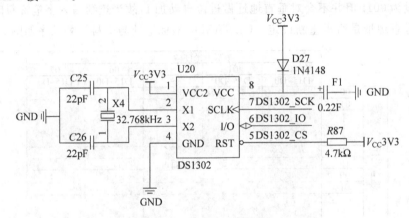

图 8-12　DS1302 接口电路

程序示例:

main.c:

```
# include "includes.h"
# include "sys.h"
# include "lcd1602.h"
# include "ds1302.h"

void wr_bcd_lcd(uchar x,uchar y,uchar dat);

void main()
{
    uchar i;
    uchar tem1[] = {"Y:00 M:00 D:00 "};
    uchar tem2[] = {"W:00 00:00:00 "};
    uchar now_t[7];                    //读取时间缓存

    WDTInit();                         //看门狗初始化
    ClockInit();                       //时钟初始化

    LCD1602PortInit();
    LCD1602Init();
```

```
    LCD1602ClrScreen();

    Ds1302PortInit();
    DS1302TimeInit();

    for(i = 1; i < 16; i++)
    {
      LCD1602WriteChar(i,1,tem1[i-1]);
      LCD1602WriteChar(i,2,tem2[i-1]);
    }

    while(1)
    {
      DS1302ReadData(7,now_t);              //读取时间
      DelayMs(25);
      wr_bcd_lcd(3,1,now_t[6]);             //年
      wr_bcd_lcd(8,1,now_t[4]);             //月
      wr_bcd_lcd(13,1,now_t[3]);            //日
      wr_bcd_lcd(3,2,now_t[5]);
      wr_bcd_lcd(6,2,now_t[2]);             //时
      wr_bcd_lcd(9,2,now_t[1]);             //分
      wr_bcd_lcd(12,2,now_t[0]);            //秒
    }
}

/*
********************************************************************************
*                         wr_bcd_lcd(uchar x, uchar y, uchar dat)
* 功能说明: 把 DS1302 时间 BCD 码直接在 LCD1602 上显示出来
* 参数       : x: 列
               y: 行
               dat: 需写入的 BCD 数据
* 返回值     : 无
********************************************************************************
*/
void wr_bcd_lcd(uchar x, uchar y, uchar dat)
{
  if(y == 1)
  {
    LCD1602WriteCom(0x80 + x - 1);         //第一行显示
  }
  else if(y == 2)
  {
    LCD1602WriteCom(0xC0 + x - 1);         //第二行显示
  }
  LCD1602WriteData((dat >> 4) + 0x30);
  LCD1602WriteData((dat&0x0f) + 0x30);
}

DS1302.c:
/*
```

```
*****************************************************************************
*  程序功能：DS1302 程序
*****************************************************************************
*/

# include "includes. h"

# define SCLK_SET P1OUT | = BIT6           //SCLK 置 1
# define SCLK_CLR P1OUT & = ~ BIT6         //SCLK 置 0
# define DATAOUT_SET P1OUT | = BIT7        //I/O 置 1
# define DATAOUT_CLR P1OUT & = ~ BIT7      //I/O 置 0
# define DATAIN_SET P1IN | = BIT7          //I/O 置 1
# define DATAIN_CLR P1IN & = ~ BIT7        //I/O 置 0
# define RST_SET P2OUT | = BIT0            //RST 置 1
# define RST_CLR P2OUT & = ~ BIT0          //RST 置 1

//设定初始时间 14 年 1 月 1 日 23 时 59 分 55 秒周 3
uchar start_time[7] = {0x55,               //秒
                0x59,                      //分
                0x23,                      //时
                0x31,                      //日
                0x12,                      //月
                0x02,                      //周
                0x13};                     //年

/*
*****************************************************************************
*                       DS1302PortInit()
*  功能说明：DS1302 端口初始化
*  参数     ：无
*  返回值   ：无
*****************************************************************************
*/
void DS1302PortInit()
{
  P1SEL & = ~ (BIT6 + BIT7);
  P2SEL & = ~ BIT0;
  P1DIR | = BIT6 + BIT7;
  P2DIR | = BIT0;
}

/*
*****************************************************************************
*                       DS1302SendByte(uchar dat)
*  功能说明：向 DS1302 写入 1 字节
*  参数     ：dat: 写入的字节数据
*  返回值   ：无
*****************************************************************************
*/
void DS1302SendByte(uchar dat)
{
```

```
    uchar i;
    uchar nSend;
    P1DIR| = BIT7;
    RST_SET;
    for(i = 8;i > 0;i -- )
    {
      nSend = (dat&0x01);
      if(nSend == 1)
        DATAOUT_SET;
      else
        DATAOUT_CLR;
      SCLK_CLR;
      dat >> = 1;
      SCLK_SET;
    }
}


/ *
 *****************************************************************************
 *                        uchar DS1302ReceiveByte(void)
 * 功能说明: 从 DS1302 读出 1 字节
 * 参数      :无
 * 返回值    :读出的字节数据
 *****************************************************************************
 * /
uchar DS1302ReceiveByte(void)
{
  uchar i, udat = 0;
  P1DIR& = ～BIT7;
  for(i = 8;i > 0;i -- )
  {
    udat >> = 1;
    SCLK_SET;
    _NOP();
    SCLK_CLR;
    if(P1IN&BIT7)
      udat| = 0x80;
    else
      udat& = 0x7f;
  }
  return (udat);
}


/ *
 *****************************************************************************
 *                       DS1302WriteData(uchar * ptime)
 * 功能说明: 向 DS1302 连续写入 8 字节数据用于设定时间
 * 参数      : * ptime: 待写入的 8 个数据指针
 * 返回值    :无
 *****************************************************************************
 * /
```

```
void DS1302WriteData(uchar * ptime)
{
  uchar i;
  P1DIR| = BIT7;
  RST_CLR;
  SCLK_CLR;
  RST_SET;
  DS1302SendByte(0xBE);                 //写入连续写命令
  for(i = 0;i < 8;i++)
  {
    DS1302SendByte( * ptime);           //对应地址写对应时间数据
    ptime++;                            //指向下一个数据
  }
}


/*
******************************************************************************
*                        DS1302ReadData(uchar ucbytcnt,uchar * ptime)
* 功能说明：从 DS1302 连续读出字节数据
* 参数      ：ucbytcnt：写入的字节数
                * ptime ：读出的 8 个数据缓存
* 返回值    ：无
******************************************************************************
*/
void DS1302ReadData(uchar ucbytcnt,uchar * ptime)
{
  uchar i;
  P1DIR& = ~BIT7;
  RST_CLR;
  SCLK_CLR;
  RST_SET;
  DS1302SendByte(0xBF);                 //写入连续读命令
  for(i = 0;i < ucbytcnt;i++)
  {
    * ptime = DS1302ReceiveByte();      //对应地址写对应时间数据
    ptime++;                            //指向下一个数据
  }
}


/*
******************************************************************************
*                        DS1302WriteByte(uchar addr,uchar dat)
* 功能说明：向 DS1302 对应地址写入数据
* 参数      ：addr：地址
                dat ：数据
* 返回值    ：无
******************************************************************************
*/
void DS1302WriteByte(uchar addr,uchar dat)
{
  P1DIR| = BIT7;
```

```
   RST_CLR;
   SCLK_CLR;
   RST_SET;
   DS1302SendByte(addr);                //写入地址
   DS1302SendByte(dat);                 //写入数据
   RST_CLR;
   SCLK_CLR;
}


/*
****************************************************************************
*                         DS1302ReadByte(uchar addr)
* 功能说明：从 DS1302 对应地址读出数据
* 参数     ：addr：地址
* 返回值   ：地址读出的数据
****************************************************************************
*/
uchar DS1302ReadByte(uchar addr)
{
   uchar ucda;
   P1DIR& = ~BIT7;
   RST_CLR;
   SCLK_CLR;
   RST_SET;
   DS1302SendByte(addr);                //写入地址
   ucda = DS1302ReceiveByte();          //读出数据
   RST_CLR;
   return(ucda);
}


/*
****************************************************************************
*                         DS1302TimeInit(void)
* 功能说明：DS1302 时间初始化
* 参数     ：无
* 返回值   ：无
****************************************************************************
*/
void DS1302TimeInit(void)
{
   if((DS1302ReadByte(0x81) & 0x80) == 1){     //上电判断→初始化
   DS1302WriteByte(0x8e,0x00);           //将控制积存器初值设为 0x00,最高位为 0,允许写
   DS1302WriteData(start_time);
   DS1302WriteByte(0x8e,0x80);           //将控制积存器初值设为 0x80,最高位为 1,禁止写,可以读
   }
}
```

8.3.2　DS1302 概述

　　DS1302 是 DALLAS 公司推出的涓流充电时钟芯片,内含一个实时时钟/日历和 31B 的静态 RAM,可通过简单的串行接口与单片机进行通信。

1. DS1302 工作特点

（1）可提供秒、分、时、日、月、年的信息。
（2）每月的天数和闰年的天数可自动调整。
（3）可通过 AM/PM 指示决定采用 24 小时或 12 小时格式。
（4）保持数据和时钟信息时功率小于 1mW。

2. DS1302 引脚概述

DS1302 的引脚图如图 8-13 所示，引脚功能如表 8-10 所示。

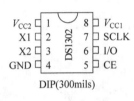

图 8-13　DS1302 引脚图

表 8-10　DS1302 引脚功能表

引脚名称	引脚功能
X1、X2	晶振引脚（32.768kHz）
GND	地
CE	复位脚
I/O	数据输入/输出引脚
SCLK	串行时钟输入
V_{CC1}、V_{CC2}	电源供电引脚

CE 引脚为输入信号引脚，在读、写数据期间，必须为高。该引脚有两个功能：第一，控制字访问移位寄存器的控制逻辑；其次，提供结束单字节或多字节数据传输的方法。V_{CC_5} 为电路中的主电源；V_{CC2}，也就是 BT1 为备份电源。当 $V_{CC2} > V_{CC1} + 0.2V$ 时，由 V_{CC2} 向 DS1302 供电，当 $V_{CC2} < V_{CC1}$ 时，由 V_{CC1} 向 DS1302 供电。CLK 和 I/O 虽然和 I^2C 总线接在一条引脚上，但 DS1302 其实并不是使用 I^2C 总线，而是一种三线式总线。

8.3.3　DS1302 的读写操作和寄存器配置

1. DS1302 寄存器

DS1302 有 12 个寄存器，其中有 7 个寄存器与日历、时钟相关，存放的数据位为 BCD 码形式，其日历、时间寄存器及其控制字见表 8-11。

此外，DS1302 还有年份寄存器、控制寄存器、充电寄存器、时钟突发寄存器及与 RAM 相关的寄存器等。时钟突发寄存器可一次性顺序读写除充电寄存器外的所有寄存器内容。DS1302 与 RAM 相关的寄存器分为两类：一类是单个 RAM 单元，共 31 个，每个单元组态为一个 8 位的字节，其命令控制字为 C0H~FDH，其中，奇数为读操作，偶数为写操作；另一类为突发方式下的 RAM 寄存器，此方式下可一次性读写所有的 RAM 的 31B，命令控制字为 FEH（写）、FFH（读）。

小时寄存器（85h，84h）的位 7 用于定义 DS1302 是运行于 12h 模式还是 24h 模式。当为高时，选择 12h 模式。在 12h 模式时，位 5 为 0 时，表示 AM；当为 1 时，表示 PM。在 24h 模式时，位 5 是第二个 10h 位。

表 8-11　DS1302 寄存器

寄存器名称	命令字		各位内容								取值范围
	写操作	读操作	BIT7	BIT7	BIT7	BIT7	BIT7	BIT7	BIT7	BIT7	
秒寄存器	80H	81H	CH	10 秒			秒				00～59
分寄存器	82H	83H		10 分			分				00～59
时寄存器	84H	85H	12/24	0	10 AM/ PM	时		时			01～12 或 00～23
日寄存器	86H	87H	0	0	10 日		日				01～28,29, 30,31
月寄存器	88H	89H	0	0	0	10 个月	月				01～12
周寄存器	8AH	8BH	0	0	0	0	0	周日			01～07
年寄存器	8CH	8DH	10 年				年				00～99
控制寄存器	8EH	8FH	WP	0	0	0	0	0	0	0	

秒寄存器(81h、80h)的位 7 定义为时钟暂停标志(CH)。当该位置为 1 时,时钟振荡器停止,DS1302 处于低功耗状态;当该位置为 0 时,时钟开始运行。控制寄存器(8Fh、8Eh)的位 7 是写保护位(WP),其他 7 位均置为 0。在任何的对时钟和 RAM 的写操作之前,WP 位必须为 0。当 WP 位为 1 时,写保护位防止对任一寄存器的写操作。

2. DS1302 读写操作

控制字总是从最低位开始输出。在控制字指令输入后的下一个 SCLK 时钟的上升沿时,数据被写入 DS1302,数据输入从最低位(0 位)开始。同样,在紧跟 8 位的控制字指令后的下一个 SCLK 脉冲的下降沿,读出 DS1302 的数据,读出的数据也是从最低位到最高位。DS1302 读写时序图如图 8-14 所示。

DS1302 控制字命令:

7	6	5	4	3	2	1	0
1	RAM/CK0	A4	A3	A2	A1	A0	RD0

bit 7　　　1　　　　必须是逻辑 1,如果它为 0,则不能把数据写入到 DS1302 中。

bit 6　　　RAM/CK0　表示存取日历时钟数据。

　　　　　　　　　　　1:表示存取 RAM 数据。

bit 5～1　　Ax　　　操作单元的地址。

bit 0　　　RD0　　　表示要进行写操作。

　　　　　　　　　　　1:表示要进行读操作。

一个时钟周期是由一个下降沿之后的上升沿序列。对于数据传输而言,数据必须在有效的时钟的上升沿输入,在时钟的下降沿输出。如果 CE 为低,所有的 I/O 引脚变为高阻抗状态,数据传输终止。

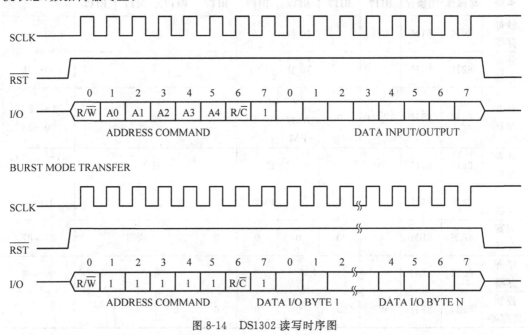

图 8-14　DS1302 读写时序图

(1) 数据输入:开始的 8 个 SCLK 周期,输入写命令字节,数据字节在后 8 个 SCLK 周期的上升沿输入。数据输入位从 0 开始。

(2) 数据输出:开始的 8 个 SCLK 周期,输入一个读命令字节,数据字节在后 8 个 SCLK 周期的下降沿输出。注意,第一个数据字节的第一个下降沿发生后,命令字的最后一位被写入。当 CE 仍为高时,如果还有额外的 SCLK 周期,DS1302 将重新发送数据字节,这使 DS1302 具有连续突发读取的能力。

8.4　任务 4　DS18B20

8.4.1　案例分析与介绍

任务要求:

读取 DS18B20 的温度值并在 LCD1602 上显示。DS18B20 接口电路如图 8-15 所示,DAT 接 P1.4。

程序示例:

main. c:

```
# include "includes.h"
# include "sys.h"
# include "lcd1602.h"
# include "ds18b20.h"
```

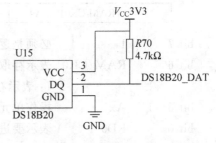

图 8-15　DS18B20 接口电路

```
void main()
{
    uchar * p;
    WDTInit();                                  //看门狗初始化
    ClockInit();                                //时钟初始化

    LCD1602PortInit();                          //LCD1602 液晶端口初始化
    LCD1602Init();                              //LCD1602 初始化
    LCD1602WriteStr(1,1," DS18B20 ");
    LCD1602WriteStr(1,2,"Temp:");

    while(1)
    {
        p = DS18B20TempArray();
        LCD1602WriteChar(6,2, * (p + 5) + 0x30);    //十位
        LCD1602WriteChar(7,2, * (p + 4) + 0x30);    //个位
        LCD1602WriteChar(8,2,0x2E);                 //0x2E 是小数点对应的 ASCII 码值
        LCD1602WriteChar(9,2, * (p + 3) + 0x30);
        LCD1602WriteChar(10,2, * (p + 2) + 0x30);
        LCD1602WriteChar(11,2, * (p + 1) + 0x30);
        LCD1602WriteChar(12,2, * (p) + 0x30);
    }
}
```

DS18B20.c：

```
/*
*****************************************************************************
* 程序说明：DS18B20 的操作函数
*****************************************************************************
*/

#include "includes.h"

#define DQ1      P1OUT | = BIT4
#define DQ0      P1OUT & = ～BIT4
#define DQ_IN    P1DIR & = ～BIT4
#define DQ_OUT   P1DIR | = BIT4
#define DQ_VAL   (P1IN & BIT4)

uchar TempVal[6];//温度被保存的数组

/*
*****************************************************************************
*                    DS18B20Init(void)
* 功能说明：初始化 DS18B20
* 参数     ：无
* 返回值   ：初始化状态标志：1——失败,0——成功
*****************************************************************************
*/
uchar DS18B20Init(void)
{
```

```
  uchar Error;

  DQ_OUT;
  DQ0;
  DelayUs(500);
  DQ1;
  DelayUs(55);
  DQ_IN;
  _NOP();
  if(DQ_VAL)
  {
    Error = 1;          //初始化失败
  } else{
      Error = 0;        //初始化成功
  }
  DQ_OUT;
  DQ1;
  DelayUs(400);
  return Error;
}

/*
****************************************************************************
*                        DS18B20WriteData(uchar data)
* 功能说明: 向 DS18B20 写入 1 字节的数据
* 参数     : data: 写入的数据
* 返回值  : 无
****************************************************************************
*/
void DS18B20WriteData(uchar data)
{
  uchar i;

  for(i = 0; i < 8;i++)
  {
    DQ0;
    DelayUs(6);            //延时 6μs
    if(data & 0X01)
      DQ1;
    else
      DQ0;
    data >> = 1;
    DelayUs(50);           //延时 50μs
    DQ1;
    DelayUs(10);           //延时 10μs
  }
}

/*
****************************************************************************
*                        uchar DS18B20ReadData(void)
```

```
*  功能说明：从 DS18B20 读取 1 字节的数据
*  参数       : 无
*  返回值     : temp：读取的 1 字节数据
******************************************************************************
*/
uchar DS18B20ReadData(void)
{
  uchar i;
  uchar dat = 0;

  for(i = 0;i < 8;i++)
  {
    dat >>= 1;
    DQ0;
    DelayUs(6);          //延时 6μs
    DQ1;
    DelayUs(8);          //延时 9μs
    DQ_IN;
    _NOP();
    if(DQ_VAL)
      dat | = 0x80;
    DelayUs(45);         //延时 45μs
    DQ_OUT;
    DQ1;
    DelayUs(10);         //延时 10μs
  }

  return dat;
}


/*
******************************************************************************
*                         DS18B20NoID(void)
*  功能说明：发送跳过读取产品 ID 号命令
*  参数       : 无
*  返回值     : 无
******************************************************************************
*/
void DS18B20NoID(void)
{
  DS18B20WriteData(0xCC);
}


/*
******************************************************************************
*                         uint DS18B20ReadTemp(void)
*  功能说明：从 DS18B20 的 ScratchPad 读取温度转换结果
*  参数       : 无
*  返回值     : temp：测量得到的温度
******************************************************************************
*/
```

```
uint DS18B20ReadTemp(void)
{
  uchar temp_low;
  uint temp;

  temp_low = DS18B20ReadData();            //读低位
  temp = DS18B20ReadData();                //读高位
  temp = (temp << 8) | temp_low;

  return temp;
}

/*
***************************************************************************
*                     uint DS18B20TempConvert(void)
* 功能说明: 控制 DS18B20 完成一次温度转换
* 参数     : 无
* 返回值   : 转换得到的温度
***************************************************************************
*/
uint DS18B20TempConvert(void)
{
  uchar i;

  do
  {
    i = DS18B20Init();
  } while(i);
  DS18B20NoID();
  DS18B20WriteData(0x44);                  //发送温度转换命令
  for(i = 20;i > 0;i--)
    DelayUs(60000);                        //延时 800ms 以上
  do
  {
    i = DS18B20Init();
  } while(i);
  DS18B20NoID();
  DS18B20WriteData(0xbe);                  //发送读 ScratchPad 命令

  return DS18B20ReadTemp();
}

/*
***************************************************************************
*                     DS18B20TempToArray(void)
* 功能说明: 将从 DS18B20 读取的 11b 温度数据
            转换成液晶显示的温度数字并保存至数组中
* 参数     : 需转换的数据
* 返回值   : 无
***************************************************************************
*/
```

```
uchar * DS18B20TempArray(void)
{
  uchar i;
  uint temp;

  temp = DS18B20TempConvert();
  for(i = 0;i < 6;i++)
    TempVal[i] = 0;
  if(temp & BIT0)
  {
    TempVal[0] = 5;
    TempVal[1] = 2;
    TempVal[2] = 6;
  }
  if(temp&BIT1)
  {
    TempVal[1] += 5;
    TempVal[2] += 2;
    TempVal[3] += 1;
  }
  if(temp & BIT2)
  {
    TempVal[2] += 5;
    TempVal[3] += 2;
    if(TempVal[2] >= 10)
    {
      TempVal[2] -= 10;
      TempVal[3] += 1;
    }
  }
  if(temp&BIT3)
  {
    TempVal[3] += 5;
  }
  if(temp & BIT4)
  {
    TempVal[4] += 1;
  }
  if(temp & BIT5)
  {
    TempVal[4] += 2;
  }
  if(temp & BIT6)
  {
    TempVal[4] += 4;
  }
  if(temp & BIT7)
  {
    TempVal[4] += 8;
    if(TempVal[4] >= 10)
    {
```

```
            TempVal[4] -= 10;
            TempVal[5] += 1;
        }
    }
    if(temp & BIT8)
    {
        TempVal[4] += 6;
        TempVal[5] += 1;
        if(TempVal[4] >= 10)
        {
            TempVal[4] -= 10;
            TempVal[5] += 1;
        }
    }
    if(temp & BIT9)
    {
        TempVal[4] += 2;
        TempVal[5] += 3;
        if(TempVal[4] >= 10)
        {
            TempVal[4] -= 10;
            TempVal[5] += 1;
        }
    }
    if(temp & BITA)
    {
        TempVal[4] += 4;
        TempVal[5] += 6;
        if(TempVal[4] >= 10)
        {
            TempVal[4] -= 10;
            TempVal[5] += 1;
        }
        if(TempVal[5] >= 10)
        {
            TempVal[5] -= 10;
        }
    }
    return TempVal;
}
```

8.4.2   DS18B20 概述

DS18B20 数字温度传感器接线方便,封装后可应用于多种场合,如管道式、螺纹式、磁铁吸附式、不锈钢封装式,型号多种多样,有 LTM8877、LTM8874 等,主要根据应用场合的不同而改变其外观。封装后的 DS18B20 可用于电缆沟测温,高炉水循环测温,锅炉测温,机房测温,农业大棚测温,洁净室测温,弹药库测温等各种非极限温度场合。耐磨耐碰,体积小,使用方便,封装形式多样,适用于各种狭小空间设备数字测温和控制领域。

1. DS18B20 的主要性能

(1) 独特的单线接口方式,DS18B20 在与微处理器连接时仅需要一条线即可实现微处理器与 DS18B20 的双向通信。

（2）测温范围−55～+125℃,固有测温误差(注意,不是分辨率)0.5℃。

（3）支持多点组网功能,多个 DS18B20 可以并联在唯一的三线上,最多只能并联 8 个,实现多点测温,如果数量过多,会使供电电源电压过低,从而造成信号传输的不稳定。

（4）工作电源:DC3～5.5V(可以数据线寄生电源,无须单独供电)。左负右正,一旦接反就会立刻发热,有可能烧毁。接反是导致该传感器总是显示 85℃ 的原因。面对着扁平的那一面,左负右正。

（5）在使用中不需要任何外围元件。

（6）测量结果以 9～12 位数字量方式串行传送,对应的可分辨温度分别为 0.5℃、0.25℃、0.125℃ 和 0.0625℃,可实现高精度测温。

（7）不锈钢保护管直径为 Φ6。

（8）适用于 DN15～25,DN40～DN250 各种介质工业管道和狭小空间设备测温。

（9）标准安装螺纹 M10×1,M12×1.5,G1/2 任选。

（10）PVC 电缆直接出线或德式球型接线盒出线,便于与其他电器设备连接。

（11）测量结果直接输出数字温度信号,以"一线总线"串行传送给 CPU,同时可传送 CRC 校验码,具有极强的抗干扰纠错能力。

2. DS18B20 的引脚说明

DS18B20 的引脚排列如图 8-16 所示,各引脚功能如表 8-12 所示。

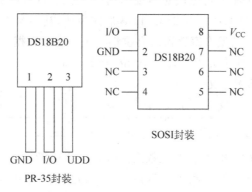

图 8-16　DS18B20 封装图

表 8-12　DS18B20 引脚功能表

引 脚 名 称	引 脚 功 能
I/O(DQ)	数字信号输入/输出端
GND	电源地
V_{DD}	外接供电电源输入端(在寄生电源接线方式时接地)

3. DS18B20 的工作原理

DS18B20 低温度系数晶振的振荡频率受温度影响很小,用于产生固定频率的脉冲信号送给计数器 1。高温度系数晶振随温度变化其振荡率明显改变,所产生的信号作为计数器 2

的脉冲输入。计数器 1 和温度寄存器被预置在 −55℃ 所对应的一个基数值。计数器 1 对低温度系数晶振产生的脉冲信号进行减法计数,当计数器 1 的预置值减到 0 时,温度寄存器的值将加 1,计数器 1 的预置将重新被装入,计数器 1 重新开始对低温度系数晶振产生的脉冲信号进行计数,如此循环直到计数器 2 计数到 0 时,停止温度寄存器值的累加,此时温度寄存器中的数值即为所测温度。

8.4.3　DS18B20 寄存器配置

DS18B20 内部结构主要由 4 部分组成:64 位光刻 ROM、温度传感器、非挥发的温度报警触发器 TH 和 TL、配置寄存器。

1. 光刻 ROM

光刻 ROM 中的 64 位序列号是出厂前被光刻好的。它可以被看作该 DS18B20 的地址序列码。64 位光刻 ROM 的排列是:开始 8 位(28H)是产品类型标号,接着的 48 位是该 DS18B20 自身的序列号,最后 8 位是前面 56 位的循环冗余校验码(CRC = $X^8 + X^5 + X^4 + 1$)。光刻 ROM 的作用是使每一个 DS18B20 都各不相同,这样就可以实现一根总线上挂接多个 DS18B20 的目的。

2. 温度寄存器

DS18B20 中的温度传感器可完成对温度的测量,以 12 位转换为例:用 16 位符号扩展的二进制补码读数形式提供,以 0.0625℃/LSB 形式表达,其中 S 为符号位。如果 DS18B20 的分辨率被设置为 12 位,则温度寄存器所有位都将包含有效数据。如果分辨率设为 11 位,则 bit0(最低位)无定义;如果分辨率设为 10 位,则 bit1 和 bit0 都无定义;如果分辨率设为 9 位,则 bit2、bit1、bit0 都无定义。

15~11	10	9	8	7	6	5	4	3	2	1	0
S											

表 8-13 是 12 位转换后得到的 12 位数据,存储在 DS18B20 的两个 8b 的 RAM 中,二进制中的前面 5 位是符号位,如果测得的温度大于 0,这 5 位为 0,只要将测到的数值乘以 0.0625 即可得到实际温度;如果温度小于 0,这 5 位为 1,测到的数值需要取反加 1 再乘以 0.0625 即可得到实际温度。例如,+125℃ 的数字输出为 07D0H,+25.0625℃ 的数字输出为 0191H,−25.0625℃ 的数字输出为 FE6FH,−55℃ 的数字输出为 FC90H。

表 8-13　DS18B20 的温度值格式表

温　度	二进制表示	数 字 输 出
+125℃	0000 0111 1101 0000	07D0H
+85℃	0000 0101 0101 0000	0550H
+25.0625℃	0000 0001 1001 0001	0191H
+10.125℃	0000 0000 1010 0010	0DA2H
+0.5℃	0000 0000 0000 1000	0008H
0℃	0000 0000 0000 0000	0000H

续表

温　　度	二进制表示	数　字　输　出
−0.5℃	1111 1111 1111 1000	FFF8H
−10.125℃	1111 1111 0101 1110	FF5EH
−25.0625℃	1111 1110 0110 1111	FE6FH
−55℃	1111 1100 1001 0000	FC90H

DS18B20 温度传感器的内部存储器包括一个高速暂存 RAM 和一个非易失性的电可擦除的 EEPRAM,后者存放高温度和低温度触发器、TH、TL 和结构寄存器。

3. 配置寄存器

该字节各位的意义如下。

7	6	5	4	3	2	1	0
TM	R1	R0	1	1	1	1	1

低 5 位一直都是 1,TM 是测试模式位,用于设置 DS18B20 在工作模式还是在测试模式。在 DS18B20 出厂时该位被设置为 0,用户不要去改动。R1 和 R0 用来设置分辨率,如表 8-14 所示(DS18B20 出厂时被设置为 12 位)。

表 8-14　温度分辨率设置表

R1	R0	分辨率/位	温度最大转换时间/ms
0	0	9	93.75
0	1	10	187.5
1	0	11	375
1	1	12	750

4. 高速暂存存储器

高速暂存存储器由 9 字节组成,其分配如表 8-15 所示。当温度转换命令发布后,经转换所得的温度值以 2 字节补码形式存放在高速暂存存储器的第 0 和第 1 字节。单片机可通过单线接口读到该数据,读取时低位在前,高位在后。对应的温度计算:当符号位 S=0 时,直接将二进制位转换为十进制;当 S=1 时,先将补码变为原码,再计算十进制值。第 3 和第 4 字节是复制 TH 和 TL,同时第 3 和第 4 字节的数字可以更新;第 5 字节是复制配置寄存器,同时第 5 字节的数字可以更新;第 6、7、8 字节是计算机自身使用。用读寄存器的命令能读出第 9 字节,该字节是对前面的 8 字节进行校验。

表 8-15　DS18B20 高速暂存寄存器分布

寄存器内容	字节地址	寄存器内容	字节地址
温度值低位(LS Byte)	0	保留	5
温度值高位(MS Byte)	1	保留	6
高温限值(TH)	2	保留	7
低温限值(TL)	3	CRC 校验值	8
配置寄存器	4		

5. TH、TL 寄存器

7	6	5	4	3	2	1	0
S							

如果测量的温度小于或等于 TL 或大于 TH 的值,一个警告标志将在 DS18B20 内产生,每次温度测量结束后,该标志都会更新;因此,如果警告标志产生,这个标志将停止下一次的温度转换。

主控设备可以通过发送警告搜索命令[ECh],来检查 DS18B20 的警告标志状态。任何一个 DS18B20 都有该标志,它将应答用户发出的查询命令,所以控制者可以知道芯片是否已经触发了警告标志。

8.4.4　DS18B20 的初始化与数据读取

1. DS18B20 的初始化

DS18B20 的初始化时序图如图 8-17 所示。

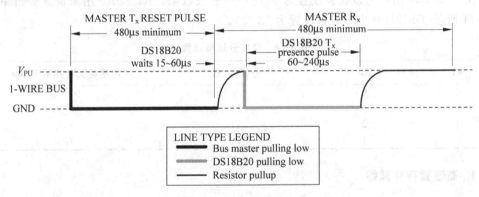

图 8-17　DS18B20 的初始化时序图

(1) 先将数据线置高电平"1"。

(2) 延时(该时间要求的不是很严格,但是应尽可能短一点)。

(3) 数据线拉到低电平"0"。

(4) 延时 $750\mu s$(该时间的时间范围可以为 $480\sim960\mu s$)。

(5) 数据线拉到高电平"1"。

(6) 延时等待(如果初始化成功,则在 $15\sim60\mu s$ 时间之内产生一个由 DS18B20 所返回的低电平"0"。据该状态可以确定它的存在,但是应注意不能无限地进行等待,不然会使程序进入死循环,所以要进行超时控制)。

(7) 若 CPU 读到了数据线上的低电平"0"后,还要做延时,其延时的时间从发出的高电平算起,即从第(5)步的时间算起,最少要 $480\mu s$。

(8) 将数据线再次拉高到高电平"1"后结束。

2. DS18B20 的读写操作

DS18B20 的读写操作时序图如图 8-18 所示。根据 DS18B20 的通信协议，主机（单片机）控制 DS18B20 完成温度转换必须经过三个步骤：每一次读写之前都要对 DS18B20 进行复位操作，复位成功后发送一条 ROM 指令，最后发送 RAM 指令，这样才能对 DS18B20 进行预定的操作。复位要求主 CPU 将数据线下拉 $500\mu s$，然后释放，当 DS18B20 收到信号后等待 $16\sim60\mu s$ 左右后发出 $60\sim240\mu s$ 的存在低脉冲，主 CPU 收到此信号表示复位成功。

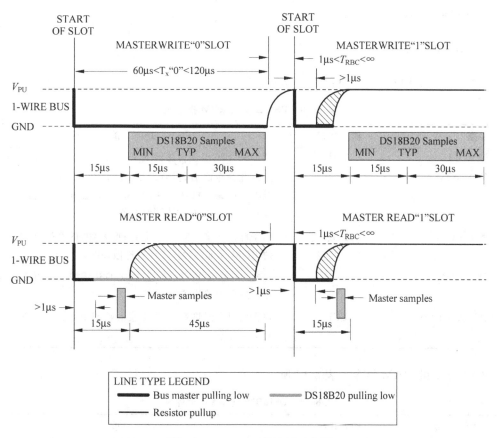

图 8-18 DS18B20 的读写时序图

DS18B20 的写操作过程如下。

（1）数据线先置低电平"0"。

（2）延时确定的时间为 $15\mu s$。

（3）按从低位到高位的顺序发送字节（一次只发送一位）。

（4）延时时间为 $45\mu s$。

（5）将数据线拉到高电平。

（6）重复（1）～（5）的操作直到所有的字节全部发送完为止。

（7）最后将数据线拉高。

DS18B20 的读操作过程如下。

（1）将数据线拉高"1"。

（2）延时 $2\mu s$。

（3）将数据线拉低"0"。

（4）延时 $3\mu s$。

（5）将数据线拉高"1"。

（6）延时 $5\mu s$。

（7）读数据线的状态得到一个状态位，并进行数据处理。

（8）延时 $60\mu s$。

3. DS18B20 的指令

DS18B20 的 ROM 指令如表 8-16 所示。

表 8-16　DS18B20 的 ROM 指令表

指　　令	约定代码	功　　能
读 ROM	33H	读 DS18B20 温度传感器 ROM 中的编码（即 64 位地址）
符合 ROM	55H	发出此命令之后，接着发出 64 位 ROM 编码，访问单总线上与该编码相对应的 DS18B20 使之作出响应，为下一步对该 DS18B20 的读写作准备
搜索 ROM	0FOH	用于确定挂接在同一总线上 DS18B20 的个数和识别 64 位 ROM 地址。为操作各器件做好准备
跳过 ROM	0CCH	忽略 64 位 ROM 地址，直接向 DS18B20 发温度转换命令。适用于单片工作
告警搜索命令	0ECH	执行后只有温度超过设定值上限或下限的片子才作出响应

DS18B20 的 RAM 指令如表 8-17 所示。

表 8-17　DS18B20 的 RAM 指令表

指　　令	约定代码	功　　能
温度变换	44H	启动 DS18B20 进行温度转换，12 位转换时最长为 750ms（9 位为 93.75ms）。结果存入内部 9 字节 RAM 中
读暂存器	0BEH	读内部 RAM 中 9 字节的内容
写暂存器	4EH	发出向内部 RAM 的 3、4 字节写上、下限温度数据命令，紧跟该命令之后，是传送 2 字节的数据
复制暂存器	48H	将 RAM 中第 3、4 字节的内容复制到 EEPROM 中
重调 EEPROM	0B8H	将 EEPROM 中内容恢复到 RAM 中的第 3、4 字节
读供电方式	0B4H	读 DS18B20 的供电模式。寄生供电时 DS18B20 发送"0"，外接电源供电 DS18B20 发送"1"

8.5　任务5　HS0038红外通信

8.5.1　案例介绍与分析

任务要求：

用LCD1602将红外解码值显示出来。HS0038接口电路如图8-19所示，DAT连接P1.5。

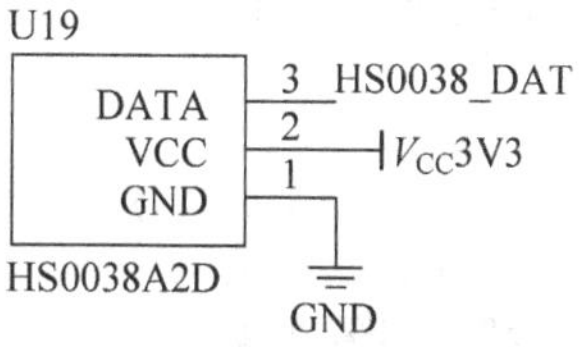

程序示例：

main.c：

```
# include "includes.h"
# include "sys.h"
# include "lcd1602.h"
# include "hs0038.h"

void main()
{
    WDTInit();                        //看门狗初始化
    ClockInit();                      //时钟初始化
    HS0038PortInit();

    LCD1602PortInit();
    LCD1602Init();
    LCD1602WriteStr(1,1,"IR-CODE:");
    _EINT();                          //开总中断
    while(1);
}
```

HS0038.c

```
# include "includes.h"
# include "lcd1602.h"
uchar IRFlag = 0;           //红外解码判断标志位,为0则为有效信号,为1则为无效
uchar data[4] = {0};        //date数组为存放地址原码,反码,数据原码,反码

/*
***********************************************************************
*                    HS0038PortInit()
* 功能说明：I/O初始化函数
* 参数     ：无
* 返回值   ：无
***********************************************************************
*/
void HS0038PortInit()
{
    P1DIR& = ~BIT4;          //方向设为输入
    P1SEL& = ~BIT4;          //第一功能
    P1IES| = BIT4;           //下降沿中断
    P1IFG = 0;               //标志位清零
```

图8-19　HS0038接口电路

```
    P1IE| = BIT4;                        //允许中断
}

/*
*****************************************************************************
*                         IRDecode()
* 功能说明：红外信号接收
* 参数    ：无
* 返回值  ：无
*****************************************************************************
*/
void IRDecode()
{
  uchar i,j;
  while(!(P1IN&BIT4));
  DelayUs(2400);
  if(P1IN&BIT4)
  {
    DelayUs(2400);
    for(i = 0;i < 4;i++)
    {
      for(j = 0;j < 8;j++)
      {
        while(!(P1IN&BIT4));
        DelayUs(882);
        if(!(P1IN&BIT4))
        {
          data[i]>> = 1;
          data[i] = data[i]&0x7F;
        }
        else if(P1IN&BIT4)
        {
          DelayUs(1000);
          data[i]>> = 1;
          data[i] = data[i]|0x80;
        }
      }
    }
  }
}

/*
*****************************************************************************
*                         IRCodeDisplay()
* 功能说明：红外接收码值分段显示
* 参数    ：分段的码值
* 返回值  ：无
*****************************************************************************
*/
void IRCodeDisplay(uchar rdata)
{
```

```
    uchar temp;
    temp = rdata;
    //rdata& = 0xF0;
    temp >> = 4;                              //右移 4 位得到高 4 位码
    temp& = 0x0F;                             //与 0x0f 相与确保高 4 位为 0
    if(temp < = 0x09){
      LCD1602WriteData(0x30 + temp);    //LCD 显示键值高 4 位
    } else{
      temp = temp - 0x09;
      LCD1602WriteData(0x40 + temp);
    }
    temp = rdata;
    temp& = 0x0F;
    if(temp < = 0x09){
      LCD1602WriteData(0x30 + temp);    //LCD 显示低 4 位值
    } else{
      temp = temp - 0x09;
      LCD1602WriteData(0x40 + temp);
    }
    LCD1602WriteData(0x48);               //显示字符"H"
}


/ *
***************************************************************************
*                        Display()
* 功能说明：码值显示函数
* 参数      ：无
* 返回值    ：无
***************************************************************************
* /
void Display()
{
    uchar date1;
    date1 = data[3]^0xFF;                //如果得到的数据原码和数据反码相反
    if(data[2] == date1)                 //显示键值
    {
      LCD1602WriteCom(0xC0);
      IRCodeDisplay(data[0]);
      LCD1602WriteData(0x20);            //空格字符
      IRCodeDisplay(data[1]);
      LCD1602WriteData(0x20);
      IRCodeDisplay(data[2]);
      LCD1602WriteData(0x20);
      IRCodeDisplay(data[3]);
    }
}


/ *
***************************************************************************
* 功能说明：I/O 中断处理程序
***************************************************************************
```

```
*/
#pragma vector = PORT1_VECTOR
__interrupt void Port1INT(void)
{
    uint i;
    if(P1IFG&BIT4)                      //红外线接收头中断
    {
        P1IFG = 0x00;
        for(i = 0;i < 4;i++)            //等待
        {
            DelayUs(1000);
            if(P1IN&BIT4)
            {
                IRFlag = ~IRFlag;
            }
        }
        if(IRFlag == 0)
        {
            P1IE& = ~BIT5;
            IRDecode();
            Display();
        }
        P1IE| = BIT5;
    }
}
```

hs0038.h：

```
#ifndef __HS0038_H__
#define __HS0038_H__

extern void HS0038PortInit();
extern void IRDecode();

#endif
```

8.5.2　红外线接收器 HS0038 概述

红外通信是利用 950nm 近红外波段的红外线作为传递信息的媒体，即通信通道。发送端采用脉时调制(PPM)方式，将二进制数字信号调制成某一频率的脉冲序列，并驱动红外发射管以光脉冲的形式发送出去；接收端将接收到的光脉冲转换成电信号，经过放大、滤波等处理之后送给解调电路进行解调，还原为二进制数字信号后输出。

简而言之，红外通信的实质就是对二进制数字信号进行调制和解调，以便利用红外通道进行传输；红外通信接口就是针对红外信道的调制解调器。

1. HS0038 简介

HS0038 器件封装如图 8-20 所示。

HS0038 具有以下特点。

（1）光电检测和前置放大器集成在同一封装上。

（2）内带 PCM 频率滤波器。

（3）对自然光有较强的抗干扰能力。

（4）改进了对电场干扰的防护性。

（5）低功耗。

GND　Vs　OUT

948691

图 8-20　HS0038 示意图

2. HS0038 的参数

红外线接收器 HS0038 的参数如表 8-18 所示，极限参数如表 8-19 所示。

表 8-18　HS0038 参数

参数	符号	测试条件	Min	Typ	Max	单位
工作电压	V_{CC}		2.7		5.5	V
接收距离	L	L5IR＝300mA 测试信号	12	14		m
载波频率	f_0		38k			Hz
接收角度	$O_{1/2}$	距离衰减 1/2		＋/－45		Deg
BMP 宽度	FBW	－3dB and width	2	3.3	5	kHz
静态电流	I_{CC}	无信号输入时		0.4	1.5	mA
低电平输出	V_{oL}	$V_{in}＝0V,V_{CC}＝5V$		0.2	0.4	V
高电平输出	V_{oH}	$V_{CC}＝5V$	4.5			V
输出脉冲	T_{pwL}	$V_{in}＝500\mu\ V_{P-P}$	500	600	700	μs
宽度	T_{pwH}	$V_{in}＝50\mu\ V_{P-P}$	500	600	700	μs

注：光轴上测试，以宽度 600/900μs 为发射脉冲，在 5cm 接收范围内，取 50 次接脉冲的平均值。

表 8-19　HS0038 极限参数

参数	符号	数值范围	单位	备　注
电源电压	V_{CC}	6	V	
工作温度	T_{opr}	－25～＋70	℃	
储存温度	T_{stg}	－40～＋100	℃	
焊接温度	T_{sd}	260	℃	最长时间 5s

3. HS0038 的工作方式

红外接收电路通常被厂家集成在一个元件中，成为一体化红外接收头。内部电路包括红外监测二极管、放大器、限幅器、带通滤波器、积分电路和比较器等。红外监测二极管监测到红外信号，然后把信号送到放大器和限幅器，限幅器把脉冲幅度控制在一定的水平，而不论红外发射器和接收器的距离远近。交流信号进入带通滤波器，带通滤波器可以通过 30～60kHz 的负载波，通过解调电路和积分电路进入比较器，比较器输出高低电平，还原出发射端的信号波形。注意输出的高低电平和发射端是反相的，这样做的目的是为了提高接收的灵敏度。

红外接收头的种类很多,引脚定义也不相同,一般都有三个引脚,包括供电脚、接地和信号输出脚。根据发射端调制载波的不同应选用相应解调频率的接收头。红外接收头内部放大器的增益很大,很容易引起干扰,因此在接收头的供电脚上须加上滤波电容,一般在 $22\mu F$ 以上。有的厂家建议在供电脚和电源之间接入 330Ω 电阻,进一步降低电源干扰。

红外发射器可从遥控器厂家定制,也可以自己用单片机的 PWM 产生,家庭遥控推荐使用红外发射管(L5IR4-45)的可产生 37.91kHz 的 PWM,PWM 占空比设置为 1/3,通过简单的定时中断开关 PWM,即可产生发射波形。

8.5.3 红外接收操作

红外发射系统发射的信号是由"0"和"1"的二进制代码组成的,不同的协议对"0"和"1"的编码不同。红外信号的传输协议严格规定了红外信号的载波频率、编码方式和数据传输的格式,以确保发送端和接收端之间数据传输的准确无误。

常见的红外传输协议有 NEC 协议、ITT 协议、Nokia NRC 协议和 Sharp 协议等。

其实自己在做红外系统时,借助示波器,可以编写自己独特的红外协议。但要遵守一点,要以 38kHz 的方波来驱动红外发射 LED,同时要把这 38kHz 的波形斩断,也就是编码。对应的接收管会在接收到 38kHz 的红外信号时输出低电平,没有信号就输出高电平。

红外遥控的编码目前广泛使用的是:NEC Protocol 的 PWM(脉冲宽度调制)和 Philips RC-5 Protocol 的 PPM(脉冲位置调制)。下面以 NEC 协议为例,了解一下各种协议的大同小异。

1. NEC 协议的特点

(1) 8 位地址和 8 位指令长度。

(2) 地址和命令两次传输(确保可靠性)。

(3) PWM 脉冲位置调制,以发射红外载波的占空比代表"0"和"1"。

(4) 载波频率为 38kHz。

(5) 位时间为 1.125ms 或 2.25ms。

2. NEC 协议的各种编码介绍

(1) 引导码:就是一把钥匙,单片机只有检测到引导码才确认接收后面的数据,以保证数据接收的正确性。

(2) 客户码:为了区分各红外遥控设备,使之不会互相干扰。

(3) 操作码:用户实际需要的编码,按下不同的键产生不同的操作码,待接收端接收到后根据其进行不同的操作。

(4) 操作反码:为操作码的反码,目的是接收端接收到所有数据之后,将其取反与操作码作比较,不相等则表示在传输过程中编码发生了变化,视为此次接收的数据无效,这样可提高接收数据的准确性。

3．NEC 码的位定义

一个脉冲对应 $560\mu s$ 的连续载波，一个逻辑 1 传输需要 2.25ms（$560\mu s$ 脉冲＋$1680\mu s$ 低电平），一个逻辑 0 的传输需要 1.125ms（$560\mu s$ 脉冲＋$560\mu s$ 低电平），如图 8-21 所示。而遥控接收头在收到脉冲的时候为低电平，在没有脉冲的时候为高电平，这样，我们在接收头端收到的信号为：逻辑 1 应该是 $560\mu s$ 低 ＋$1680\mu s$ 高，逻辑 0 应该是 $560\mu s$ 低 ＋ $560\mu s$ 高。

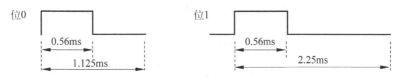

图 8-21　逻辑 1 与逻辑 0 传输示意图

NEC 遥控指令的数据格式为：同步码头、地址码、地址反码、控制码、控制反码，如图 8-22 所示。同步码由一个 9ms 的低电平和一个 4.5ms 的高电平组成，地址码、地址反码、控制码、控制反码均是 8 位数据格式。按照低位在前，高位在后的顺序发送。采用反码是为了增加传输的可靠性（可用于校验）。

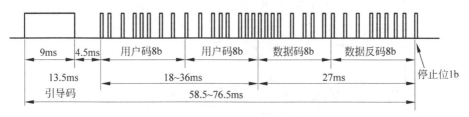

图 8-22　NEC 遥控指令的数据格式

当按下遥控器的按键"▽"时，从红外接收头端收到的波形如图 8-23 所示。在 100ms 之后，还收到了几个脉冲，这是 NEC 码规定的连发码（由 9ms 低电平＋2.5ms 高电平＋0.56ms 低电平＋97.94ms 高电平组成），如果在一帧数据发送完毕，按键仍然没有放开，则发射重复码，即连发码，可以通过统计连发码的次数来标记按键按下的长短/次数。

图 8-23　红外接收波形

4．解码流程示意图

利用 430 单片机的门控方式，在进入中断时自动关闭定时器，通过读取计数值就可以得知电平的宽度，从而识别 0 和 1。这种方法占用单片机资源少，效率高，准确性可靠。

根据高电平持续时间已确定是逻辑 0 还是逻辑 1，将接收到的地址码、地址码反码、命令码、命令码反码放在 4 个数组中，接着进行取反比较看数据是否正确，如正确，则是正确接收的数据。

根据码的格式,应该等待9ms的起始码和4.5ms的结果码完成后才能读码。根据以上解码思想,得到红外解码流程如图8-24所示。

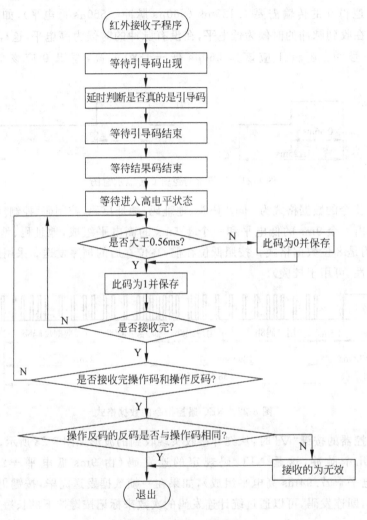

图8-24 红外解码流程图

8.6 任务6 NRF24L01无线模块

8.6.1 案例介绍与分析

任务要求:

利用NRF24L01实现无线收发,收发结果可在DEBUG中查看。无线接口电路如图8-25所示,CE连接P2.5,IRQ连接P2.6,CSN连接P3.0,MOSI连接P3.1,MISO连接P3.2,SCK连接P3.3。

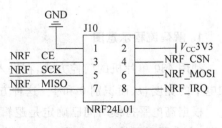

图8-25 无线接口电路

发送程序示例：

main. c：

```c
# include "sys. h"
# include "nrf24l01. h"
# include"defineall. h"
# include"includes. h"


uchar TxBuf[32] = { 0x01,0x02,0x03 };       //这个程序要发送的数据

uchar CheckACK()
{
  uchar sta;
  sta = SPI_Read(STATUS);
  if(sta&0X20)                              //接收到自动应答信号后,才会发生中断
  {
    P1OUT = 0XFF;
    SPI_RW_Reg(WRITE_REG + STATUS,0XFF);    //清状态寄存器
    RF24L01_CSN_0;
    SPI_RW(FLUSH_TX);
    RF24L01_CSN_1;
    return(0);
  }
  else
    return(1);
}


void main()
{
  WDTInit();
  ClockInit() ;
  RF24L01_IO_set();
  P1OUT = 0XFF;
  init_NRF24L01() ;
  nRF24L01_TxPacket(TxBuf);                 //将要发送的数据转移到发送缓冲区
while(1)
{
  nRF24L01_TxPacket(TxBuf);
  while(CheckACK());
  ms_delay();
  ms_delay();
  ms_delay();
  ms_delay();
}
}
```

defineall. h：

```c
# ifndef _defineall_h_
# define _defineall_h_
```

```
// ======================= NRF24L01_CE ===================================
# define RF24L01_CE_0 P3OUT & = ～BIT1
# define RF24L01_CE_1 P3OUT | = BIT1
// ========================== RF24L01_CSN ================================
# define RF24L01_CSN_0 P3OUT & = ～BIT3
# define RF24L01_CSN_1 P3OUT | = BIT3
// ========================== RF24L01_SCK ================================
# define RF24L01_SCK_0 P3OUT & = ～BIT2
# define RF24L01_SCK_1 P3OUT | = BIT2
// ========================== RF24L01_MISO ==============================
# define RF24L01_MISO_0 P3OUT & = ～BIT0
# define RF24L01_MISO_1 P3OUT | = BIT0
// ======================= RF24L01_MOSI ==========================
# define RF24L01_MOSI_0 P2OUT & = ～BIT6
# define RF24L01_MOSI_1 P2OUT | = BIT6
// ======================= IRQ ===================================
# define RF24L01_IRQ_0 P2OUT & = ～BIT7
# define RF24L01_IRQ_1 P2OUT | = BIT7
```
// ==================== NRF24L01 地址，接收发送数据长度 ===================
```
# define TX_ADR_WIDTH 5              //5 uints TX address width
# define RX_ADR_WIDTH 5              //5 uints RX address width
# define TX_PLOAD_WIDTH 32 //32 TX payload    //这里可以更改用户想要发送和接收的数据长
                                               //度.如果是发指令,越短越好
# define RX_PLOAD_WIDTH 32           //32 uints TX payload
```
// ======================= NRF24L01 寄存器指令 =====================
```
# define READ_REG 0x00              //读寄存器指令
# define WRITE_REG 0x20             //写寄存器指令
# define RD_RX_PLOAD 0x61           //读取接收数据指令
# define WR_TX_PLOAD 0xA0           //写待发数据指令
# define FLUSH_TX 0xE1              //冲洗发送 FIFO 指令
# define FLUSH_RX 0xE2              //冲洗接收 FIFO 指令
# define REUSE_TX_PL 0xE3           //定义重复装载数据指令
# define NOP1 0xFF //保留
```
// ====================== SPI(nRF24L01)寄存器地址 ====================
```
# define CONFIG 0x00                //配置收发状态,CRC 校验模式以及收发状态响
                                     //应方式
# define EN_AA 0x01                 //自动应答功能设置
# define EN_RXADDR 0x02             //可用信道设置
# define SETUP_AW 0x03              //收发地址宽度设置
# define SETUP_RETR 0x04            //自动重发功能设置
# define RF_CH 0x05                 //工作频率设置
# define RF_SETUP 0x06              //发射速率、功耗功能设置
# define STATUS 0x07                //状态寄存器
# define OBSERVE_TX 0x08            //发送监测功能
# define CD 0x09                    //地址检测
# define RX_ADDR_P0 0x0A            //频道 0 接收数据地址
# define RX_ADDR_P1 0x0B            //频道 1 接收数据地址
# define RX_ADDR_P2 0x0C            //频道 2 接收数据地址
# define RX_ADDR_P3 0x0D            //频道 3 接收数据地址
# define RX_ADDR_P4 0x0E            //频道 4 接收数据地址
# define RX_ADDR_P5 0x0F            //频道 5 接收数据地址
```

```
# define TX_ADDR 0x10                        //发送地址寄存器
# define RX_PW_P0 0x11                        //接收频道 0 接收数据长度
# define RX_PW_P1 0x12                        //接收频道 0 接收数据长度
# define RX_PW_P2 0x13                        //接收频道 0 接收数据长度
# define RX_PW_P3 0x14                        //接收频道 0 接收数据长度
# define RX_PW_P4 0x15                        //接收频道 0 接收数据长度
# define RX_PW_P5 0x16                        //接收频道 0 接收数据长度
# define FIFO_STATUS 0x17                     //FIFO 栈入栈出状态寄存器设置

# endif
```

Nrf24l01.c：

```
# include"defineall.h"
# include"includes.h"
# include"nrf24l01.h"

// ===================== RF24l01 状态 =============================
uchar TX_ADDRESS[TX_ADR_WIDTH] = {0x34,0x43,0x10,0x10,0x01};    //本地地址

uchar RX_ADDRESS[RX_ADR_WIDTH] = {0x34,0x43,0x10,0x10,0x01};    //接收地址
uchar sta;


// ============== RF24L01 端口设置 ============================
void RF24L01_IO_set(void)
{
 P2DIR & = 0x7f;
 P2DIR | = 0x40;
 P2SEL& = 0x3F;
 P2IE = P2IE&0x3f;
 P3DIR & = 0xFE;
 P3DIR | = 0x0E;
 P3SEL& = 0xF0;
 P1DIR = 0XFF;
 P1OUT = 0X00;
}

// ================== 时约 5ms ================================
void ms_delay(void)
{
unsigned int i = 40000;
while (i != 0) { i-- ; }
}

// ======= 长延时 ============================
void Delay(int s)
{
unsigned int i,j;
for(i = 0; i < s; i++);
for(j = 0; j < s; j++);
```

```
}
// ****************************************************************************
//延时函数
// ****************************************************************************
void inerDelay_us(uchar n)
{
for(;n>0;n--);
}
// ============================================================
//函数: uint SPI_RW(uchar data)          //功能: NRF24L01 的 SPI 写时序
// ****************************************************************************

uchar SPI_RW(uchar data)
{
uchar i,temp = 0;
for(i = 0;i < 8;i++)                      //8 位输出
{
if((data & 0x80) == 0x80)
{
RF24L01_MOSI_1;                           //输出'uuchar', MSB 到 MOSI
}
else
{
RF24L01_MOSI_0;
}
data = (data << 1);                       //转换下一位到 MSB.X
temp << = 1;
RF24L01_SCK_1;                            //拉高时钟线
if((P3IN&0x01) == 0x01)
temp++;                                   //捕获当前 MISO 位
RF24L01_SCK_0;                            //然后再次拉低时光中线
}
return(temp);                             //返回读取的 uuchar
}


// ****************************************************************************
//函数: uuchar SPI_Read(uuchar reg)        //功能: NRF24L01 的 SPI 时序
// ****************************************************************************
uchar SPI_Read(uchar reg)
{
uchar reg_val;
RF24L01_CSN_0;                            //CSN 置低初始化 SPI 通信
SPI_RW(reg);                              //选择要读取的寄存器
reg_val = SPI_RW(0);                      //读取寄存器中的值
RF24L01_CSN_1;                            //CSN 置高,结束通信
return(reg_val);                          //返回寄存器的值
}



// ****************************************************************************/
```

```
//功能: NRF24L01 读写寄存器函数
// ***************************************************************************
uchar SPI_RW_Reg(uchar reg, uchar value)
{
uchar status1;
RF24L01_CSN_0;                              //CSN 置低,初始化 SPI
status1 = SPI_RW(reg);                      //选择寄存器
SPI_RW(value);                              //向寄存器中写入
RF24L01_CSN_1;                              //CSN 置高
return(status1);                            //返回 nRF24L01 状态值
}


// ***************************************************************************
//函数: uint SPI_Read_Buf(uuchar reg, uchar * pBuf, uchar uchars)
//功能: 用于读数据,reg 为寄存器地址,pBuf 为待读出数据地址,uchars 为读出数据的个数
// ***************************************************************************
uchar SPI_Read_Buf(uchar reg, uchar * pBuf, uchar uchars)
{
  uchar status2;
  uchar uchar_ctr;
  RF24L01_CSN_0;                            //CSN 置低,初始化 SPI
  status2 = SPI_RW(reg);                    //向选择的寄存器写入并读出数据个数
  for(uchar_ctr = 0;uchar_ctr < uchars;uchar_ctr++)
  {
   pBuf[uchar_ctr] = SPI_RW(0);
  }
  RF24L01_CSN_1;
  return(status2);                          //返回 nRF24L01 状态值
}
// ***************************************************************************
//函数: uint SPI_Write_Buf(uuchar reg, uchar * pBuf, uchar uchars)
//功能: 用于写数据,reg 为寄存器地址,pBuf 为待写入数据地址,uchars 为写入数据的个数
// ***************************************************************************
uchar SPI_Write_Buf(uchar reg, uchar * pBuf, uchar uchars)
{
uchar status1;
uchar uchar_ctr;
RF24L01_CSN_0;                              //SPI 使能
status1 = SPI_RW(reg);
for(uchar_ctr = 0; uchar_ctr < uchars; uchar_ctr++)
{
SPI_RW( * pBuf++);
}
RF24L01_CSN_1;                              //关闭 SPI
return(status1);
}
// ***************************************************************************
//函数: void SetRX_Mode(void)              //功能: 数据接收配置
// ***************************************************************************
void SetRX_Mode(void)
{
```

```
RF24L01_CE_0;
SPI_RW_Reg(WRITE_REG + CONFIG, 0x0f);    //IRQ 收发完成中断响应,16 位 CRC,主接收 RF24L01_CE_1;
inerDelay_us(130);                       //注意不能太小
}



// *************************************************************************
//函数: unsigned uchar nRF24L01_RxPacket(uchar * rx_buf)
//功能:数据读取后放入 rx_buf 接收缓冲区中
// *************************************************************************
uchar nRF24L01_RxPacket(uchar * rx_buf)
{
    uchar revale = 0;
    sta = SPI_Read(STATUS);              //读取状态寄存器来判断数据接收状况
    if(sta&0x40)                         //判断是否接收到数据
    {
        RF24L01_CE_0 ;                   //SPI 使能
        SPI_Read_Buf(RD_RX_PLOAD,rx_buf,TX_PLOAD_WIDTH);    //read receive payload from
                                                            //RX_FIFO buffer
        revale = 1;                      //读取数据完成标志
    }
    SPI_RW_Reg(WRITE_REG + STATUS,sta);  //接收到数据后 RX_DR,TX_DS,MAX_PT 都置高位 1,通过写
                                         //1 来清除中断标志
    return revale;
}



// *************************************************************************
//函数: void nRF24L01_TxPacket(uchar * tx_buf) //功能:发送 tx_buf 中数据
// *************************************************************************
void nRF24L01_TxPacket(uchar * tx_buf)
{
RF24L01_CE_0 ; //StandBy I 模式
SPI_Write_Buf(WRITE_REG + RX_ADDR_P0, TX_ADDRESS, TX_ADR_WIDTH);    //装载接收端地址
SPI_Write_Buf(WR_TX_PLOAD, tx_buf, TX_PLOAD_WIDTH);                 //装载数据
SPI_RW_Reg(WRITE_REG + CONFIG, 0x0e); //IRQ 收发完成中断响应,16 位 CRC,主发送
RF24L01_CE_1;                          //置高 CE,激发数据发送
inerDelay_us(10);
}

// *************************************************************************
//NRF24L01 初始化
// *************************************************************************
void init_NRF24L01(void)
{
inerDelay_us(100);
RF24L01_CE_0 ;                          //chip enable
RF24L01_CSN_1;                          //Spi disable
RF24L01_SCK_0;                          //Spi clock line init high
SPI_Write_Buf(WRITE_REG + TX_ADDR, TX_ADDRESS, TX_ADR_WIDTH);    //写本地地址
SPI_Write_Buf(WRITE_REG + RX_ADDR_P0, RX_ADDRESS, RX_ADR_WIDTH); //写接收端地址
```

```
SPI_RW_Reg(WRITE_REG + EN_AA, 0x01);          //频道 0 自动 ACK 应答允许
SPI_RW_Reg(WRITE_REG + EN_RXADDR, 0x01);      //允许接收地址只有频道 0
SPI_RW_Reg(WRITE_REG + RF_CH, 0);             //设置信道工作为 2.4GHz,收发必须一致
SPI_RW_Reg(WRITE_REG + RX_PW_P0, RX_PLOAD_WIDTH);  //设置接收数据长度,本次设置为 32B
SPI_RW_Reg(WRITE_REG + RF_SETUP, 0x07);       //设置发射速率为 1MHz,发射功率最大值为 0dB
SPI_RW_Reg(WRITE_REG + CONFIG, 0x0E);         //IRQ 收发完成中断响应,16 位 CRC,主接收
}
```

Nrf24l01.h：

```
#ifndef _nrf24l01_h_
#define _nrf24l01_h_

extern void RF24L01_IO_set(void);
extern void ms_delay(void); void InitSys();
extern void Delay(int s); unsigned char SPI_RW(unsigned char data);
extern unsigned char SPI_Read(unsigned char reg);
extern unsigned char SPI_RW_Reg(unsigned char reg, unsigned char value);
extern unsigned char SPI_Read_Buf(unsigned char reg, unsigned char * pBuf, unsigned char
uchars);
extern unsigned char SPI_Write_Buf(unsigned char reg, unsigned char * pBuf, unsigned char
uchars);
extern void SetRX_Mode(void);
extern unsigned char nRF24L01_RxPacket(unsigned char * rx_buf);
extern void nRF24L01_TxPacket(unsigned char * tx_buf);
extern void init_NRF24L01(void);


#endif
```

发送方程序示例：

```
#include"includes.h"
#include"sys.h"
#include"nrf24l01.h"
#include"defineall.h"

uchar RxBuf[32] = {0};

void PortInit()
{
  P4SEL = 0X00;
  P4DIR = 0XFF;
  P4OUT = 0XFF;
  P1SEL = 0X00;
  P1DIR = 0XFF;
  P1OUT = 0X00;
}

void main()
{
  ClockInit();
```

```
    WDTInit();
    PortInit();

RF24L01_IO_set();
init_NRF24L01();

while(1)
{
  SetRX_Mode();
  if(nRF24L01_RxPacket(RxBuf))  //判断是否收到数据.NRF24L01 在判断是否接收数据时可以通
                                //过中断引脚 IRQ 和内部 RX_DR,TX_DS,MAX_PT 状态来判断,此处
                                //是后者,可以将 IRQ 引脚接到单片机中断口,通过中断来判断,
                                //推荐使用中断以降低 MCU 消耗

  {
      RF24L01_CSN_0;
      SPI_RW_Reg(WRITE_REG + STATUS,0XFF);   //读取数据,数据内容可以在 Debug 状态下查看
      RF24L01_CSN_1;
      Delay(30);
  }
  ms_delay();
  }
}
```

其他程序与发送程序相同,此处不赘述。

8.6.2　NRF24L01 概述

NRF24L01 是 NORDIC 公司生产的一款无线通信芯片,采用 FSK 调制,内部集成 NORDIC 自己的 Enhanced Short Burst 协议,可以实现点对点或是 1 对 6 的无线通信。无线通信速度可以达到 2Mb/s。NORDIC 公司提供通信模块的 GERBER 文件,可以直接加工产生。嵌入式工程师或是单片机爱好者只需要为单片机系统预留 5 个 GPIO,1 个中断输入引脚,就可以很容易实现无线通信的功能,非常适合用来为 MCU 系统构建无线通信功能。

1. NRF24L01 芯片特点

(1) 2.4GHz 全球开放 ISM 频段免许可证使用。

(2) 最高工作速率 2Mb/s,高效 GFSK 调制,抗干扰能力强,特别适合工业控制场合。

(3) 26 频道,满足多点通信和跳频通信需要。

(4) 内置硬件 CRC 检错和点对多点通信地址控制。

(5) 低功耗 1.9～3.6V 工作,待机模式下状态为 $22\mu A$;掉电模式下为 900nA。

(6) 内置 2.4GHz 天线,体积小巧 15mm×29mm。

(7) 模块可软件设地址,只有收到本机地址时才会输出数据(提供中断指示),可直接接各种单片机使用,软件编程非常方便。

(8) 内置专门稳压电路,使用各种电源包括 DC/DC 开关电源均有很好的通信效果。

(9) 2.54mm 间距接口,DIP 封装。

（10）工作于 Enhanced ShockBurst，具有 Automatic packet handling，Auto packet transaction handling，具有可选的内置包应答机制，极大地降低了丢包率。

（11）与 51 系列单片机 P0 口连接时，需要加 10kΩ 的上拉电阻，与其余口连接不需要。

（12）其他系列的单片机，如果是 5V 的，请参考该系列单片机 I/O 口输出电流大小，如果超过 10mA，需要串联电阻分压，否则容易烧毁模块！如果是 3.3V 的，可以直接和 NRF24I01 模块的 I/O 口线连接。比如 AVR 系列单片机如果是 5V 的，一般串接 2kΩ 的电阻。

2. NRF24L01 引脚介绍

芯片 NRF24L01 引脚分布如图 8-26 所示，在不同模式下的引脚功能如表 8-20 所示。

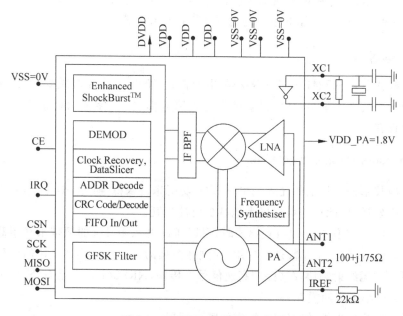

图 8-26　NRF24L01 引脚分布图

表 8-20　**NRF24L01 在不同模式下的引脚功能**

引脚名称	方向	发送模式	接收模式	待机模式	掉电模式
CE	输入	高电平>10μs	高电平	低电平	
SCN	输入	SPI 片选使能，低电平使能			
SCK	输入	SPI 时钟			
MOSI	输入	SPI 串行输入			
MISO	三态输出	SPI 串行输出			
IRQ	输出	中断，低电平使能			

8.6.3　NRF24L01 的工作模式

通过不同方法设置 PWR_UP、CE、CS 这三个引脚，NRF24L01 可以工作在激活模式（接收/发送）、配置模式、睡眠模式、掉电模式。模式配置方式如表 8-21 所示。

表 8-21　模式选择配置表

模 式 选 择	PWR_UP	CE	CS
激活模式(接收/发送)	1	1	0
配置模式	1	0	1
睡眠模式	1	0	0
掉电模式	0	X	X

1. 睡眠(待机)模式

在维护短暂的启动时间时,睡眠模式用来减小平均电流的损耗,在该模式下,晶体振荡器处于部分工作状态,电流损耗由晶体振荡器频率决定(例如:在 4MHz 下有 $12\mu A$ 损耗,在 16MHz 下有 $32\mu A$ 损耗),15 字节的配置字维持在睡眠模式。

2. 掉电模式

在掉电模式下,NRF24L01 会有最小的电流损耗,至少有 $1\mu A$ 时减少,当设备达不到最小的电流损耗或最大电量枯竭时,设备就会进入掉电模式,15 字节的配置字的内容在掉电模式时会被保存。

3. ShockBurst™(无线射频)模式

无线射频技术使用片上的先入先出(FIFO)功能来记录低速的数据写入,并以非常高的速率进行数据发送,因此这样可以极大地减少电能损耗。

当 NRF24L01 工作在无线射频模式时,可以通过由 2.4GHz 的频带来获得高速的数据传输速率(1Mb/s),而不需要额外的费用,而这些数据的传输加工均由高速的微处理器来完成。通过片上的无线射频协议来处理高速信号的传输,NRF24L01 具有如下优势。

(1) 大大减小电流的损耗;

(2) 更低的系统花费(使用相对便宜的微处理器);

(3) 通过短时间传输大大减低信号在空中的因传输干扰而产生的危险;

(4) NRF24L01 可以通过使用 3 线接口来对其进行编程处理,其数据的传输速率由微处理器的处理速率决定。当无线射频连接在最大数据传输速率时,芯片会把运行状态下的数字处理部分工作在最低速率,此时 NRF24L01 工作在无线射频模式下时可以在相当大的范围内减小平均电流声损耗。

4. 增强型的 ShockBurst™模式

增强型的 ShockBurst™模式可以使得双向链接协议执行起来更为容易、有效。典型的双向链接为:发送方要求终端设备在接收到数据后有应答信号,以便发送方检测有无数据丢失。一旦数据丢失,则通过重新发送功能将丢失的数据恢复。增强型的 ShockBurst™模式可以同时控制应答及重发功能而无须增加 MCU 的工作量。

NRF24L01 在接收模式下可以接收 6 路不同通道的数据。每一个通道使用不同的地址,但是共用相同的频道。也就是说,6 个不同的 NRF24L01 设置为发送模式后可以与同一个设置为接收模式的 NRF24L01 进行通信,而设置为接收模式的 NRF24L01 可以对这 6 个发射端进行识别。数据通道 0 是一个可以配置为 4 位自身地址的数据通道。1~5 数据通道为 8 位自身地址和 32 位公用地址。有的数据通道都可以配置为增强型的 ShockBurst™模式。图 8-27 是数据通道 1~5 的地址设置方法举例。所有数据通道可以设置为多达 40 位,但是 1~5 数据通道的最低位必须不同。

	Byte 4	Byte 3	Byte 2	Byte 1	Byte 0
Data pipe 0(RX_ADDR_P0)	0xE7	0xD3	0xF0	0x35	0x77
Data pipe 1(RX_ADDR_P1)	0xC2	0xC2	0xC2	0xC2	0xC2
Data pipe 2(RX_ADDR_P2)	0xC2	0xC2	0xC2	0xC2	0xC3
Data pipe 3(RX_ADDR_P3)	0xC2	0xC2	0xC2	0xC2	0xC4
Data pipe 4(RX_ADDR_P4)	0xC2	0xC2	0xC2	0xC2	0xC5
Data pipe 5(RX_ADDR_P5)	0xC2	0xC2	0xC2	0xC2	0xC6

图 8-27　NRF24L01 的数据通道

NRF24L01 在确认接收到数据后记录地址,并以此地址为目标地址发送应答信号。在发送端,数据通道 0 被用作接收应答信号,因此,数据通道 0 的接收地址与发送端地址相等以确保接收到正确的应答信号。

NRF24L01 配置为增强型的 ShockBurst™发送模式下时,只要 MCU 有数据要发送,NRF24L01 就会启动 ShockBurst™模式来发送数据。在发送完数据后 NRF24L01 转到接收模式并等待终端的应答信号。如果没有接收到应答信号,NRF24L01 将重发相同的数据包,直到应答信号或重发次数超过 SETUP_RETR_ARC 寄存器中设置的值为止,如果重发次数超过了设定值,则产生 MAX_RT 中断。

只要收到确认信号,NRF24L01 就认为最后一包数据已经发送成功(接收方已经接收到数据),把 TX FIFO 中的数据清除并产生 TX_DS 中断(IRQ 引脚置高)。

在增强型的 ShockBurst™收发模式下,NRF24L01 自动处理字头和 CRC 校验码。在接收数据时,自动把字头和 CRC 校验码移去。在发送数据时,自动加上字头和 CRC 校验码,在发送模式下,置 CE 为高,至少 10μs,发送完成。

Enhanced ShockBurst™发射流程如下。

(1) 把接收机的地址和要发送的数据按时序送入 NRF24L01。

(2) 配置 CONFIG 寄存器,使之进入发送模式。

(3) 微控制器把 CE 置高(至少 10μs),激发 NRF24L01 进行 Enhanced ShockBurst™发射。

(4) NRF24L01 的 Enhanced ShockBurst™发射。

① 给射频前端供电;

② 射频数据打包(加字头、CRC 校验码);

③ 高速发射数据包;

④ 发射完成,NRF24L01 进入空闲状态。

Enhanced ShockBurst™ 接收流程如下。

(1) 配置本机地址和要接收的数据包大小;

(2) 配置 CONFIG 寄存器,使之进入接收模式,把 CE 置高;

(3) 130μs 后,NRF24L01 进入监视状态,等待数据包的到来;

(4) 当接收到正确的数据包(正确的地址和 CRC 校验码),NRF24L01 自动把字头、地址和 CRC 校验位移去;

(5) NRF24L01 通过把 STATUS 寄存器的 RX_DR 置位(STATUS 一般引起微控制器中断)通知微控制器;

(6) 微控制器把数据从 NewMsg_NRF24L01 中读出;

(7) 所有数据读取完毕后,可以清除 STATUS 寄存器。NRF24L01 可以进入 4 种主要的模式之一。

8.6.4 NRF24L01 寄存器配置

NRF24L01 寄存器配置如表 8-22 所示。

表 8-22　NRF24L01 寄存器

地址	参　　数	位	复位值	类型	说　　明
	ARD	7:4	0000	R/W	自动重发延时 '0000'等待 250＋86μs '0001'等待 500＋86μs '0010'等待 750＋86μs '1111'等待 4000＋86μs (延时时间是指一包数据发送完成到下一包数据开始发射之间的时间间隔)
	ARC	3:0	0011	R/W	自动重发计数 '0000'禁止自动重发 '0000'自动重发一次 '0000'自动重发 15 次
05	RF_CH				射频通道
	Reserved	7	0	R/W	默认为 0
	RF_CH	6:0	0000010	R/W	设置 NRF24L01 工作通道频率
06	RF_SETUP			R/W	射频寄存器
	Reserved	7:5	000	R/W	默认为 000
	PLL_LOCK	4	0	R/W	PLL LOCK 允许,仅应用于测试模式
	RF_DR	3	1	R/W	数据传输率 0:11Mb/s 1:2 Mb/s
	RF_PWR	2:1	11	R/W	发射功率: 00:18dBm 01:12dBm 10:6dBm 11:0dBm

地址	参 数	位	复位值	类型	说 明
	LNA_HCURR	0	1	R/W	低噪声放大器增益
07	STATUS				状态寄存器
	Reserved	7	0	R/W	默认为0
	TX_DS	5	0	R/W	数据发送完成中断。当数据发送完成后产生中断。如果工作在自动应答模式下,只有当接收到应答信号后此位置1。 写1清除中断
	MAX_RT	4	0	R/W	达到最多次重发中断。 写1清除中断。 如果MAX_RT中断产生则必须清除后系统才能进行通信
	RX_P_NO	3:1	111	R	接收数据通道号: 000-101:数据通道号 110:未使用 111:RX FIFO寄存器为空
	TX_FULL	0	0	R	TX FIFO寄存器满标志。 1:TX FIFO寄存器满 0:TX FIFO寄存器未满,有可用空间
08	OBSERVE_TX				发送检测寄存器
	PLOS_CNT	7:4	0	R	数据包丢失计数器。当写RF_CH寄存器时此寄存器复位。当丢失15个数据包后此寄存器重启
	ARC_CNT	3:0	0	R	重发计数器。发送新数据包时此寄存器复位
09	CD				
	Reserved	7:1	000000	R	
	CD	0	0	R	载波检测
0A	RX_ADDR_P0	39:0	0xE7E7E7E7E7	R/W	数据通道0接收地址。最大长度:5个字节(先写低字节,所写字节数量由SETUP AW设定)
0B	RX_ADDR_P1	39:0	0xC2C2C2C2C2	R/W	数据通道1接收地址。最大长度:5个字节(先写低字节,所写字节数量由SETUP AW设定)
0C	RX_ADDR_P2	7:0	0xC3	R/W	数据通道2接收地址。最低字节可设置。高字节部分必须与RX ADDR Pl[39:8]相等
0D	RX_ADDR_P3	7:0	0xC4	R/W	数据通道3接收地址。最低字节可设置。高字节部分必须与RX ADDR Pl[39:8]相等
0E	RX_ADDR_P4	7:0	0xC5	R/W	数据通道4接收地址。最低字节可设置。高字节部分必须与RX ADDR Pl[39:8]相等
0F	RX_ADDR_P5	7:0	0xC6	R/W	数据通道5接收地址。最低字节可设置。高字节部分必须与RX_ADDR_P1[39:8]相等
10	TX_ADDR	39:0	0xE7E7E7E7E7	R/W	发送地址(先写低字节)

续表

地址	参　数	位	复位值	类型	说　明
11	RX PW P0				
	Reserved	7:6	00	R/W	默认为 00
	RX_PW_P0	5:0	0	R/W	接收数据通道 0 有效数据宽度(1～32 字节) 0:设置不合法 1 1 字节有效数据宽度 … 32:32 字节有效数据宽度
12	RX PW P1				
	Reserved	7:6	00	R/W	默认为 00
	RX_PW_P1	5:0	0	R/W	接收数据通道 1 有效数据宽度(1～32 字节) 0:设置不合法 1:1 字节有效数据宽度 … 32:32 字节有效数据宽度
13	RX PW P2				
	Reserved	7:6	00	R/W	默认为 00
	RX_PW_P2	5:0	0	R/W	接收数据通道 2 有效数据宽度(1～32 字节) 0:设置不合法 1:1 字节有效数据宽度 … 32:32 字节有效数据宽度
14	RX PW P3				
	Reserved	7:6	00	R/W	默认为 00
	RX_PW_P3	5:0	0	R/W	接收数据通道 3 有效数据宽度(1～32 字节) 0:设置不合法 1:1 字节有效数据宽度 … 32:32 字节有效数据宽度
15	RX PW P4				
	Reserved	7:6	00	R/W	默认为 00
	RX_PW_P4	5:0	0	R/W	接收数据通道 4 有效数据宽度(1～32 字节) 0:设置不合法 1:1 字节有效数据宽度 … 32:32 字节有效数据宽度
16	RX PW P5				
	Reserved	7:6	00	R/W	默认为 00
	RX_PW_P5	5:0	0	R/W	接收数据通道 4 有效数据宽度(1～32 字节) 0:设置不合法 1:1 字节有效数据宽度 … 32:32 字节有效数据宽度

地址	参　　数	位	复位值	类型	说　　明
17	FIFO_STATUS				FIFO 状态寄存器
	Reserved	7	0	R/W	默认为 0
	TX_REUSE	6	0	R	若 TX_REUSE=1 则当 CE 位高电平状态时不断发送一数据包。TX_REUSE 通过 SPI 指令 REUSE_TX_PL 设置通过 W_TX_PALOAD 或 FLUSH TX 复位
	TX_FULL	5	0	R	TX FIFO 寄存器满标志
	TX_EMPTY	4	1	R	TX FIFO 寄存器空标志 1：TX FIFO 寄存器空 0：TX FIFO 寄存器非空
	Reserved	3：2	00	R/W	默认为 00
	RX_FULL	1	0	R	RX FIFO 寄存器满标志
	RX_EMPTY	0	1	R	RX FIFO 寄存器空标志 1：RX FIFO 寄存器空 0：RX FIFO 寄存器非空
N/A	TX PLD	255：0		W	
N/A	RX PLD	255：0		R	

8.6.5　NRF24L01 模块的操作与配置

我们推荐 NRF24L01 工作于 Enhanced ShockBurst™收发模式,在这种工作模式下,系统的程序编制会更加简单,并且稳定性也会更高,因此,下文着重介绍采用 ENHANCED SHORT BURST 通信方式的 Tx 与 Rx 的配置及通信过程,以及把 NRF24L01 配置为 Enhanced ShockBurst™收发模式的器件配置方法。

1. NRF24L01 收发的初始化

Tx 模式初始化过程如表 8-23 所示。

表 8-23　Tx 模式初始化过程

初始化步骤	NRF24L01 相关寄存器
(1) 写 Tx 结点的地址	TX_ADDR
(2) 写 Rx 结点的地址(主要是为了使能 Auto Ack)	RX_ADDR_P0
(3) 使能 AUTO ACK	EN_AA
(4) 使能 PIPE 0	EN_RXADDR
(5) 配置自动重发次数	SETUP_RETR
(6) 选择通信频率	RF_CH
(7) 配置发射参数(低噪放大器增益、发射功率、无线速率)	RF_SETUP
(8) 选择通道 0 有效数据宽度	Rx_Pw_P0
(9) 配置 NRF24L01 的基本参数以及切换工作模式	CONFIG

Rx 模式初始化过程如表 8-24 所示。

表 8-24　Rx 模式初始化过程

初始化步骤	NRF24L01 相关寄存器
(1) 写 Rx 结点的地址	RX_ADDR_P0
(2) 使能 AUTO ACK	EN_AA
(3) 使能 PIPE 0	EN—RXADDR
(4) 选择通信频率	RF_CH
(5) 选择通道 0 有效数据宽度	Rx_Pw_P0
(6) 配置发射参数(低噪放大器增益、发射功率、无线速率)	RF—SETUP
(7) 配置 NRF24L01 的基本参数以及切换工作模式	CONFIG

2. NRF24L01 模块的配置

NRF24L01 的所有配置工作都是通过 SPI 完成,共有 30 字节的配置。

ShockBurst™ 的配置字使 NRF24L01 能够处理射频协议,在配置完成后,在 NRF24L01 工作的过程中,只需改变其最低一个字节中的内容,就可以实现接收模式和发送模式之间的切换。

ShockBurst™ 的配置字可以分为以下 4 个部分。

(1) 数据宽度:声明射频数据包中数据占用的位数。这使得 NRF24L01 能够区分接收数据包中的数据和 CRC 校验码。

(2) 地址宽度:声明射频数据包中地址占用的位数。这使得 NRF24L01 能够区分地址和数据。

(3) 地址:接收数据的地址,有通道 0~通道 5 的地址。

(4) CRC:使 NRF24L01 能够生成 CRC 校验码和解码。

当使用 NRF24L01 片内的 CRC 技术时,要确保在配置字(C0NFIG 的 EN_CRC)中 CRC 校验被使能,并且发送和接收使用相同的协议。

8.7　任务 7　PS2 键盘

8.7.1　案例介绍与分析

很多微机上采用 PS2 口来连接鼠标和键盘。PS2 接口与传统的键盘接口除了在接口外形、引脚上有不同外,在数据传送格式上是相同的。现在很多主板用 PS2 接口插座连接键盘,传统接口的键盘可以通过 PS2 接口转换器连接主板 PS2 接口插座。

任务要求:

首先显示 this is a demo!,按下键盘上的键,显示字符。PS2 键盘接口电路如图 8-28 所示,CLK 连接 P1.2,DAT 连接 P1.3。

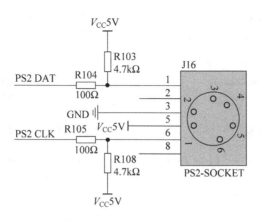

图 8-28　PS2 键盘接口电路

程序示例：

main. c：

```
# include "includes. h"
# include "sys. h"
# include "lcd1602. h"
# include "Keyboard. h"
# include "gdata. h"

# define SIDval P1IN & BIT3

/*
****************************************************************************
*       主程序
****************************************************************************
*/

void main(void)
{
    char disptmp;
    uchar x = 0,y = 0;
    uchar first = 1;
    WDTInit();                          //看门狗设置
    ClockInit();                        //系统时钟设置
    PortInit();                         //系统初始化,设置 I/O 口属性
    LCDInit();                          //液晶参数初始化设置
    LCDClear();                         //清屏
    _EINT();
    while(1)
    {
LCD_write_str(0,0,"this is a ");
LPM3;                                   //进入低功耗模式

        if(first)
        {
            first = 0;
```

```
        LCD_write_com(0x01);                    //显示清屏
        LCD_write_com(0x0f);                    //打开游标
    }

    disptmp = GetChar();                        //读取键值对应的 ASCII 码
    if(disptmp != 0xff)                         //取出了一个有效字符
    {
        if(disptmp == 8)                        //如果是退格键
        {
            if((x == 0) && (y == 0))            //如果游标在第 1 行第 1 位
            {
                x = 15;
                y = 1;
                LCD_write_char(x,y,0x20);       //0x20 是空格的 ASCII 码
                LocateXY(x,y);
            }
            else if((x == 0) && (y == 1))       //如果游标在第 2 行第 1 位
            {
                x = 15;
                y = 0;
                LCD_write_char(x,y,0x20);
                LocateXY(x,y);
            }
            else
            {
                LCD_write_char( -- x,y,0x20);
                LocateXY(x,y);
            }
        }
        else if((disptmp == 9) || (disptmp == 13))    //如果是 Table 键或 Enter 键
        {
            _NOP();
        }
        else                                    //其余字符显示
        {
            LCD_write_char(x++,y,disptmp);
            if(x == 16)                         //如果一行显示完毕
            {
                x = 0;
                y ^= 1;
                LocateXY(x,y);                  //重新定位游标位置
            }
        }
    }
}
}


/ ************************************************
函数名称: PORT1_ISR
功能    : P1 端口的中断服务函数,在这里接收来自键盘的字符
参数    : 无
```

```
返回值    ：无
******************************************** /


# pragma vector = PORT1_VECTOR
__ interrupt void PORT1_ISR(void)
{
    if(P1IFG & BIT2)                               //如果是 clock 的中断
    {
        P1IFG & = ~ BIT2;                          //清除中断标志

        if(bitcount == 11)                         //接收第 1 位
        {
            if(SIDval)                             //如果不是起始位
                return;
            else
                bitcount -- ;
        }
        else if(bitcount == 2)                     //接收奇偶校验位
        {
            if(SIDval)                             //如果校验位等于 1
                pebit = 1;
            else
                pebit = 0;
            bitcount -- ;
        }
        else if(bitcount == 1)                     //接收停止位
        {
            if(SIDval)                             //若停止位正确
            {
                bitcount = 11;                     //复位位计数变量
                if( Decode(recdata) )              //解码获得此键值的 ASCII 值并保存
                    LPM3_EXIT;                     //退出低功耗模式
                recdata = 0;                       //清除接收数据
            }
            else                                   //如果出错
            {
                bitcount = 11;
                recdata = 0;
            }
        }
        else                                       //接收 8 个数据位
        {
            recdata >> = 1;
            if(SIDval) recdata | = 0x80;
            bitcount -- ;
        }
    }
}


Keyboard.c:
/ *
```

```
***************************************************************************
* 程序说明：PS2 程序
***************************************************************************
*/

# include "includes.h"
# include "code.h"

# define BufferSize 32
extern uchar kb_buffer[BufferSize];
extern uchar input;
extern uchar output;
extern uchar flag;

/***********************************************
函数名称：Putchar
功能      ：将一个字符压入显示缓存,如果缓存已满则覆盖前面的数据
参数      ：c为要显示的字符
返回值    ：无
*********************************************** /
void PutChar(uchar c)
{
  kb_buffer[input] = c;
  if (input < (BufferSize - 1))
    input++;
  else
    input = 0;
}


/***********************************************
函数名称：GetChar
功能      ：从显示缓存中取出一个字符
参数      ：无
返回值    ：取出的字符
*********************************************** /
uchar GetChar(void)
{
  uchar temp;

  if(output == input)
    return 0xff;
  else
  {
    temp = kb_buffer[output];
    if(output < (BufferSize - 1))
    {
      output++;
    }
    else
    {
      output = 0;
```

```
    }
    return temp;
  }
}
```

```
/ **********************************************
函数名称: PS2PortInit
功能      : 初始化与键盘相关的 I/O
参数      : 无
返回值    : 无
********************************************** /
void PS2PortInit(void)
{
  P1SEL = 0x00;                         //P1 口作为 I/O 使用
  P1DIR & = ~ BIT2;                     //Clock 接 P1.2,设置为输入
  P1DIR & = ~ BIT3;                     //date 接 P1.3,设置为输入
  P1IES | = BIT2;                       //下降沿中断
  P1IFG = 0x00;                         //中断标志清零
  P1IE | = BIT2;                        //使能时钟端口中断
}
```

```
/ **********************************************
函数名称: Decode
功能      : 对来自键盘的信息进行解码,转换成对应的 ASCII 编码并压入缓存
参数      : sc 为键盘发送过来的信息
返回值    : 是否收到有效数据: 0—否,1—是
说明      : 本程序只能对基本按键(即键被按下时产生三个字节的扫描码的按键)做出解码,包括所
            有的可显示字符键和 Table,Back Space 和 Enter 三个特殊功能键.
基本按键的扫描码由三个字节组成,第 1 个字节为接通码,第 2、3 字节为断开码;其中第 1 字节和第
3 字节相同,中间字节为断开标志 0xf0.
********************************************** /
uchar Decode(uchar sc)
{
  static uchar shift = 0;              //Shift 键是否按下标志: 1—按下,0—未按
  static uchar up = 0;                 //键已放开标志: 1—放开,0—按下
  uchar i,flag = 0;

  if(sc == 0xf0)                       //如果收到的是扫描码的第 2 个字节 0xf0: 按键断开标志
  {
    up = 1;
    return 0;
  }
  else if(up == 1)                     //如果收到的是扫描码的第 3 个字节
  {
    up = 0;
    if((sc == 0x12) || ( sc == 0x59))  //接收到 Shift 断码,Shift 断开
      shift = 0;
    return 0;
  }

  //如果收到的是扫描码的第 1 个字节
```

```c
        if((sc == 0x12) || (sc == 0x59))             //如果是左右 Shift 键
        {
          shift = 1;                                  //设置 Shift 键按下标志
          flag = 0;
        }
        else
        {
          if(shift)                                   //对按下的 Shift 键进行解码
          {
            for(i = 0;(shifted[i][0] != sc) && shifted[i][0];i++);
              if (shifted[i][0] == sc)
              {
                PutChar(shifted[i][1]);
                flag = 1;
              }
          }
          else                              //直接对按键进行解码
          {
            for(i = 0;(unshifted[i][0] != sc) && unshifted[i][0];i++);
              if(unshifted[i][0] == sc)
              {
                PutChar(unshifted[i][1]);
                flag = 1;
              }
          }
        }
        if(flag)
          return 1;
        else
          return 0;
}
```

code. h：

```c
//不按 Shift 键的字符对应的编码
const unsigned char unshifted[][2] =
{
    0x0d,9,                                         //Table
    0x0e,'`',
    0x15,'q',
    0x16,'1',
    0x1a,'z',
    0x1b,'s',
    0x1c,'a',
    0x1d,'w',
    0x1e,'2',
    0x21,'c',
    0x22,'x',
    0x23,'d',
    0x24,'e',
    0x25,'4',
```

```
0x26,'3',
0x29,' ',
0x2a,'v',
0x2b,'f',
0x2c,'t',
0x2d,'r',
0x2e,'5',
0x31,'n',
0x32,'b',
0x33,'h',
0x34,'g',
0x35,'y',
0x36,'6',
0x39,',',
0x3a,'m',
0x3b,'j',
0x3c,'u',
0x3d,'7',
0x3e,'8',
0x41,',',
0x42,'k',
0x43,'i',
0x44,'o',
0x45,'0',
0x46,'9',
0x49,'.',
0x4a,'/',
0x4b,'l',
0x4c,';',
0x4d,'p',
0x4e,'-',
0x52,0x27,
0x54,'[',
0x55,'=',
0x5a,13,                          //Enter
0x5b,']',
0x5d,0x5c,
0x61,'<',
0x66,8,                           //Back Space
0x69,'1',
0x6b,'4',
0x6c,'7',
0x70,'0',
0x71,',',
0x72,'2',
0x73,'5',
0x74,'6',
0x75,'8',
0x79,'+',
0x7a,'3',
0x7b,'-',
```

```
    0x7c,'*',
    0x7d,'9',
    0,0
};

//按住 Shift 键后字符对应的编码
const unsigned char shifted[][2]  =
{
    0x0d,9,                                          //Table
    0x0e,'~',
    0x15,'Q',
    0x16,'!',
    0x1a,'Z',
    0x1b,'S',
    0x1c,'A',
    0x1d,'W',
    0x1e,'@',
    0x21,'C',
    0x22,'X',
    0x23,'D',
    0x24,'E',
    0x25,'$',
    0x26,'#',
    0x29,' ',
    0x2a,'V',
    0x2b,'F',
    0x2c,'T',
    0x2d,'R',
    0x2e,'%',
    0x31,'N',
    0x32,'B',
    0x33,'H',
    0x34,'G',
    0x35,'Y',
    0x36,'^',
    0x39,'L',
    0x3a,'M',
    0x3b,'J',
    0x3c,'U',
    0x3d,'&',
    0x3e,'*',
    0x41,'<',
    0x42,'K',
    0x43,'I',
    0x44,'O',
    0x45,')',
    0x46,'(',
    0x49,'>',
    0x4a,'?',
    0x4b,'L',
    0x4c,':',
    0x4d,'P',
    0x4e,'_',
```

```
    0x52,'"',
    0x54,'{',
    0x55,'+',
    0x5a,13,                              //Enter
    0x5b,'}',
    0x5d,'|',
    0x61,'>',
    0x66,8,                               //Back Space
    0x69,'1',
    0x6b,'4',
    0x6c,'7',
    0x70,'0',
    0x71,',',
    0x72,'2',
    0x73,'5',
    0x74,'6',
    0x75,'8',
    0x79,'+',
    0x7a,'3',
    0x7b,'-',
    0x7c,'*',
    0x7d,'9',
    0,0
};
```

Keyboard. h：

```
#ifndef __KEYBOARD_H__
#define __KEYBOARD_H_

extern void PutChar(uchar c);
extern uchar GetChar(void);
extern void PS2PortInit(void);
extern uchar Decode(uchar sc);

#endif
```

gdata. h：

```
#ifndef __GDATA_H__
#define __GDATA_H_

#define BufferSize 32                     //显示缓存大小
uchar bitcount = 11;                      //位计数变量
uchar kb_buffer[BufferSize];              //显示缓存
uchar input = 0;                          //数据压入缓存位置指针
uchar output = 0;                         //数据弹出缓存位置指针
uchar pebit = 0xff;                       //奇偶校验标志位
uchar recdata = 0;                        //接收到的数据

#endif
```

8.7.2　PS2 键盘概述

随着计算机工业的发展,作为计算机最常用输入设备的键盘也日新月异。1981 年,IBM 推出了 IBM PC/XT 键盘及其接口标准。该标准定义了 83 键,采用 5 脚 DIN 连接器和简单的串行协议。实际上,第一套键盘扫描码集并没有主机到键盘的命令。为此,1984年 IBM 推出了 IBM AT 键盘接口标准。该标准定义了 84~101 键,采用 5 脚 DIN 连接器和双向串行通信协议,此协议依照第二套键盘扫描码集设有 8 个主机到键盘的命令。到了1987 年,IBM 又推出了 PS2 键盘接口标准。该标准仍旧定义了 84~101 键,但是采用 6 脚mini-DIN 连接器,该连接器在封装上更小巧,仍然用双向串行通信协议并且提供有可选择的第三套键盘扫描码集,同时支持 17 个主机到键盘的命令。现在,市面上的键盘都和 PS2及 AT 键盘兼容,只是功能不同而已。

1. 模块接口介绍

一般地,具有 5 脚连接器的键盘称为 AT 键盘,而具有 6 脚 mini-DIN 连接器的键盘则称为 PS/2 键盘。其实这两种连接器都只有 4 个脚有意义,它们分别是 Clock(时钟脚)、Data 数据脚、+5V(电源脚)和 Ground(电源地)。在 PS2 键盘与 PC 的物理连接上只要保证这 4 根线一一对应就可以了。PS2 键盘靠 PC 的 PS/2 端口提供+5V 电源,另外两个脚Clock(时钟脚)和 Data 数据脚都是集电极开路的,所以必须接大阻值的上拉电阻。它们平时保持高电平,有输出时才被拉到低电平,之后自动上浮到高电平。PS2 键盘接口示意图如图 8-29 所示,对应接口功能如表 8-25 所示。

表 8-25　PS2 键盘对应引脚功能

编号	名　　称	功　　能
1	DATA	数据线
2	NC	未用
3	GND	电源地
4	VCC	电源(+5V)
5	CLK	时钟线
6	NC	未用

图 8-29　PS2 键盘接口示意图

2. 电气特性

PS2 通信协议是一种双向同步串行通信协议。通信的两端通过 Clock(时钟脚)同步,并通过 Data(数据脚)交换数据。任何一方如果想抑制另外一方通信时,只需要把 Clock(时钟脚)拉到低电平。如果是 PC 和 PS2 键盘间的通信,则 PC 必须作主机,也就是说,PC 可以抑制 PS2 键盘发送数据,而 PS2 键盘则不会抑制 PC 发送数据。一般两设备间传输数据的最大时钟频率是 33kHz,大多数 PS/2 设备工作在 10~20kHz。推荐值在 15kHz 左右,也就是说,Clock(时钟脚)高、低电平的持续时间都为 40μs。每一数据帧包含 11 或 12 个位,具体含义如表 8-26 所示。

表 8-26　数据帧格式说明

数　据　帧	说　　明
1 个起始位	总是逻辑 0
8 个数据位	(LSB)地位在前
1 个奇偶校验位	奇校验
1 个停止位	总是逻辑 1
1 个应答位	仅用在主机对设备的通信中

表 8-26 中,如果数据位中 1 的个数为偶数,校验位就为 1;如果数据位中 1 的个数为奇数,校验位就为 0;总之,数据位中 1 的个数加上校验位中 1 的个数总为奇数,因此总进行奇校验。

3.键盘返回值介绍

键盘的处理器如果发现有键被按下或释放将发送扫描码的信息包到计算机。扫描码有两种不同的类型:通码和断码。当一个键被按下就发送通码,当一个键被释放就发送断码。每个按键被分配了唯一的通码和断码。这样主机通过查找唯一的扫描码就可以测定是哪个按键。每个键一整套的通断码组成了扫描码集。有三套标准的扫描码集:分别是第一套,第二套和第三套。所有现代的键盘默认使用第二套扫描码。虽然多数第二套通码都只有一个字节宽,但也有少数扩展按键的通码是两字节或四字节宽。这类通码第一个字节总是为E0。正如键按下通码就被发往计算机一样,只要键一释放断码就会被发送。每个键都有它自己唯一的通码和断码。幸运的是不用总是通过查表来找出按键的断码。在通码和断码之间存在着必然的联系。多数第二套断码有两字节长。它们的第一个字节是 F0,第二个字节是这个键的通码。扩展按键的断码通常有三个字节,它们前两个字节是 E0h,F0h,最后一个字节是这个按键通码的最后一个字节。表 8-27 列出了几个按键的第二套通码和断码。

表 8-27　几个按键的第二套通码和断码表

编号	键　　值	通码(第二套)	断码(第二套)
1	"A"	1C	F0 1C
2	"5"	2E	F0 2E
3	"F10"	09	F0 09
4	Right Arrow	E0 74	E0 F0 74
5	Right "Ctrl"	E0 14	E0 F0 14

8.7.3　PS2 键盘的数据发送

1.PS2 设备和 PC 的通信

PS2 设备的 Clock(时钟脚)和 Data 数据脚都是集电极开路的,平时都是高电平。当PS2 设备等待发送数据时,它首先检查 Clock(时钟脚)以确认其是否为高电平。如果是低电平,则认为是 PC 抑制了通信,此时它必须缓冲需要发送的数据直到重新获得总线的控制权(一般 PS2 键盘有 16 个字节的缓冲区,而 PS2 鼠标只有一个缓冲区仅存储最后一个要发送的数据)。如果 Clock(时钟脚)为高电平,PS2 设备便开始将数据发送到 PC。一般都是由

PS2 设备产生时钟信号。发送时一般都是按照数据帧格式顺序发送。其中数据位在 Clock（时钟脚）为高电平时准备好，在 Clock（时钟脚）的下降沿被 PC 读入。PS2 设备到 PC 的通信时序如图 8-30 所示。

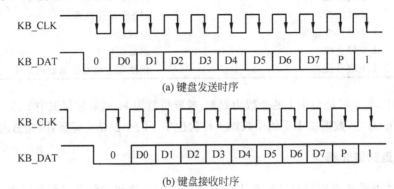

(a) 键盘发送时序

(b) 键盘接收时序

图 8-30　键盘接口时序

当时钟频率为 15kHz 时，从 Clock（时钟脚）的上升沿到数据位转变时间至少要 5μs。数据变化到 Clock（时钟脚）下降沿的时间至少也有 5μs，但不能大于 25μs，这是由 PS2 通信协议的时序规定的。如果时钟频率是其他值，参数的内容应稍做调整。

2. PS2 接口的嵌入式软件编程方法

(1) 从 PS2 向 PC 发送一个字节，可按照下面的步骤进行。

① 检测时钟线电平，如果时钟线为低，则延时 50μs。

② 检测判断时钟信号是否为高，为高，则向下执行，为低，则转到①。

③ 检测数据线是否为高，如果为高则继续执行，如果为低则放弃发送（此时 PC 在向 PS2 设备发送数据，所以 PS2 设备要转移到接收程序处接收数据）。

④ 延时 20μs（如果此时正在发送起始位，则应延时 40μs）。

⑤ 输出起始位 0 到数据线上。这里要注意的是：在送出每一位后都要检测时钟线，以确保 PC 没有抑制 PS2 设备，如果有则中止发送。

⑥ 输出 8 个数据位到数据线上。

⑦ 输出校验位。

⑧ 输出停止位 A。

⑨ 延时 30μs（如果在发送停止位时释放时钟信号则应延时 50μs）。

(2) 从 PS2 向 PC 发送单个位，可按照下面的步骤进行。

① 准备数据位（将需要发送的数据位放到数据线上）；

② 延时 20μs；

③ 把时钟线拉低；

④ 延时 40μs；

⑤ 释放时钟线；

⑥ 延时 20μs。

(3) PS2 设备从 PC 接收一个字节。

由于 PS2 设备能提供串行同步时钟,因此,如果 PC 发送数据,则 PC 要先把时钟线和数据线置为请求发送的状态。PC 通过下拉时钟线大于 $100\mu s$ 来抑制通信,并且通过下拉数据线发出请求发送数据的信号,然后释放时钟。当 PS2 设备检测到需要接收的数据时,它会产生时钟信号并记录下 8 个数据位和一个停止位。主机此时在时钟线变为低时准备数据到数据线,并在时钟上升沿锁存数据。而 PS2 设备则要配合 PC 才能读到准确的数据。具体连接步骤如下。

① 等待时钟线为高电平。

② 判断数据线是否为低,为高则错误退出,否则继续执行。

③ 读地址线上的数据内容,共 8b,每读完一个位,都应检测时钟线是否被 PC 拉低,如果被拉低则要中止接收。

④ 读地址线上的校验位内容,1b。

⑤ 读停止位。

⑥ 如果数据线上为 0(即还是低电平),PS2 设备继续产生时钟,直到接收到 1 且产生出错信号为止(因为停止位是 1,如果 PS2 设备没有读到停止位,则表明此次传输出错)。

⑦ 输出应答位。

⑧ 检测奇偶校验位,如果校验失败,则产生错误信号以表明此次传输出现错误。

⑨ 延时 $45\mu s$,以便 PC 进行下一次传输。

(4) 读数据线的步骤如下。

① 延时 $20\mu s$;

② 把时钟线拉低;

③ 延时 $40\mu s$;

④ 释放时钟线;

⑤ 延时 $20\mu s$;

⑥ 读数据线。

(5) 下面的步骤可用于发出应答位。

① 延时 $15\mu s$;

② 把数据线拉低;

③ 延时 $5\mu s$;

④ 把时钟线拉低;

⑤ 延时 $40\mu s$;

⑥ 释放时钟线;

⑦ 延时 $5\mu s$;

⑧ 释放数据线。

8.8 任务 8 步进电动机

8.8.1 案例介绍与分析

步进电动机是一种将电脉冲转化为角位移的执行机构。通俗一点儿讲,当步进驱动器接收到一个脉冲信号,它就驱动步进电机按设定的方向转动一个固定的角度(即步进角)。可以通过控制脉冲个数来控制角位移量,从而达到准确定位的目的;同时可以通过控制脉冲频率来控制电机转动的速度和加速度,从而达到调速的目的。

任务要求:

KEY1 键控制电动机正转加速至匀速;

KEY2 键控制电动机正转减速至匀速;

KEY1 键控制电动机反转加速至匀速;

KEY2 键控制电动机反转减速至匀速。步进电动机的接口电路如图 8-31 所示,B1~B4 连接 P3.0~P3.3,B5 连接 P2.6。

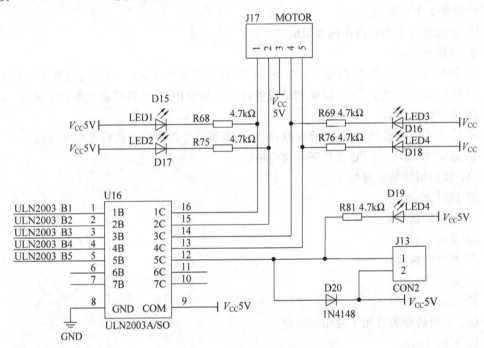

图 8-31　步进电动机的接口电路

程序示例:

```
# include "msp430x14x.h"
# define uchar unsigned char
# define uint unsigned int

uchar FFW[8] = {0xFE,0xFC,0xFD,0xF9,0xFB,0xF3,0xF7,0xF6};        //正转数组
uchar REV[8] = {0xF6,0xF7,0xF3,0xFB,0xF9,0xFD,0xFC,0xFE};        //反转数组
uchar rate ;
/ ********************************************************
延时 8MHz 时钟
******************************************************** /
void delay(uchar k)   / ***** 通过控制延时时间调整电机的转速 ***** /
{
    uint s;
    k = rate;
```

```
        do
          {
              for(s = 0 ; s < 200 ; s++) ;
          }while( -- k);
    }
    void delay1(uint time)
    {
        uint a,b;
        for(a = 0;a < = time;a++)
        for(b = 0;b < = 300;b++);
    }
    / *********************************************************
```

步进电动机正转

```
    ********************************************************* /
    void port_init() //I/O 口初始化
    {
      P6SEL = 0X00;
      P6DIR = 0X0F;
      P3SEL = 0X00;
      P3DIR = 0XFF;
      P3OUT = 0X00;                                    //ULN2003 输出高电平
    }
    void motor_ffw()
    {
        uchar i;
    for (i = 0; i < 8; i++)                            //一个周期转 30°
     {
       P3OUT = FFW[i];                                 //取数据
       delay(2);                                       //调节转速
        }
    }
```

```
    / *********************************************************
```

步进电动机反转

```
    ********************************************************* /
    void motor_rev()
    {
      uchar i;

    for (i = 0; i < 8; i++)                            //一个周期转 30°
       {
    P3OUT = REV[i];                                    //取数据

    delay(2);                                          //调节转速
       }
    }
```

```
/ *********************************************************

步进电动机运行

********************************************************* /
void key_motor_turn()
{
    if((P6IN&BIT4) == 0)
    {
        delay1(2);
        if((P6IN&BIT4) == 0)
        {
          rate = 0x30;
          do
            {
motor_ffw();                                              //正转加速
              rate -- ;
            }while(rate!= 0x0a);
        }
while((P6IN&0XF0) == 0XF0)                                 //正转匀速
        motor_ffw();

    }

if((P6IN&BIT5) == 0)
    {
        delay1(2);
        if((P6IN&BIT5) == 0)
        {
            rate = 0x0a;
            do
            {
              motor_ffw();                                //正转减速
              rate++;
            }while(rate!= 0x30);

        }
        while((P6IN&0XF0) == 0XF0)                         //正转减速
            motor_ffw();

    }

if((P6IN&BIT6) == 0)
    {
        delay1(2);
        if((P6IN&BIT6) == 0)
        {
            rate = 0x30;
```

```
            do
              {
                motor_rev();                                    //反转加速
                rate -- ;
              }while(rate!= 0x0a);


          }
        while((P6IN&0XF0) == 0XF0)                              //反转匀速
            motor_rev();


    }
    if((P6IN&BIT7) == 0)
      {
        delay1(2);
        if((P6IN&BIT7) == 0)
        {
            rate = 0x0a;
            do
              {
                motor_rev();                                    //反转减速
                rate++;
              }while(rate!= 0x30);
        }
        while((P6IN&0XF0) == 0XF0)                              //反转匀速
          motor_rev();
    }

}


/ ********************************************************

主程序

******************************************************** /
/ ******************* 主函数 ******************* /
void main(void)
{
    uchar i;
    WDTCTL = WDTPW + WDTHOLD;                                   //关闭看门狗
    / * 下面 6 行程序关闭所有的 I/O 口 * /
    P1DIR = 0XFF;P1OUT = 0XFF;
    P2DIR = 0XFF;P2OUT = 0XFF;
    P3DIR = 0XFF;P3OUT = 0XFF;
    P4DIR = 0XFF;P4OUT = 0XFF;
    P5DIR = 0XFF;P5OUT = 0XFF;
    P6DIR = 0XFF;P6OUT = 0XFF;

    P6DIR | = BIT2;P6OUT & = ~BIT2;                            //打开电平转换
```

```
P2DIR | = BIT3;P2OUT & = ～BIT3;          //电平转换方向 3.3V→5V
P6DIR | = BIT7;P6OUT & = ～BIT7;          //关蜂鸣器
BCSCTL1& = ～XT2OFF;                      //启动 XT2 振荡器
BCSCTL2| = SELM1;                        //MCLK 为 XT2
do
{
    IFG1& = ～OFIFG;                      //调节振荡器错误
    for(i = 0xFF;i > 0;i-- );
}
while((IFG1&OFIFG)!= 0);
while(1)
{ port_init();                           //I/O初始化

    //delay2(255);

    key_motor_turn();
    //motor_ffw();

}
}
```

8.8.2　28BYJ-48 步进电动机概述

1. 主要技术参数

主要技术参数如表 8-28 所示。

表 8-28　技术参数

电机型号	电压/V	相数	相电阻/Ω ±10%	步距角度	减速比	启动转矩 100P. P. S g. cm
28BYJ48	5	4	300	5.625/64	1∶64	≥300

启动频率/P. P. S	定位转矩/(g. cm)	摩擦转矩/(g. cm)	噪声/dB	绝缘介质强度
≥550	≥300	—	≤35	600VAC1S

2. 工作原理

步进电动机 28BYJ48 型四相八拍电动机,电压为 DC5V～DC12V。当对步进电动机施加一系列连续不断的控制脉冲时,它可以连续不断地转动。每一个脉冲信号对应步进电动机的某一相或两相绕组的通电状态改变一次,也就对应转子转过一定的角度(一个步距角)。当通电状态的改变完成一个循环时,转子转过一个齿距。四相步进电动机可以在不同的通电方式下运行,常见的通电方式有单(单相绕组通电)四拍(A-B-C-D-A…),双(双相绕组通电)四拍(AB-BC- CD-DA-AB-…),八拍(A-AB-B-BC-C-CD-D-DA-A…)。

3. 驱动方式

由于单片机接口信号不够大需要通过 ULN2003 放大再连接到相应的电机接口,步进电动机逆转的驱动方式如表8-29所示。

表 8-29 步进电动机的驱动方式

ULN2003_B4	ULN2003_B3	ULN2003_B2	ULN2003_B1	十六进制 P3
1	0	0	0	0x08
1	1	0	0	0x0c
0	1	0	0	0x40
0	1	1	0	0x06
0	0	1	0	0x02
0	0	1	1	0x03
0	0	0	1	0x01
1	0	0	1	0x09

电动机的连接方式如下：

ULN2003_B1(A1)——P3.0
ULN2003_B2(A2)——P3.1
ULN2003_B3(B1)——P3.2
ULN2003_B4(B2)——P3.3
STEP_5V——VCC5V

顺时针与逆时针顺序恰好相反。

所以可以定义正旋转相序：

```
uchar  FFW[8] = {0xFE,0xFC,0xFD,0xF9,0xFB,0xF3,0xF7,0xF6};  //正转数组
```

逆旋转相序：

```
uchar  REV[8] = {0xF6,0xF7,0xF3,0xFB,0xF9,0xFD,0xFC,0xFE};  //反转数组
```

8.8.3 芯片 ULN2003 简介

1. ULN2003 芯片概述和特点

ULN2003是高耐压、大电流达林顿陈列，由7个硅NPN达林顿管组成。该电路的特点如下。

(1) ULN2003的每一对达林顿都串联一个2.7kΩ的基极电阻，在5V的工作电压下它能与TTL和CMOS电路直接相连，可以直接处理原先需要标准逻辑缓冲器来处理的数据。

(2) ULN2003工作电压高，工作电流大，灌电流可达500mA，并且能够在关态时承受50V的电压，输出还可以在高负载电流并行运行。

ULN2003采用DIP-16或SOP-16塑料封装。

2. ULN2003 内部结构和功能

ULN是集成达林顿管IC，内部还集成了一个消线圈反电动势的二极管，可用来驱动继电器。它是双列16脚封装，管脚排列图如图8-32所示。NPN晶体管矩阵，最大驱动电压

50V,电流 500mA,输入电压 5V,适用于 TTL COMS,由达林顿管组成驱动电路。ULN 是集成达林顿管 IC,内部还集成了一个消线圈反电动势的二极管,它的输出端允许通过电流为 200mA,饱和压降 VCE 约 1V,耐压 BVCEO 约为 36V。用户输出口的外接负载可根据以上参数估算。采用集电极开路输出,输出电流大,故可直接驱动继电器或固体继电器,也可直接驱动低压灯泡。通常单片机驱动 ULN2003 时,上拉 2kΩ 的电阻较为合适,同时,COM 引脚应该悬空或接电源。

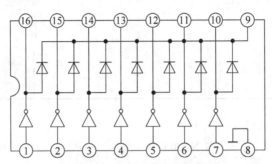

图 8-32   ULN2003 管脚排列图

ULN2003 是一个非门电路,包含 7 个单元,但每个单元驱动电流最大可达 350mA,9 脚可以悬空。

比如 1 脚输入,16 脚输出,负载接在 VCC 与 16 脚之间,不用 9 脚。

ULN2003 是大电流驱动阵列,多用于单片机、智能仪表、PLC、数字量输出卡等控制电路中。可直接驱动继电器等负载。

8.9   任务9   超声波模块应用——测距

8.9.1   案例介绍与分析

任务要求:

利用超声波模块进行测距,并通过 1602 液晶显示出来。P1.2 接 OUT 口,P2.0 接 TRIG 口。

程序示例:

```
# include < msp430x14x.h>
# include"lcd1602.h"
# include"includes.h"
# define uint unsigned int
# define uchar unsigned char
uchar flag;
uchar distance[3] = {0};


void init_clk()
{
```

```
    uchar i;

    BCSCTL1& = ~XT2OFF;                           //设置 XT2 为有效
    BCSCTL2| = SELM1 + SELS;
    do{
        IFG1& = ~OFIFG;                           //清除振荡器失效标志
        for(i = 0;i < 100;i++)
            _NOP();
    }while((IFG1&OFIFG)!= 0);                      //如果振荡失效标志存在则继续循环
    IFG1& = ~OFIFG;
}

void fs_ms()                                      //先发送 10μs 的低电平
{
    P2SEL = 0X00;
    P2DIR = 0XFF;
    P2OUT| = BIT0;
    DelayUs(10);
    P2OUT& = ~BIT0;
    DelayMs(200);
}

void ceju(uint data)
{
    float n;
    long int temp;
    n = data * 0.017;                             //时钟频率是 1.048576MHz
    temp = (int)n * 10;
    distance[0] = temp/100 + 0x30;
    distance[1] = temp/10 % 10 + 0x30;
    distance[2] = temp % 100 + 0x30;


}



void Init_Ta()
{
    P1SEL| = BIT2;
    TACTL| = MC1 + TASSEL1;                        //连续计数 + SMCLK
    TACCTL1| = CM0 + SCS + CAP + CCIE;             //上升沿捕获 + 同步 + 捕获模式 + 捕获中断使能
}


# pragma vector = TIMERA1_VECTOR
__ interrupt void time(void)
{
    switch(TAIV)
    {
    case 2: {flag = 1;};
    case 4: break;
    case 10: break;
```

```
      }
  }


void main( void )
{
  uchar width;
  WDTCTL = WDTPW + WDTHOLD;
  P3DIR = 0XFF;
  P3OUT = 0XFF;
  init_clk();
  LCD1602PortInit();                        //端口初始化,用于控制 I/O 口输入或输出
  LCD1602Init();                            //液晶参数初始化设置
  Init_Ta();                                //时钟初始化

while(1)
{
  fs_ms();
  while(flag)
  {
    flag = 0;
    LCD1602WriteStr(1,1,distance);
    if(TACCTL1&CM0)                          //如果捕获到上升沿
    {
      TACTL| = TACLR;                        //定时器清零
      TACCTL1 = (TACCTL1&(~CM0)) + CM1;      //改为下降沿捕获
    }
    else if(TACCTL1&CM1)
    {
      width = TACCR1;
      ceju(width);
      //DelayUs(240);
      //LCD1602WriteStr(1,1,distance,3);
      TACCTL1 = (TACCTL1&(~CM1)) + CM0;
      //DelayMs(100);
      //fs_ms();
    }
  }
  }
}
```

8.9.2 HC-SR04 概述

1. 产品特点

HC-SR04 超声波测距模块可提供 2～400cm 的非接触式距离感测功能,测距精度可达 3mm;模块包括超声波发射器、接收器和控制电路。

2. 基本工作原理

(1) 采用 I/O 口 TRIG 触发测距,给最好 10μs 的高电平信号。

（2）模块自动发射 8 个 40kHz 的方波，自动检测是否有信号返回。

（3）有信号返回，通过 I/O 口 ECHO 输出一个高电平，高电平持续的时间就是超声波从发射到返回的时间。测试距离＝（（高电平时间×声速(m/s)）)/2。

8.9.3　电气参数

电气参数如表 8-30 所示。

表 8-30　电气参数

电 气 参 数	HS-SR04 测距模块
工作电压	DC 5V
静态电流	15mA
工作频率	40kHz
输入触发信号	10μs 的 TTL 信号
输出回响信号	输出 TTL 电平信号，与射程成比例
感应角度	15°
最远射程	4m
最近射程	2cm

8.9.4　超声波工作时序图

由图 8-33 可知，只需要在 Trig/TX 管脚输入一个 10μs 以上的高电平，系统便可发出 8 个 40kHz 的超声波脉冲，然后检测回波信号。当检测到回波信号后，模块还要进行温度值的测量，然后根据当前温度对测距结果进行校正，将校正后的结果通过 ECHO 引脚输出。

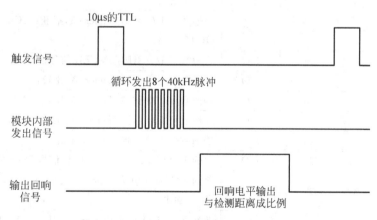

图 8-33　超声波时序图

MSP430F149 引脚功能对照表

MSP430F149 引脚功能对照表如附表 1 所示。

附表 1　MSP430F149 引脚功能对照表

引脚		I/O	说明
名称	编号		
AVCC	64		模拟电源,正端,仅供给模数转换器的模拟部分
AVSS	62		模拟电源,负端,仅供给模数转换器的模拟部分
DVCC	63		数字电源,正端,供给所有数字部分
DVSS	1		数字电源,负端,供给所有数字部分
P1.0/TACLK	12	I/O	普通 I/O 引脚/Timer_A,时钟信号 TACLK 输入
P1.1/TA0	13	I/O	普通数字 I/O 引脚/Timer_A,捕获:CCI0A 输入,比较:OUT0 输出
P1.2/TA1	14	I/O	普通数字 I/O 引脚/Timer_A,捕获:CCI1A 输入,比较:OUT1 输出
P1.3/TA2	15	I/O	普通数字 I/O 引脚/Timer_A,捕获:CCI2A 输入,比较:OUT2 输出
P1.4/SMCLK	16	I/O	普通数字 I/O 引脚/SMCLK 信号输出
P1.5/TA0	17	I/O	普通数字 I/O 引脚/Timer_A,比较:OUT0 输出
P1.6/TA1	18	I/O	普通数字 I/O 引脚/Timer_A,比较:OUT1 输出
P1.7/TA2	19	I/O	普通数字 I/O 引脚/Timer_A,比较:OUT2 输出
P2.0/ACLK	20	I/O	普通数字 I/O 引脚/ACLK 输出
P2.1/ACLK	21	I/O	普通 I/O 引脚/Timer_A:时钟信号 INCLK
P2.2/CAOUT/TA0	22	I/O	普通数字 I/O 引脚/Timer_A:捕获:CCI0B 输入/比较器_A 输出
P2.3/CA0/TA1	23	I/O	普通数字 I/O 引脚/Timer_A:比较:OUT1 输出/比较器_A 输入
P2.4/CA1/TA2	24	I/O	普通数字 I/O 引脚/Timer_A:比较:OUT2 输出/比较器_A 输入
P2.5/Rosc	25	I/O	普通数字 I/O 引脚,定义 DCO 标称频率的外部输入电阻
P2.6/AC12CLK	26	I/O	普通数字 I/O 引脚,转换时钟 12 位 ADC
P2.7/TA0	27	I/O	普通数字 I/O 引脚/Timer_A:比较:OUT0 输出

续表

| 引　脚 | | I/O | 说　明 |
名称	编号		
P3.0/STE0	28	I/O	普通数字 I/O 引脚,从发送使能——USART0/SPI 方式
P3.1/SIMO0	29	I/O	普通数字 I/O 引脚,USART0/SPI 的从输入/主输出
P3.2/SOMI0	30	I/O	普通数字 I/O 引脚,USART0/SPI 的主输入/从输出
P3.3/UCLK0	31	I/O	普通数字 I/O 引脚,外部输入时钟——USART0/AURT 或 SPI 方式,时钟输出——USART0/SPI 方式
P3.4/UTXD0	32	I/O	普通数字 I/O 引脚,发送数据输出——USART0/UART 方式
P3.5/URXD0	33	I/O	普通数字 I/O 引脚,接收数据输出——USART0/UART 方式
P3.6/UTXD1	34	I/O	普通数字 I/O 引脚,发送数据输出——USART1/UART 方式
P3.7/URXD1	35	I/O	普通数字 I/O 引脚,接收数据输出——USART1/UART 方式
P4.0/TB0	36	I/O	通用数字 I/O,捕获 I/P 或 PWM 输出端口——Timer_B7 CCR0
P4.1/TB1	37		通用数字 I/O,捕获 I/P 或 PWM 输出端口——Timer_B7 CCR1
P4.2/TB2	38	I/O	通用数字 I/O,捕获 I/P 或 PWM 输出端口——Timer_B7 CCR2
P4.3/TB3	39	I/O	通用数字 I/O,捕获 I/P 或 PWM 输出端口——Timer_B7 CCR3
P4.4/TB4	40	I/O	通用数字 I/O,捕获 I/P 或 PWM 输出端口——Timer_B7 CCR4
P4.5/TB5	41	I/O	通用数字 I/O,捕获 I/P 或 PWM 输出端口——Timer_B7 CCR5
P4.6/TB6	42	I/O	通用数字 I/O,捕获 I/P 或 PWM 输出端口——Timer_B7 CCR6
P4.7/TBCLK	43	I/O	通用数字 I/O,输入时钟 TBCLKTimer_B7
P5.0/STE1	44	I/O	通用数字 I/O,从发送使能——USART/SPI 方式
P5.1/SIMI1	45	I/O	通用数字 I/O,从入主出 USART/SPI
P5.2/SOMI1	46	I/O	通用数字 I/O,USART/SPI 方式的从输入/主输出
P5.3/UCLK1	47	I/O	通用数字 I/O,外部输入时钟 USART/UART 或 SPI 方式,时钟输出 USART1/SPI 方式
P5.4/MCLK	48	I/O	通用数字 I/O,主系统时钟 MCLK 输出
P5.5/SMCLK	49	I/O	通用数字 I/O,次主系统时钟 SMCLK 输出
P5.6/ACLK	50	I/O	通用数字 I/O,辅助时钟 ACLK 输出

引　　脚		I/O	说　　明
名称	编号		
P5.7/TboutH	51	I/O	通用数字 I/O,切换所有 PWM 输出端口到高阻——Timer_B7 TB0～TB6
P6.0/A0	59	I/O	通用数字 I/O,模拟输入 a0——12 位 ADC
P6.1/A1	60	I/O	通用数字 I/O,模拟输入 a1——12 位 ADC
P6.2/A2	61	I/O	通用数字 I/O,模拟输入 a2——12 位 ADC
P6.3/A3	2	I/O	通用数字 I/O,模拟输入 a3——12 位 ADC
P6.4/A4	3	I/O	通用数字 I/O,模拟输入 a4——12 位 ADC
P6.5/A5	4	I/O	通用数字 I/O,模拟输入 a5——12 位 ADC
P6.6/A6	5	I/O	通用数字 I/O,模拟输入 a6——12 位 ADC
P6.7/A7	6	I/O	通用数字 I/O,模拟输入 a7——12 位 ADC
RST/NMI	58	I	复位输入,非屏蔽中断输入端口,或引导装载程序启动(Flash 器件)
TCK	57	I	测试时钟 TCK 是用于器件编程测试和引导装载程序启动(Flash 器件)时钟输入端口
TDI	55	I	测试数据输入,TDI 用作一个数据输入端口,器件保护熔丝连接 TDI
TD0/TD1	54	I/O	测试数据输出端口,TD0/TD1 数据输出或编程数据输入端子
TMS	56	I	选择测试模式,TMS 用作一个器件编程和测试的输入端口
V_{eREF+}	10	I/O	ADC 外部参考电压输入
V_{REF+}	7	O	ADC 内部参考电压输入
V_{REF-}/V_{eREF-}	11	O	内部 ADC 参考电压和外部施加的 ADC 参考电压的负端
XIN	8	I	晶体振荡器 XT1 的输入端口,可以连接标准晶体或手表晶体
XOUT/TCLK	9	I/O	晶体振荡器 XT1 的输出端或测试时钟输入
XT2IN	53	I	晶体振荡器 X2 的输入端口,只能连接标准晶体
XT2OUT	52	O	晶体振荡器 XT1 的输入端

图 书 资 源 支 持

感谢您一直以来对清华版图书的支持和爱护。为了配合本书的使用,本书提供配套的素材,有需求的用户请到清华大学出版社主页(http://www.tup.com.cn)上查询和下载,也可以拨打电话或发送电子邮件咨询。

如果您在使用本书的过程中遇到了什么问题,或者有相关图书出版计划,也请您发邮件告诉我们,以便我们更好地为您服务。

我们的联系方式:

地　　址:北京海淀区双清路学研大厦 A 座 707

邮　　编:100084

电　　话:010-62770175-4604

资源下载:http://www.tup.com.cn

电子邮件:weijj@tup.tsinghua.edu.cn

QQ:883604(请写明您的单位和姓名)

用微信扫一扫右边的二维码,即可关注清华大学出版社公众号"书圈"。

扫一扫
资源下载、样书申请
新书推荐、技术交流